高等数学基础

主　编　解玖霞
副主编　王赞春　杨　蕊

东南大学出版社
SOUTHEAST UNIVERSITY PRESS
·南京·

图书在版编目(CIP)数据

高等数学基础/解玖霞主编.—南京:东南大学
出版社,2019.1(2022.9重印)
 ISBN 978-7-5641-8238-0

Ⅰ.①高… Ⅱ.①解… Ⅲ.①高等数学-职业教育-
教材 Ⅳ.①O13

中国版本图书馆 CIP 数据核字(2019)第 011174 号

高等数学基础

出版发行	东南大学出版社	
社　　址	南京市四牌楼 2 号　邮编:210096	
出 版 人	江建中	
责任编辑	马　伟	
经　　销	全国各地新华书店	
印　　刷	常州市武进第三印刷有限公司	
版　　次	2019 年 1 月第 1 版	
印　　次	2022 年 9 月第 6 次印刷	
开　　本	787 mm×1 092 mm　1/16	
印　　张	13.75	
字　　数	342 千	
书　　号	ISBN 978-7-5641-8238-0	
定　　价	39.00 元	

本社图书若有印装质量问题,请直接与营销部联系。电话(传真):025-83791830

前　言

　　职业院校学生生源和学生类型多样,数学基础参差不齐。有夏季高考学生、春季高考学生、单独招生学生、校企合作学生、免试录取退伍军人,有师范类学生、非师范类学生,非师范类学生中还有工科类学生、经济类学生等。有些学生来自普通高中,有些学生来自职业高中或者中等职业学校;有的学生数学基础比较好,有的学生数学基础比较差。数学基础较差的学生普遍感觉数学学习难度较大。为了适应春季招生、校企合作、职业高中、中等职业学校等生源组成的数学基础较差的学生使用,特编写了本书。

　　本书包括初等数学内容:第一章集合,第二章不等式,第三章函数,第四章任意角的三角函数,第五章基本初等函数,第六章数列;高等数学内容:第七章极限,第八章导数与微分,第九章导数的应用,第十章不定积分,第十一章定积分。

　　在本书的编写过程中,以传授知识、培养能力为目标,以"必须、够用"为度,具有以下特点:

　　1. 注重基础知识

　　本书内容特别关注了与九年义务教育阶段数学课程的衔接,对传统的初等数学和高等数学内容进行精心选择,以保证必要的、基础的数学水准,第一章到第六章初等数学的选取是根据第七章到第十一章高等数学学习的需要。因为生源来自不同的职业高中、中等职业学校,学生的数学基础参差不齐,数学知识点有的学生学习过,有的学生没有学习过。第一章到第六章初等数学的设置既起到复习的作用,又起到数学知识补充、统一的作用。

　　2. 通俗、实用、简单、易学、易教,深入浅出

　　针对学生的心理特点、认识规律、数学基础,本书在编写过程中力求降低知识起点,例如在数列极限概念的阐述上没有用"$\varepsilon-\delta$"做出的严格的数学定义,而是用直观、形象的语言,用"无限接近"描述介绍了极限的定义。利用通俗易懂的语言,采取数形结合的方法,以图、表直观的讲解概念、定理,注重背景材料的引入和直观阐述,避免面面俱到地复杂论证,淡化定理的理论推导,加强分析过程。在例题的讲解过程中尽量把步骤详细罗列,每个知识点后面紧跟课堂练习,课堂练习的设置起点低、难度小,基本和例题差不多,做到边讲边练。本书的内容、例题、课堂练习题、习题、复习题的设置都本着深入浅出的原则,使教材易教易学。

　　3. 富有弹性,适合理科类和文科类各个专业

　　本书采用模块结构编排方式,将教材内容分为必学、选学(标有 *)部分,选学内容分为两种情况:一是难度较大的数学知识;二是在数学知识的不同应用上进行选学,例如积分在物理上的应用,积分在经济分析中的应用等,增强了教材的弹性和实用性。

　　4. 突出应用,注意激发兴趣、培养学生数学素质

　　本书采取了分散和集中相结合的方式,编排了有价值的数学应用知识,在合适的章节设有应用题,注重数学知识的应用。本书十分重视创设情境引入新课,激发学生的学习兴趣,

在阅读理解中选取了部分数学史、数学思想、数学方法，培养学生的数学素养。

本教材所有的图像由杨蕊绘制，孟玲对本书的出版提出了许多宝贵的意见，在此一并表示衷心的感谢！

由于编者水平有限，书中难免有不足甚至错误之处，恳请广大师生批评指正。

编　者

2018 年 12 月

目　　录

第一章 集　合

第一节 集　合

亲爱的同学们,打开东营地图,东西街道的名称和南北街道的名称有什么特征呢? 例如南北街道有曹州路、胶州路、沂州路 …… 东西街道有黄河路、红河路、淮河路、大渡河路 …… 前者以州命名,后者以河命名.当你对东营市中心城区街道名称心中有数时,你已经在不知不觉中运用"集合"的思想进行思考了.

集合论起源于 19 世纪后期,是现代数学的一个分支,它的基本思想、方法和符号已经运用到数学的各个领域.

一、集合的概念

先看下面的例子:

(1) 不超过 10 的所有正偶数;

(2) 一个班级里所有的学生;

(3) 方程 $x^2 - 5x + 6 = 0$ 的全部实数根;

(4) 所有的等腰三角形;

(5) 东营职业学院图书馆里的所有藏书;

(6) 到一条线段两端距离相等的所有点.

上面的例子指的都是一些对象的全体,这些对象分别具有某些特定的属性.

通常,把由某些确定的对象构成的整体叫做**集合**(简称集).构成集合的每个对象叫做这个集合的**元素**.

上面的例子中,(1)是由 2,4,6,8,10 组成的集合,其中 2,4,6,8,10 都是该集合的元素;(2)是由一个班级里所有学生组成的集合,这个班的每个学生都是该集合的元素;(3)是由 2,3 组成的集合,其中2,3 都是该集合的元素;(4)是由所有等腰三角形组成的集合,每个等腰三角形都是该集合的元素 …… 可以看出,有些集合的元素个数是有限的,有些集合的元素个数是无限的.

由有限个元素构成的集合叫做**有限集**;由无限个元素构成的集合叫做**无限集**.

集合的元素可以是一些人、一些物、一些数、一些点、一些式子、一些图形等等.

注意 通常,我们用大写字母 $A,B,C,\cdots$ 表示集合,用小写字母 $a,b,c,\cdots$ 表示集合中的元素.

例1 下列对象能否构成集合?

(1) 小于 6 的自然数;   (2) 某校工程造价专业的全体学生;

(3) 中国著名的画家;   (4) 方程 $x^2 = 16$ 的所有解.

解 (1) 由于小于 6 的自然数是确定的对象,所以能构成集合.

(2) 由于工程造价专业的学生是确定的对象,所以能构成集合.

(3) 由于著名没有具体的标准,对象是不确定的,所以不能构成集合.

(4) 由于方程 $x^2 = 16$ 的解为 -4 和 $+4$,它们是确定的对象,所以能构成集合.

在数学中,我们将由数构成的集合叫做**数集**.常见的数集有:

自然数集:全体自然数构成的集合,记作 **N**;

正整数集:全体正整数构成的集合,记作 **N*** 或 **N**$_+$;

整数集:全体整数构成的集合,记作 **Z**;

有理数集:全体有理数构成的集合,记作 **Q**;

实数集:全体实数构成的集合,记作 **R**.

为了讨论问题的方便,我们将不含任何元素的集合叫做**空集**,记作 $\varnothing$.

例如,大于 5 且小于 2 的自然数构成的集合为空集.

例2 指出下列集合中,哪个是空集,哪个不是空集?

(1) 方程 $x + 3 = 0$ 在实数范围内的解;   (2) 方程 $x + 3 = 0$ 在自然数范围内的解.

解 (1) 方程 $x + 3 = 0$ 在实数范围内只有一个解 $x = -3$,所以此集合不是空集.

(2) 方程 $x + 3 = 0$ 在自然数范围内无解,所以此集合是空集.

课堂练习 1

1. 判断下列对象能否构成一个集合,如果能,写出它的元素.

   (1) 与 2 接近的实数;   (2) 小于 8 的自然数;   (3) 中国古代四大发明.

2. 写出下列集合的元素:

   (1) 方程 $3x - 2 = 1$ 的解;

   (2) 平方后等于 4 的实数组成的集合;

   (3) 大于 4 且小于 12 的自然数组成的集合.

3. 判断下列集合是否为空集:

   (1) 方程 $x^2 + 2x + 2 = 0$ 的解集;   (2) 方程 $x^2 = 1$ 的解集;

   (3) 大于 3 且小于 -1 的实数;   (4) 不等式 $x + 4 > 4$ 的解集.

二、元素与集合的关系

2008 年北京奥运会的五个吉祥物:贝贝、晶晶、欢欢、迎迎、妮妮组成了"北京奥运会吉祥物"集合,这五个吉祥物中的每一个都是这个集合的元素,2004 年雅典奥运会的吉祥物雅典娜就不是这个集合的元素.

在数学中,如果 a 是集合 A 中的元素,就说 a **属于**集合 A,记作 $a \in A$;如果 a 不是集合 A 中的元素,就说 a **不属于**集合 A,记作 $a \notin A$.

例如,所有的高等职业学校构成集合 A,我们现在就读的高等职业学校 a 就属于集合 A,记作 $a \in A$;我们曾经就读的小学 b 就不属于集合 A,记作 $b \notin A$.

因为集合中的元素是确定的,所以对于任何一个对象,或者是这个集合中的元素,或者不是这个集合中的元素,二者必居其一.

"$\in$""$\notin$"是表示元素与集合之间的关系符号,不能表示集合与集合之间的关系.

例3　用"$\in$"或"$\notin$"填空:

(1) 3____$\mathbf{R}$;　(2) -5____$\mathbf{N}$;　(3) $\sqrt{3}$____$\mathbf{Z}$;

(4) $\dfrac{2}{5}$____$\mathbf{Q}$;　(5) 0____$\{0\}$;　(6) 0____$\varnothing$.

解　(1) $\in$;　(2) $\notin$;　(3) $\notin$;　(4) $\in$;　(5) $\in$;　(6) $\notin$.

课堂练习 2

用"$\in$"或"$\notin$"填空:

(1) -3____$\mathbf{Z}$;　　　　(2) 0.5____$\mathbf{N}$;　　　　(3) 6____$\mathbf{N}_+$;

(4) 2____$\mathbf{R}$;　　　　(5) π____$\mathbf{R}$;　　　　(6) $\sqrt{3}$____$\mathbf{Q}$.

三、集合的表示法

集合的表示法有列举法和描述法.

（一）列举法

当集合中的元素不多时,常常把集合中的元素一一列举出来,写在大括号内,元素之间用逗号隔开,这种表示集合的方法叫做列举法.

大于1且小于7的自然数构成的集合,用列举法表示为$\{2,3,4,5,6\}$;中国古代四大发明构成的集合,用列举法表示为$\{$指南针,造纸术,活字印刷术,火药$\}$.

例4　用列举法表示下列集合:

(1) 方程 $x-2=0$ 的解集;

(2) 大于3且小于9的奇数构成的集合;

(3) 中国的直辖市构成的集合.

解　(1) $\{2\}$;

(2) $\{5,7\}$;

(3) $\{$北京,天津,上海,重庆$\}$.

注意　用列举法表示集合时不必考虑元素的前后顺序,例如,$\{2,4,6\}$与$\{6,4,2\}$表示同一集合;集合中的元素是互异的,列举的元素不能重复出现,例如,$\{2,4,2\}$的这种表示方法是错误的;对于含较多元素的集合,如果构成该集合的元素有明显的规律,也可用含有省略号的列举法,例如,小于 $1\,000$ 的自然数可表示为$\{0,1,2,3,\cdots,999\}$.

课堂练习 3

1. 学校体育组购进了两批器材,第一批有铁饼、乒乓球和羽毛球;第二批有跳绳、篮球、杠铃和剑,试用列举法表示这两个集合.

2. 用列举法表示下列集合:

(1) 大于2且小于13的偶数构成的集合;　(2) 方程 $x^2=4$ 的解集;

(3) 不等式 $6 \leqslant x < 7$ 的整数解构成的集合.

(二) 描述法

思考：不等式 $x - 4 > 1$ 的所有实数解构成的集合能用列举法表示吗？

将集合中的所有元素的共同性质描述出来,写在大括号 $\{\quad\}$ 内,这种表示集合的方法叫做描述法,其一般形式为 $\{x \mid x$ 具有的共同性$\}$.

例如, $x - 2 > 1$ 的所有实数解构成的集合,用描述法表示为 $\{x \mid x - 2 > 1, x \in \mathbf{R}\}$;所有正方形构成的集合,用描述法表示为 $\{x \mid x$ 是正方形$\}$.

例5 用描述法表示下列集合：

(1) 大于 7 的全体实数构成的集合；

(2) 所有正奇数构成的集合；

(3) 所有的长方形构成的集合.

解 (1) $\{x \mid x > 7, x \in \mathbf{R}\}$;

(2) $\{x \mid x$ 是正奇数$\}$;

(3) $\{x \mid x$ 是长方形$\}$.

注意 本教材中,若无特殊说明,上述表示法中的 $x \in \mathbf{R}$ 均可省略不写;元素与性质之间用竖线"|"分隔,其中,大括号内竖线左边为集合中元素的代表符号,竖线右边为集合中元素的共同性质.

为了方便,有些集合用描述法表示时,可以省去竖线及其左边的部分,例如 $\{$直角三角形$\}$.

习惯上,我们把求得的不等式的解用集合表示,叫做不等式解的集合,简称不等式的解集.例如, $\{x \mid x > 5\}$ 就是不等式 $x - 3 > 2$ 的解集.类似地,把求得的方程的解用集合表示,叫做方程的解的集合,简称方程的解集.例如, $\{-1, 4\}$ 是方程 $x^2 - 3x - 4 = 0$ 的解集, $\{(-1, 4)\}$ 是方程组 $\begin{cases} x + 2y = 7, \\ 2x + y = 2 \end{cases}$ 的解集.

例6 写出下列方程或不等式在实数范围内的解集：

(1) $4x^2 - 9 = 0$;　　　　　　　　(2) $5x - 1 \leqslant x + 3$.

解 (1) 因为 $4x^2 - 9 = 0$ 在实数范围内有两个解： $x_1 = -\dfrac{3}{2}, x_2 = \dfrac{3}{2}$,

所以方程 $4x^2 - 9 = 0$ 的解集为 $\left\{-\dfrac{3}{2}, \dfrac{3}{2}\right\}$.

(2) 解不等式 $5x - 1 \leqslant x + 3$:把含有 x 的项放在不等号的一边,把常数项放在不等号的另一边,得 $5x - x \leqslant 3 + 1$,解得 $x \leqslant 1$.

所以不等式 $5x - 1 \leqslant x + 3$ 的解集为 $\{x \mid x \leqslant 1, x \in \mathbf{R}\}$.

课堂练习4

用描述法表示下列集合：

(1) 周长等于 8 cm 的三角形；　　　　(2) 小于 10 并且能被 3 整除的自然数；

(3) 不大于 2 的所有实数构成的集合；　(4) 到两坐标轴距离相等的点；

(5) 方程组 $\begin{cases} x - 2y = 1, \\ 2x - y = 3 \end{cases}$ 的解集.

习题 1-1

1. 判断下列各组对象能否构成集合,并说明理由.

(1) 漂亮的衣服;

(2) 所有的圆;

(3) 到一个角的两边距离相等的点;

(4) 方程 $x^2=16$ 解集.

2. 指出下列集合中的元素:

(1) 大于 1 且小于 9 的自然数;

(2) 一年中有 31 天的月份的全体;

(3) 构成英语单词 word 的字母的全体;

(4) 一个班级里所有的学生;

(5) 平方等于 16 的实数.

3. 用"$\in$"或"$\notin$"填空:(其中 A 表示小于 5 的自然数构成的集合,B 表示不等式 $2x+5>7$ 的所有实数解构成的集合)

(1) 3____A;　　　　(2) $\dfrac{3}{4}$____A;　　　　(3) $\sqrt{5}$____A;

(4) 0.6____B;　　　　(5) -5____B.

4. 用列举法和描述法分别表示下列集合:

(1) 小于 8 的自然数;

(2) 倒数等于 4 的数;

(3) 不等式 $6 \leqslant x < 8$ 的整数解构成的集合;

(4) 方程 $x^2+2x+1=0$ 的解集.

5. 将下列集合用另一种方法表示:

(1) $A=\{x \mid -1 < x < 6, x \in \mathbf{Z}\}$;

(2) $B=\{1,2,3\}$;

(3) $B=\{x \mid x=2n, n \in \mathbf{N}^*\}$.

6. 用适当的方法表示下列集合:

(1) 小于 9 的所有正整数构成的集合;

(2) 不等式 $2x+2<0$ 的解集;

(3) 大于 3 且小于 5 的自然数;

(4) 所有的奇数构成的集合.

第二节　集合之间的关系

一、子集

如果用字母 A 表示集合{东营市市民},字母 B 表示集合{中华人民共和国公民},显然集合 A 中的任何元素都属于集合 B.

一般地,对于两个集合 A 与 B,如果集合 A 的任意一个元素都是集合 B 的元素,我们就说集合 A 是集合 B 的**子集**,也就是说,如果由任意的 $x \in A$,可以推出 $x \in B$,那么集合 A 就是集合 B 的子集,记作 $A \subseteq B$(或 $B \supseteq A$),读作集合 A 包含于集合 B(或集合 B 包含集合 A).

例如,集合 $A=\{2,4,6\}$,集合 $B=\{1,2,3,4,5,6\}$,集合 A 的每一个元素都是集合 B 的元素,那么集合 A 就是集合 B 的子集.

为了直观地说明集合之间的关系,我们通常用封闭的曲线来表示集合,它内部的点表示集合的元素.例如集合 B 和它的子集 A 之间的关系可用图 1-1 和图 1-2 来表示.

空集是任何集合的子集.也就是说,对于任何集合 A,都有 $\varnothing \subseteq A$.

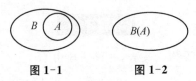

图 1-1   图 1-2

当集合 A 不包含于集合 B，或集合 B 不包含集合 A 时，则记作 $A \nsubseteq B$（或 $B \nsupseteq A$），读作集合 A 不包含于集合 B（或集合 B 不包含集合 A）.

例1 用"$\subseteq$""$\supseteq$""$\in$"或"$\notin$"填空：

(1) $\{3\}$ _____ $\{3, 4\}$；   (2) $\varnothing$ _____ $\{0\}$；

(3) $\{1, 2, 4, 3\}$ _____ $\{1, 3\}$；   (4) b _____ $\{b\}$.

解 (1) 集合 $\{3\}$ 的元素是集合 $\{3, 4\}$ 的元素，因此 $\{3\} \subseteq \{3, 4\}$.

(2) 空集是任何集合的子集，因此 $\varnothing \subseteq \{0\}$.

(3) 集合 $\{1, 3\}$ 的元素都是集合 $\{1, 2, 4, 3\}$ 的元素，因此 $\{1, 2, 4, 3\} \supseteq \{1, 3\}$.

(4) b 是集合 $\{b\}$ 的元素，因此 $b \in \{b\}$.

课堂练习1

1. 写出集合 $A = \{x \mid x > 3\}$ 与集合 $B = \{x \mid x > 5\}$ 之间的关系.

2. 写出集合 $A = \{1, 2, 3\}$ 与集合 $B = \{8$ 与 14 的公约数$\}$ 之间的关系.

二、真子集

已知集合 $A = \{1, 3, 5\}$，集合 $B = \{1, 3, 5, 7\}$. 分析集合 A 是否为集合 B 的子集，集合 B 中是否包含不属于集合 A 的元素.

如果集合 $A \subseteq B$，并且集合 B 中至少有一个元素不属于集合 A，我们就说集合 A 是集合 B 的真子集，记作 $A \subsetneqq B$（或 $B \supsetneqq A$），读作集合 A 真包含于集合 B（或集合 B 真包含集合 A）.

显然，如果集合 A 是集合 B 的真子集，那么集合 B 中至少有一个元素不是集合 A 中的元素. 例如，集合 $A = \{2\}$，集合 $B = \{2, 4\}$，$A \subsetneqq B$，集合 B 中有一个元素 4 不属于集合 A，因此集合 A 是集合 B 的真子集. 又如，自然数集 **N** 是实数集 **R** 的真子集；自然数集 **N** 是有理数集 **Q** 的真子集.

空集 $\varnothing$ 是任何非空集合 A 的真子集，即 $\varnothing \subsetneqq A$.

子集与真子集的区别就在于"$A \subseteq B$"允许 $A = B$，而"$A \subsetneqq B$"不允许 $A = B$，所以，若"$A \subsetneqq B$"，则"$A \subseteq B$"一定成立；若"$A \subseteq B$"，则"$A \subsetneqq B$"不一定成立，因为 A 可能等于 B.

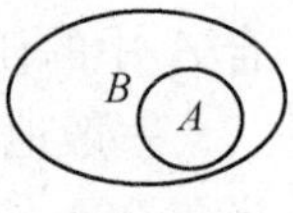

注意 真子集具有传递性，即如果集合 A 是集合 B 的真子集，集合 B 是集合 C 的真子集，那么集合 A 是集合 C 的真子集. 记作：$A \subsetneqq B$ 且 $B \subsetneqq C \Rightarrow$ $A \subsetneqq C$. 如果集合 A 是集合 B 的真子集，它们的关系见图 1-3.

图 1-3

例2 判断下列表示是否正确，并说明理由.

(1) $4 \subsetneqq \{4, 5\}$；   (2) $\{1, 3\} \subsetneqq \{1, 3, 5\}$；

(3) $\varnothing \subsetneqq \{2, 4\}$；   (4) $\{1, 2\} \subsetneqq \{1, 2\}$.

解 (1) 不正确. 4 是一个元素，不是集合，它们之间的关系是 $4 \in \{4, 5\}$.

(2) 正确. 集合 $\{1, 3\}$ 是集合 $\{1, 3, 5\}$ 的子集，并且集合 $\{1, 3, 5\}$ 中的元素 5 不在集合

$\{1,3\}$ 中,因此集合 $\{1,3\}$ 是集合 $\{1,3,5\}$ 的真子集.

(3) 正确.空集是任何非空集合的真子集,因此 $\varnothing \subsetneqq \{2,4\}$.

(4) 不正确.集合 $\{1,2\}$ 是集合 $\{1,2\}$ 的子集,不是真子集.

例3　写出集合 $A=\{2,4,6\}$ 的所有子集和真子集.

解　集合 A 的所有子集是 $\varnothing,\{2\},\{4\},\{6\},\{2,4\},\{2,6\},\{4,6\},\{2,4,6\}$.

在上述子集中,除去集合 A 本身,即 $\{2,4,6\}$,剩下的都是集合 A 的真子集.

例4　用适当的符号表示下列各题中的两个集合之间的关系:

(1) 集合 A:$\{x \mid x-1 \leqslant 0\}$,集合 B:$\{x \mid x-2<0\}$;

(2) 集合 C:$\{x \mid x^2-3x+2=0\}$,集合 D:$\{x \mid 0<x<3\}$.

解　(1) 不等式 $x-1 \leqslant 0$ 的解为 $x \leqslant 1$,集合 A 用不等式的解集表示为 $\{x \mid x \leqslant 1\}$,不等式 $x-2<0$ 的解为 $x<2$,集合 B 用不等式的解集表示为 $\{x \mid x<2\}$,所以 $A \subsetneqq B$.

(2) 方程 $x^2-3x+2=0$ 的解为 $x_1=1,x_2=2$,集合 C 用方程的解集表示为 $\{1,2\}$,集合 D 表示的是大于 0 且小于 3 的所有实数的全体,所以 $C \subsetneqq D$.

课堂练习2

1. 写出集合 $A=\{1,3,5\}$ 的所有子集和真子集.

2. 指出下面集合之间的关系,并且用图表示:

$A=\{平行四边形\}$;$B=\{菱形\}$;$C=\{矩形\}$;$D=\{正方形\}$.

三、集合的相等

已知集合 $A=\{x \mid x^2=1\}$,集合 $B=\{1,-1\}$.分析集合 A 与集合 B 中元素的关系.

对于两个集合 A 与 B,如果集合 A 的任意一个元素都是集合 B 的元素,同时集合 B 的任意一个元素都是集合 A 的元素,我们就说集合 A 等于集合 B,记作 $A=B$.

也就是说,如果 $A \subseteq B$ 且 $B \subseteq A$,那么 $A=B$.实际上也可以说,当集合 A 与集合 B 的元素完全相同时,则 $A=B$.

例5　指出下列各组中两个集合之间的关系:

(1) $A=\{2,4,6,8\}$,$B=\{2,4,6\}$;

(2) $A=\{x \mid x^2=16\}$,$B=\{-4,4\}$;

(3) $C=\{偶数\}$,$D=\{整数\}$.

解　(1) $B \subsetneqq A$;

(2) $A=B$;

(3) $C \subsetneqq D$.

例6　确定整数 x,y,使 $\{2x,x+y\}=\{7,4\}$.

解　由集合相等的定义可知:$\begin{cases} 2x=7, \\ x+y=4 \end{cases}$ 或 $\begin{cases} 2x=4, \\ x+y=7. \end{cases}$

由 $\begin{cases} 2x=7, \\ x+y=4 \end{cases}$ 解得 $x=\dfrac{7}{2}$,不合题意,舍去;

由 $\begin{cases} 2x=4, \\ x+y=7 \end{cases}$ 解得 $\begin{cases} x=2, \\ y=5. \end{cases}$

所以整数 x,y 分别为 $2,5$.

例 7　写出与下列集合相等的一个集合：

(1) $\{x \mid x^2 - x - 6 = 0\}$；　　　　　　　(2) $\{x \mid x + 3 < 0\}$.

解　(1) 集合 $\{x \mid x^2 - x - 6 = 0\}$ 中的元素即方程 $x^2 - x - 6 = 0$ 的解，解方程得 $x_1 = -2, x_2 = 3$.

所以 $\{x \mid x^2 - x - 6 = 0\} = \{-2, 3\}$.

(2) 集合 $\{x \mid x + 3 < 0\}$ 中的元素即不等式 $x + 3 < 0$ 的解，解不等式得 $x < -3$.

所以 $\{x \mid x + 3 < 0\} = \{x \mid x < -3\}$.

课堂练习 3

指出集合 $A = \{2, 4\}$ 与集合 $B = \{x \mid x^2 - 6x + 8 = 0\}$ 之间的关系.

习题 1-2

1. 用 "$\in$" "$\notin$" "$=$" "$\subsetneqq$" 或 "$\supsetneqq$" 填空：

(1) a _____ $\{a, b, c\}$；　　　　　　　(2) 4 _____ $\{5\}$；

(3) $\{a\}$ _____ $\{a, e, f\}$；　　　　　　(4) $\{a, b, c\}$ _____ $\{b, c\}$；

(5) $\varnothing$ _____ $\{1, 2, 3\}$；　　　　　　(6) $\{$正方形$\}$ _____ $\{$平行四边形$\}$；

(7) $\{1, 2, 3\}$ _____ $\{3, 2, 1\}$；　　　　(8) $\varnothing$ _____ $\{x \mid x^2 = -1, x \in \mathbf{R}\}$.

2. 判断下列各题表示的关系是否正确：

(1) 空集就是 $\{0\}$；　　　　　　　　(2) $2 \subset \{x \mid x \leqslant 10\}$；

(3) $\{2, 8\} = \{x \mid x^2 - 10x + 16 = 0\}$；　(4) $3 \subset \{x \mid x \leqslant 8\}$；

(5) $3 \in \left\{x \mid \dfrac{(x-3)^2}{x-3} = 0\right\}$.

3. 确定 x, y 的值，使 $A = \{2, x\}, B = \{3, 5, y\}$ 满足 $A \subseteq B$.

4. 设 $A = \{b, 1, 3\}, B = \{x \mid x^2 - 5x + 6 = 0\}$，若 $B \subsetneqq A$，求实数 b 的值.

5. 已知 $A = \{2, 3, 1\}, B = \{2, 1, a\}$，若 $A = B$，求实数 a 的值.

第三节　集合的基本运算

一、交集

思考：东营职业学院的小李喜欢的课程构成的集合为 $A = \{$数学,英语,体育$\}$，小王喜欢的课程构成的集合为 $B = \{$化学,数学,英语,计算机应用基础$\}$，试写出他们都喜欢的课程构成的集合.

设 A 和 B 是两个集合，把属于集合 A 且属于集合 B 的所有元素组成的集合，称为 A 与 B 的**交集**，记作 $A \bigcap B$（或 $B \bigcap A$），读作 A 交 B，即 $A \bigcap B = \{x \mid x \in A$ 且 $x \in B\}$.

A 与 B 的交集由既属于 A 又属于 B 的所有元素构成.

例如，$\{2, 4, 6, 8\} \bigcap \{1, 2, 3, 4\} = \{2, 4\}$.

集合 A 与 B 的交集,可用图 1-4 和图 1-5 中的阴影部分来表示.

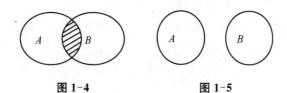

图 1-4　　　　　　　　　图 1-5

由交集的定义可知,对于任意两个集合 A、B,都有:

(1) $A \cap B = B \cap A$;

(2) $A \cap A = A$;

(3) $A \cap \varnothing = \varnothing \cap A = \varnothing$;

(4) 如果 $A \subseteq B$,则 $A \cap B = A$.

例1　设 $A = \{x \mid x > 1\}$,$B = \{x \mid x < 4\}$,求 $A \cap B$.

解　$A \cap B = \{x \mid x > 1$ 且 $x < 4\} = \{x \mid 1 < x < 4\}$.

例2　设 $A = \{x \mid 5x - 4 > 3(x - 4)\}$,$B = \left\{x \mid \dfrac{1}{2}x + 2 < 4 - \dfrac{3}{2}x\right\}$,求 $A \cap B$.

解　解不等式 $5x - 4 > 3(x - 4)$:

$5x - 4 > 3x - 12$,$5x - 3x > -12 + 4$,$x > -4$,所以集合 $A = \{x \mid x > -4\}$.

解不等式 $\dfrac{1}{2}x + 2 < 4 - \dfrac{3}{2}x$:

$\dfrac{1}{2}x + \dfrac{3}{2}x < 4 - 2$,$2x < 2$,$x < 1$,所以集合 $B = \{x \mid x < 1\}$.

$A \cap B = \{x \mid -4 < x < 1\}$.

例3　设 $A = \{(x, y) \mid x - y = 3\}$,$B = \{(x, y) \mid x + 2y = 0\}$,求 $A \cap B$.

解　$A \cap B = \{(x, y) \mid x - y = 3$ 且 $x + 2y = 0\} = \left\{(x, y) \left\vert \begin{matrix} x - y = 3, \\ x + 2y = 0 \end{matrix}\right.\right\} = \{(2, -1)\}$.

课堂练习1

1. 设 $A = \{2, 4, 6, 8, 10\}$,$B = \{8, 10, 12\}$,求 $A \cap B$.

2. 根据下列条件,求 $A \cap B$:

　　(1) $A = \{x \mid x \geqslant -1\}$,$B = \{x \mid x \leqslant 4\}$;

　　(2) $A = \{x \mid x < 4\}$,$B = \{x \mid x < 4\}$.

3. 设 $A = \{(x, y) \mid 3x - y = 4\}$,$B = \{(x, y) \mid x + y = 8\}$,求 $A \cap B$.

二、并集

思考:某班周三值日的学生构成的集合为 $A = \{李芳,王娜,张帅,周琦\}$,周四值日的学生构成的集合为 $B = \{周琦,李芳,王红,刘飞\}$,试写出周三、周四值日的学生构成的集合.

设 A、B 是两个集合,由所有属于 A 或者属于 B 的元素组成的集合,称为 A 与 B 的并集,记作 $A \cup B$(或 $B \cup A$),读作 A 并 B,即 $A \cup B = \{x \mid x \in A$ 或 $x \in B\}$.

并集就是把它们所有的元素合并在一起构成的集合.

例如,$\{2,4,6,8\} \bigcup \{1,2,3,4\}=\{1,2,3,4,6,8\}$.

集合 A 与 B 的并集,可用图 1-6 和图 1-7 中的阴影部分来表示.

图 1-6　　　　图 1-7

由并集的定义可知,对于任意两个集合 A、B,都有:

(1) $A \bigcup B=B \bigcup A$;

(2) $A \bigcup A=A$;

(3) $A \bigcup \varnothing=\varnothing \bigcup A=A$;

(4) 如果 $A \subseteq B$,则 $A \bigcup B=B$.

注意　在求集合的并集时,同时属于 A 和 B 的公共元素,在并集中只列举一次.

例 4　设 $A=\{1,2,3,4\},B=\{2,4,6,8\}$,求 $A \bigcup B$.

解　$A \bigcup B=\{1,2,3,4\} \bigcup \{2,4,6,8\}=\{1,2,3,4,6,8\}$.

例 5　设 $A=\{x \mid x+2<0\},B=\{x \mid x-1>0\}$,求 $A \bigcup B$.

解　$A=\{x \mid x<-2\},B=\{x \mid x>1\},A \bigcup B=\{x \mid x<-2$ 或 $x>1\}$.

例 6　设 $A=\{x \mid x^2+x-2=0\},B=\{x \mid x^2-4=0\}$,求 $A \bigcup B$.

解　因为 $A=\{x \mid x^2+x-2=0\}=\{-2,1\},B=\{x^2-4=0\}=\{-2,2\}$,

所以 $A \bigcup B=\{-2,1\} \bigcup \{-2,2\}=\{-2,1,2\}$.

例 7　已知 $A=\{x \mid x=2k,k \in \mathbf{Z}\},B=\{x \mid x=2k-1,k \in \mathbf{Z}\}$,求 $A \bigcup B$.

解　$A \bigcup B=\{x \mid x=2k$ 或 $x=2k-1,k \in \mathbf{Z}\}$,也可记为 $A \bigcup B=\mathbf{Z}$.

例 8　已知 $\mathbf{Q}$ 为有理数集,$\mathbf{Z}$ 为整数集,$\mathbf{N}$ 为自然数集,求 $\mathbf{Q} \bigcup \mathbf{Z},\mathbf{N} \bigcup \mathbf{Z}$.

解　$\mathbf{Q} \bigcup \mathbf{Z}=\{$有理数$\} \bigcup \{$整数$\}=\{$有理数$\}=\mathbf{Q}$,

$\mathbf{N} \bigcup \mathbf{Z}=\{$自然数$\} \bigcup \{$整数$\}=\{$整数$\}=\mathbf{Z}$.

课堂练习 2

1. 在空格上填写适当的集合:

　(1) $\{1,3,5,7\} \bigcup \{5,7,9,10\}=$＿＿＿＿＿；

　(2) $\{a,c,f\} \bigcup \{m,n\}=$＿＿＿＿＿；

　(3) $\mathbf{Q} \bigcup \mathbf{R}=$＿＿＿＿＿.

2. 设 $A=\{1,5,9,7\},B=\{2,5,7,8\}$,求 $A \bigcup B$.

3. 设 $A=\{x \mid 3<x<5\},B=\{x \mid x>4\}$,求 $A \bigcup B$.

三、补集

我们知道方程 $x^2-3=0$ 在有理数集内的解集是 $\varnothing$,在实数集内的解集为 $\{-\sqrt{3},\sqrt{3}\}$.方程的解集与给定的集合有关.

在讨论集合与集合之间的关系时,有时需要先明确在某个给定的集合里进行讨论,这些集合是给定集合的子集,这个给定的集合叫做全集,通常用 U 来表示.

在上面的例子中,当 $U=\mathbf{Q}$ 时,解集为空集;当 $U=\mathbf{R}$ 时,解集为 $\{-\sqrt{3},\sqrt{3}\}$.

如果集合 A 是全集 U 的子集,那么,由 U 中不属于 A 的所有元素组成的集合叫做 A 在全集 U 中的**补集**,记作 $\complement_U A$,读作 A 在 U 中的补集,即 $\complement_U A=\{x\,|\,x\in U\text{ 且 }x\notin A\}$.

例如,全集 $U=\{2,4,6,8,10\}$,$A=\{2,6,10\}$,则 $\complement_U A=\{4,8\}$.

图 1-8

补集是以"全集"为前提而建立的概念;而全集又是相对于所研究问题而言的一个概念,只要包含所研究问题全体元素的集合都可作为全集.

所谓 $\complement_U A=\{x\,|\,x\in U\text{ 且 }x\notin A\}$,就是说从全集 U 中取出集合 A 的全部元素之后,所有剩余元素构成的集合就是 $\complement_U A$,可用图 1-8 中的阴影部分来表示.

由补集定义可知:

(1) $A\bigcup\complement_U A=U$;

(2) $A\bigcap\complement_U A=\varnothing$;

(3) $\complement_U(\complement_U A)=A$.

例 9 已知 $U=\{1,3,5,7,9\}$,$A=\{1,3,5\}$,求 $\complement_U A$,$A\bigcap\complement_U A$,$A\bigcup\complement_U A$.

解 $\complement_U A=\{7,9\}$;$A\bigcap\complement_U A=\varnothing$;$A\bigcup\complement_U A=U$.

例 10 已知 $U=\{\text{实数}\}$,$\mathbf{Q}=\{\text{有理数}\}$,求 $\complement_U\mathbf{Q}$.

解 $\complement_U\mathbf{Q}=\{\text{无理数}\}$.

例 11 已知 $U=\mathbf{R}$,$A=\{x\,|\,2\leqslant x<3\}$,求 $\complement_U A$.

解 $\complement_U A=\{x\,|\,x<2\text{ 或 }x\geqslant3\}$.

课堂练习3

1. 已知 $U=\{\text{本班的学生}\}$,$A=\{\text{本班的女生}\}$,$B=\{\text{本班的学生干部}\}$,求 $\complement_U A$,$\complement_U B$.

2. 已知 $U=\{\text{小于 10 的正整数}\}$,$A=\{2,4,6\}$,$B=\{1,3,5,7,9\}$,求 $\complement_U A$,$\complement_U B$.

习题1-3

1. 已知 $A=\{m,n,p,q\}$,$B=\{p,q,x\}$,求 $A\bigcap B$,$A\bigcup B$.

2. 已知 $A=\{x\,|\,x-1>0\}$,$B=\{x\,|\,x-5<0\}$,求 $A\bigcap B$,并在数轴上用阴影表示 $A\bigcap B$.

3. 根据下列条件,求 $A\bigcup B$:

(1) $A=\{x\,|\,x+6\leqslant0\}$,$B=\{x\,|\,x-2>0\}$;

(2) $A=\{x\,|\,x^2=4\}$,$B=\{x\,|\,x+2=0\}$.

4. 已知 $A=\{x\,|\,x^2-16=0\}$,$B=\{x\,|\,x+4=0\}$,求 $A\bigcap B$,$A\bigcup B$(用列举法表示).

5. 已知 $A=\{\text{平行四边形}\}$,$B=\{\text{矩形}\}$,求 $A\bigcap B$,$A\bigcup B$.

6. 已知 $U=\{1,2,3,4,5,6,7\}$,$A=\{1,3,4\}$,$B=\{7\}$,求 $\complement_U A$,$\complement_U B$,$\complement_U B\bigcap\complement_U A$,$\complement_U A\bigcup\complement_U B$.

7. 设 $A=\{\text{小于 7 的正偶数}\}$,$B=\{x\,|\,3<x\leqslant6,x\in\mathbf{N}\}$,求 $A\bigcap B$,$A\bigcup B$.

8. 设 $A=\{x\,|\,-2\leqslant x\leqslant4\}$,$B=\{x\,|\,-3<x<2\}$,$C=\{x\,|\,-3\leqslant x<0\}$,求 $A\bigcap B$,$A\bigcup B$,$B\bigcup C$.

9. 设 $A=\{x\,|\,x\leqslant 7\},B=\{x\,|\,x<2\},C=\{x\,|\,x>5\}$,求 $A\bigcap B,A\bigcap C$.

复习题一

1. 填空题.

(1) 5_____$\{1,3,5\}$; (2) $\{5\}$_____$\{1,3,5\}$; (3) 0_____$\{0\}$;

(4) 设 $U=\mathbf{R},A=\{x\,|\,x\leqslant 3\},B=\{x\,|\,x\geqslant 2\}$,则 $\complement_U B\bigcap\complement_U A=$_____;

(5) 设 $U=\mathbf{R},A=\{x\,|\,x<-7\},B=\{x\,|\,x>7\}$,则 $\complement_U B\bigcap\complement_U A=$_____;

(6) 设 $A=\{x\,|-5<x<5\},B=\{x\,|\,x\leqslant 0\}$,则 $A\bigcap B=$_____,$A\bigcup B=$_____.

2. 选择题.

(1) 已知集合 $A=\{x\,|\,x\leqslant 0\}$,则下列关系正确的是(   ).

    A. $0\subsetneqq A$ B. $\{0\}\in A$

    C. $\{0\}\subseteq A$ D. $\varnothing\in A$

(2) 已知集合 $M=\{1\},S=\{1,2\},P=\{1,2,3\}$,则 $(M\bigcup S)\bigcap P$ 等于(   ).

    A. $\{1,2,3\}$ B. $\{1,2\}$

    C. $\{1\}$ D. $\{3\}$

(3) 已知集合 $A=\{d,e\},B=\{b,c\},C=\{a,c\}$,则 $A\bigcap(B\bigcup C)$ 等于(   ).

    A. $\{a,b,c\}$ B. $\{a,b,c\}$

    C. $\{a,b\}$ D. $\varnothing$

(4) 已知全集 $U=\{a,b,c,d,e\},A=\{a,c,d\},B=\{b,d,e\}$,则 $\complement_U B\bigcap\complement_U A$ 等于 (   ).

    A. $\varnothing$ B. $\{a,b,c,d\}$ C. $\{a,c\}$ D. $\{b,e\}$

(5) 下列描述正确的是(   ).

    A. $\{0\}=\{\varnothing\}$ B. $\varnothing\subsetneqq\varnothing$ C. $\{0\}=\varnothing$ D. $\varnothing\subsetneqq\{\varnothing\}$

3. 判断下列各组对象能否构成集合:

(1) 学校图书馆里的藏书;   (2) 本班帅气的学生;

(3) 10 以内的正偶数;   (4) 周长等于 5 cm 的三角形.

4. 判断下列表示是否正确:

(1) $\varnothing=\{0\}$;   (2) $5\in\{1,3,5,7,9\}$;

(3) $\{a\}\in\{a,b,c,d\}$;   (4) $\{a,b,c\}\subseteq\{c,b,a\}$;

(5) $\{x\,|\,x^2-8x+7=0\}=\{1,7\}$;   (6) $\varnothing\subsetneqq\{0\}$.

5. 用适当的方法写出下列集合:

(1) 函数 $2y+x=1$ 图像上的所有点;   (2) 大于 2 且小于 13 的偶数构成的集合;

(3) 不等式 $2x+6\geqslant 0$ 的解集;   (4) 方程 $x^2=-1$ 的解集.

6. 已知集合 $A=\{(x,y)\,|\,3x-7y=-5\},B=\{(x,y)\,|\,2x+9y=40\}$,求 $A\bigcap B$(用描述法表示).

7. 已知 $A=\{x\,|\,x<-2$ 或 $x>3\},B=\{x\,|\,4x+m<0\}$,当 $A\supseteq B$ 时,求实数 m 的取值范围.

8. 设 $A=\{x\,|\,x^2-2x-3=0\},B=\{x\,|\,ax-1=0\}$,若 $B\subsetneqq A$,求实数 a 的值.

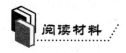

康托尔与集合论

集合论是由德国数学家康托尔（1845—1918）创立起来的.他主要研究无限集合的性质.

康托尔从1879年到1884年曾公开发表了6篇论文,阐述了实数和直线上的点是一一对应的,即任何实数可以用数轴上的一个点来表示,反过来数轴上的任何一个点都对应着一个实数.康托尔说:"集合是我们直观的或者我们思维的对象,把具有明确意义的对象 m（称为 M 的元素）的全体表示为 M."

从元素的个数为有限时的有限集,延伸到定义无限集的元素个数,称它为集合的"势".并定义:如果两个无限集 M、N 的元素之间存在一一对应,那么称 M、N 的"势"相等（相当于元素个数相等）.

从康托尔的观点出发,可以证明任何一个圆与整个数轴具有相同的"势"（相同的元素个数）.事实上,只要置圆于数轴相切的位置上（如图1-9所示）.那么圆上的任一点 A 都可作一条与圆相切的射线,它与数轴相交于 a;反过来,数轴上的每一点 a 也可作一条直线与圆相切,得切点 A.这样数轴上点就与圆周上的点一样多,这里还规定,过圆周上的点作的射线与数轴平行,这点对应数轴上的 $+\infty$ 或 $-\infty$.

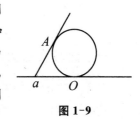

图1-9

因为任何一条有限的线段都可以围成一个圆,圆与数轴上的点一一对应,因此有限线段上的点与数轴上的点一样多.

这个有趣的事实是由康托尔的理论创造的.集合论不仅有趣而且十分有用.集合论已成为现代数学的基础之一.

第二章 不 等 式

在现实世界中,存在大量的等量关系,同时也存在大量的不等关系,不等式就是讨论不等关系的重要工具.本章在初中学过的不等式知识的基础上,进一步学习不等关系,不等式是进一步学习数学和其他科学知识的基础.

第一节　不等式的基本性质

一、比较实数大小的方法

对于实数 a、b,如果 $a-b>0$,那么称 a 大于 b(或称 b 小于 a),记作 $a>b$(或记作 $b<a$).

这表明,对任意实数 a、b,有:

$$a-b>0 \Rightarrow a>b,$$

$$a-b<0 \Rightarrow a<b,$$

$$a-b=0 \Rightarrow a=b.$$

因此为了比较实数 a、b 的大小,只要考察它们的差 $a-b$ 是大于零,小于零,还是等于零即可.

例1　比较下列各组中两个实数的大小:

(1) $\dfrac{3}{5}$,$\dfrac{5}{7}$;　　　　(2) 13.2,$11\dfrac{1}{2}$.

解　(1) 因为 $\dfrac{3}{5}-\dfrac{5}{7}=\dfrac{21-25}{35}=-\dfrac{4}{35}<0$,所以 $\dfrac{3}{5}<\dfrac{5}{7}$.

(2) 因为 $13.2-11\dfrac{1}{2}=13.2-11.5=1.7>0$,所以 $13.2>11\dfrac{1}{2}$.

例2　比较 $(x+2)(x-4)$ 与 $(x+3)(x-5)$ 的大小.

解　因为 $(x+2)(x-4)-(x+3)(x-5)=(x^2-2x-8)-(x^2-2x-15)=7>0$,所以 $(x+2)(x-4)>(x+3)(x-5)$.

例3　比较 $4x^2+1$ 与 $4x$ 的大小 $\left(x\neq\dfrac{1}{2}\right)$.

解　因为 $4x^2+1-4x=(2x-1)^2$,$x\neq\dfrac{1}{2}$,所以 $(2x-1)^2>0$,所以 $4x^2-1>4x$.

课堂练习 1

1. 比较下列各组中两个实数的大小：

(1) $\dfrac{5}{7}$ 与 $\dfrac{5}{6}$ ；

(2) $-\dfrac{1}{2}$ 与 $-\dfrac{1}{4}$ ；

(3) -1 与 $\dfrac{1}{2}$ ；

(4) $\dfrac{12}{5}$ 与 4 .

2. 比较下列各组中两个代数式的大小：

(1) $(x+1)^2, 2x-1$ ；

(2) $(x^2-1)^2, x^4-3x^2$.

二、不等式的基本性质

性质 1(传递性) 如果 $a>b, b>c$ ，那么 $a>c$.

分析 要证 $a>c$ ，只要证 $a-c>0$.

证明 $a>b \Rightarrow a-b>0, b>c \Rightarrow b-c>0$.

于是 $a-c=(a-b)+(b-c)>0$ ，因此 $a>c$.

性质 2(加法性质) 如果 $a>b, c \in \mathbf{R}$ ，那么 $a+c>b+c$.

证明 $a>b \Rightarrow a-b>0$.

于是 $(a+c)-(b+c)=a-b>0$ ，因此 $a+c>b+c$.

性质 2 表明，不等式的两边加上(或减去) 同一个实数，不等号的方向不变.

思考：怎样由性质 2 得到不等式的移项法则(不等式中任何一项改变符号后，可以把它从不等式一边移到另一边).

例 4 下列不等式的变形是否正确？ 如果正确，请说明变形的依据；如果不正确，请说明理由.

(1) 若 $a>b, b>1$ ，则 $a>1$ ；(2) 若 $a>b$ ，则 $a-2>b-2$ ；

(3) 若 $a<b$ ，则 $a+2<b+2$.

解 (1) 正确.变形的依据是不等式的性质 1.

(2) 正确.变形的依据是不等式的性质 2.

(3) 正确.变形的依据是不等式的性质 2.

性质 3(乘法性质) 如果 $a>b, c>0$ ，那么 $ac>bc$ ；如果 $a>b, c<0$ ，那么 $ac<bc$.

证明 因为 $ac-bc=c(a-b)$ ，又 $a>b$ ，即 $a-b>0$ ，所以

当 $c>0$ 时，$(a-b)c>0$ ，即 $ac>bc$ ；

当 $c<0$ 时，$(a-b)c<0$ ，即 $ac<bc$.

性质 3 表明，如果不等式的两边乘同一个正数，则不等号的方向不变；如果不等式的两边乘同一个负数，则不等号的方向改变.

例 5 用"$>$"或"$<$"填空：

(1) 如果 $x<0$ ，那么 $4x$ _____ $3x$ ；(2) 如果 $a>0, x<y$ ，那么 ax _____ ay ；

(3) 如果 $a<0, x<y$ ，那么 $\dfrac{x}{a}$ _____ $\dfrac{y}{a}$.

解 (1) 因为 $4>3, x<0$ ，所以 $4x<3x$.

(2) 已知 $x < y$，两边同时乘正数 a，不等号的方向不变，即 $ax < ay$.

(3) 已知 $x < y$，两边同时除以负数 a（即乘负数 $\frac{1}{a}$），不等号的方向改变，即 $\frac{x}{a} > \frac{y}{a}$.

例 6 证明：如果 $a < b < 0$，那么 $a^2 > b^2$.

证明 如果 $a < b < 0$，那么 $a^2 > ab$（性质 3），$ab > b^2$（性质 3），所以 $a^2 > b^2$（性质 1）.

课堂练习 2

1. 设 $a < b$，用"$>$""$\geqslant$""$<$""$\leqslant$"或"$\neq$"填空：

(1) $a - 1$＿＿＿＿$b - 1$； (2) $-2a$＿＿＿＿$-2b$；

(3) a＿＿＿＿$b + \sqrt{2}$； (4) $a - \sqrt{5}$＿＿＿＿$b - \sqrt{5}$.

2. 用"$>$"或"$<$"填空：

(1) 如果 $a > b$，那么 $a - 2$＿＿＿＿$b - 2$；

(2) 如果 $a > b$，那么 $-a$＿＿＿＿$-b$；

(3) 如果 $a > b$，那么 $\frac{a}{2}$＿＿＿＿$\frac{b}{2}$.

习题 2-1

1. 判断题.

(1) 若 $ac > bc$，则 $a > b$；（   ） (2) 若 $a > b$，则 $2a > a + b$.（   ）

2. 比较下列各组中两个代数式的大小：

(1) $(x - 1)^2$ 与 $x(x - 2)$； (2) $(x + 3)(x + 7)$ 与 $(x + 2)(x + 8)$.

3. 用"$>$""$<$"或"$=$"填空：

(1) 若 $a < b$，则 $a + 5$＿＿＿＿$b + 5$； (2) 若 $a > b$，则 $-5a$＿＿＿＿$-5b$；

(3) 若 $a < b$，则 $-\frac{a}{3}$＿＿＿＿$-\frac{b}{3}$； (4) 若 $a < b < 0$，则 $|a|$＿＿＿＿$|b|$；

(5) 若 $a, b \in \mathbf{R}$，且 $a < b < 0$，则 b^2＿＿＿＿ab；

(6) 若 $a > b, c < d$，则 $a - c$＿＿＿＿$b - d$.

4. 证明：如果 $a < b$，那么 $c - 2a > c - 2b$.

第二节 含绝对值的不等式

一、区间

不等式的解集，除了用集合的描述法来表示外，还可以用区间来表示.下面介绍区间的概念.

设 $a, b \in \mathbf{R}$，且 $a < b$.

满足 $a \leqslant x \leqslant b$ 的全体实数 x 的集合，叫做**闭区间**，记作 $[a, b]$，如图 2-1 所示.

满足 $a < x < b$ 的全体实数 x 的集合，叫做**开区间**，记作 (a, b)，如图 2-2 所示.

图 2-1   图 2-2

满足 $a \leqslant x < b$ 或 $a < x \leqslant b$ 的全体实数 x 的集合,都叫做**半开半闭区间**,分别记作 $[a, b)$、$(a, b]$,如图 2-3、图 2-4 所示.

图 2-3   图 2-4

注意 a 与 b 叫做区间的端点,在数轴上表示区间时,属于这个区间端点的实数,用实心点表示;不属于这个区间端点的实数,用空心点表示.

实数集 **R**,也可用区间表示为 $(-\infty, \infty)$,其中,"$+\infty$"读作"正无穷大","$-\infty$"读作"负无穷大".

满足 $x \geqslant a$ 的全体实数,可记作 $[a, +\infty)$,如图 2-5 所示.

图 2-5   图 2-6

满足 $x > a$ 的全体实数,可记作 $(a, +\infty)$,如图 2-6 所示.

满足 $x \leqslant a$ 的全体实数,可记作 $(-\infty, a]$,如图 2-7 所示.

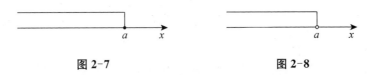

图 2-7   图 2-8

满足 $x < a$ 的全体实数,可记作 $(-\infty, a)$,如图 2-8 所示.

例1 用集合的描述法表示下列区间:

(1) $[0,1]$;   (2) $(2,5]$;   (3) $(-1,3)$;   (4) $(-\infty,5]$.

解 (1) $\{x \mid 0 \leqslant x \leqslant 1\}$;   (2) $\{x \mid 2 < x \leqslant 5\}$;

(3) $\{x \mid -1 < x < 3\}$;   (4) $\{x \mid x \leqslant 5\}$.

课堂练习1

用区间表示下列不等式的解集,并在数轴上表示这些区间:

(1) $5x - 3 > x + 2$;   (2) $2x + 1 \leqslant 1 - 3x$.

二、绝对值不等式

某企业为生产某种型号的小型机床,需制造一批长度为 18 cm 的零件,并要求每个零件的加工绝对误差在 0.1 cm 内方为合格品.请问制造出来的这批零件的长度在什么范围内是合格品?

零件的标准长度是 18 cm,但在实际加工中,零件的长度可能大于 18 cm,也可能小于

18 cm.

设零件的长度为 x cm,根据题意,得 $|x-18|<0.1$.

$|x-18|<0.1$ 是含有未知数的绝对值的不等式.

这样的含有未知数的绝对值的不等式叫做**绝对值不等式**.

本节仅讨论 $|ax+b|<c$ 和 $|ax+b|>c(c>0)$ 两种类型不等式解集的求法.

我们知道:在实数集中,对任意实数 a,有:

$$|a|=\begin{cases}a(\text{当 }a>0\text{ 时}),\\0(\text{当 }a=0\text{ 时}),\\-a(\text{当 }a<0\text{ 时}).\end{cases}$$

例如,$|3|=3,|0|=0,|-3|=3$.

实数 a 的绝对值 $|a|$ 在数轴上等于对应实数 a 的点到原点的距离,由 $|a|$ 的这一几何意义,求不等式 $|x|<a(a>0)$,就是求在数轴上到原点的距离小于 a 的点对应的实数 x 的集合,所以 $|x|<a\Leftrightarrow -a<x<a$(见图 2-9(1));同理得 $|x|>a\Leftrightarrow x>a$ 或 $x<-a$(见图 2-9(2)).

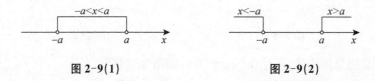

图 2-9(1)　　　　　　　　　　　图 2-9(2)

当 $c>0$ 时,$|ax+b|<c\Leftrightarrow -c<ax+b<c$;$|ax+b|>c\Leftrightarrow ax+b>c$ 或 $ax+b<-c$.

例2　解不等式 $3|x|<9$.

解　由不等式 $3|x|<9$,得 $|x|<3$,因此原不等式的解集为 $(-3,3)$.

例3　解不等式 $|2x-3|<1$.

解　原不等式 $|2x-3|<1$ 等价于 $-1<2x-3<1$,即 $2<2x<4$.

解得 $1<x<2$,因此原不等式的解集为 $(1,2)$.

例4　解不等式 $|3x+1|\geq 7$.

解　原不等式 $|3x+1|\geq 7$ 等价于 $3x+1\leq -7$ 或 $3x+1\geq 7$,即 $3x\leq -8$ 或 $3x\geq 6$.

解得 $x\leq -\dfrac{8}{3}$ 或 $x\geq 2$,因此原不等式的解集是 $\left(-\infty,-\dfrac{8}{3}\right]\cup[2,+\infty)$.

我们现在来讨论本节开头机床零件是否合格的问题.

根据题意,得 $|x-18|<0.1$,等价于 $-0.1<x-18<0.1$,解得 $17.9<x<18.1$,即零件长度在 17.9 cm 到 18.1 cm 范围内是合格品.

课堂练习 2

解下列不等式:

(1) $|x|\leq 2$;　　　　　(2) $|2x|<8$;　　　　　(3) $|2-x|<8$;

(4) $|x-1|>5$;　　　　(5) $|5x+2|\leq 7$;　　　　(6) $|5x+8|>3$.

习题 2-2

1. 解下列不等式：

(1) $|3x-1| \leqslant 2$；

(2) $|3x-1| > 8$；

(3) $-|x-2| < -5$；

(4) $\left| \dfrac{1}{3}x - 1 \right| \geqslant 5$.

2. 某企业的设备上,需要安装口径为 10 cm 的一种圆形零件,并要求在制造这批零件时每个零件的加工绝对误差在 0.02 cm 内方为合格品.问制造出来的这批零件的口径在什么范围内是合格品？

第三节　一元二次不等式

一、一元二次不等式

汽车在城市道路上行驶,如遇突发情况需紧急刹车,但由于惯性的作用,刹车后汽车会继续往前滑行一段距离才能停住.通过试验得到,某品牌汽车的刹车距离 $s(\text{m})$ 与车速 $x(\text{m/h})$ 之间的关系式为 $s = \dfrac{1}{40}x + \dfrac{1}{360}x^2$.在一次交通事故中,测得这种品牌的一辆汽车的刹车距离大于 11.5 米,问这辆汽车刹车时的车速不低于多少？

根据题意知, $s > 11.5$,因此可以列出方程为 $\dfrac{1}{40}x + \dfrac{1}{360}x^2 > 11.5$,化简后为 $x^2 + 9x - 4\,140 > 0$.

可以看出,这是关于未知数 x 的整式不等式, x 的最高次是二次.

形如 $ax^2 + bx + c > 0$ 或 $ax^2 + bx + c < 0(a \neq 0)$ 的整式不等式叫做**一元二次不等式**,其中,"$>$""$<$" 可以换成"$\geqslant$""$\leqslant$".

例 1　判断下列不等式中哪些是一元二次不等式,哪些不是一元二次不等式：

(1) $2x + 3 < 0$；

(2) $x^2 - 2x - 3 < 0$；

(3) $2x^3 + x^2 + 3x - 2 < 0$；

(4) $x^2 - 2\sqrt{x} + 3 > 0$.

解　(1) 因为未知数 x 的最高次是一次,所以不是一元二次不等式.

(2) 因为(2)只含有一个未知数 x,并且未知数 x 的最高次是二次的整式不等式,所以是一元二次不等式.

(3) 因为未知数 x 的最高次是三次,所以不是一元二次不等式.

(4) 因为不等式中含有 $\sqrt{x}$,所以不是一元二次不等式.

课堂练习 1

判断下列不等式中哪些是一元二次不等式,哪些不是一元二次不等式(是的在后面括号

内打"√",不是的在后面括号内打"×"):

(1) $5x - 3 > 0$;　　　　　　　　　　　　　　　　　　(　　)

(2) $2x^2 - 5x - 3 < 0$;　　　　　　　　　　　　　　　(　　)

(3) $x^3 + 3x - 2 < 0$;　　　　　　　　　　　　　　　(　　)

(4) $x^2 - 2\sqrt{x} > 0$;　　　　　　　　　　　　　　　(　　)

(5) $x^2 - 2y^2 + x - 1 > 0$.　　　　　　　　　　　　(　　)

二、一元二次不等式的解法

我们已经学过如何求一元一次不等式的解集.

例如,求 $x - 1 < 0$ 的解集为 $\{x \mid x < 1\}$.

一元一次不等式的解集,可以借助一次函数的图像来求解:

求不等式 $x - 1 < 0$ 的解集也可以看作是求一次函数 $y = x - 1$ 的图像在 x 轴下方部分的 x 的取值范围.一次函数 $y = x - 1$ 的图像是一条直线(图 2-10),直线与 x 轴的交点是 $Q(1, 0)$,即当 $x = 1$ 时,$y = 0$.由图 2-10 可以看出:

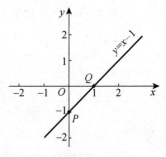

图 2-10

当 $x < 1$ 时,这部分图像位于 x 轴下方,$y < 0$,所以 $x - 1 < 0$ 的解集为 $\{x \mid x < 1\}$.

类似地,利用二次函数的图像解一元二次不等式,它们的具体关系如表 2-1 所示.

表 2-1

判别式 $\Delta = b^2 - 4ac$		$\Delta > 0$	$\Delta = 0$	$\Delta < 0$
一元二次方程 $ax^2 + bx + c = 0$ $(a \neq 0)$ 的根		有两个不相等的实数根 $x_{1,2} = \dfrac{-b \pm \sqrt{b^2 - 4ac}}{2a}$	有两个相等的实数根 $x_1 = x_2 = -\dfrac{b}{2a}$	无实数根
二次函数 $y = ax^2 + bx + c$ $(a > 0)$ 的图像		$(x_1 < x_2)$	$(x_1 = x_2)$	
不等式的解集	$ax^2 + bx + c > 0$ $(a > 0)$	$\{x \mid x < x_1$ 或 $x > x_2\}$	$\left\{ x \mid x \in \mathbf{R} \text{ 且 } x \neq -\dfrac{b}{2a} \right\}$	$\mathbf{R}$
	$ax^2 + bx + c < 0$ $(a > 0)$	$\{x \mid x_1 < x < x_2\}$	$\varnothing$	$\varnothing$

例 2 解不等式 $x^2 - x > 2$.

解 将不等式化为标准形式为

$$x^2 - x - 2 > 0.$$

因为 $\Delta=(-1)^2-4\times(-2)=9>0$，所以方程 $x^2-x-2=0$ 的解是

$$x_1=-1,\ x_2=2.$$

根据二次函数 $y=x^2-x-2$ 的图像（见图 2-11），得原不等式的解集为

$$\{x\mid x>2\ \text{或}\ x<-1\}.$$

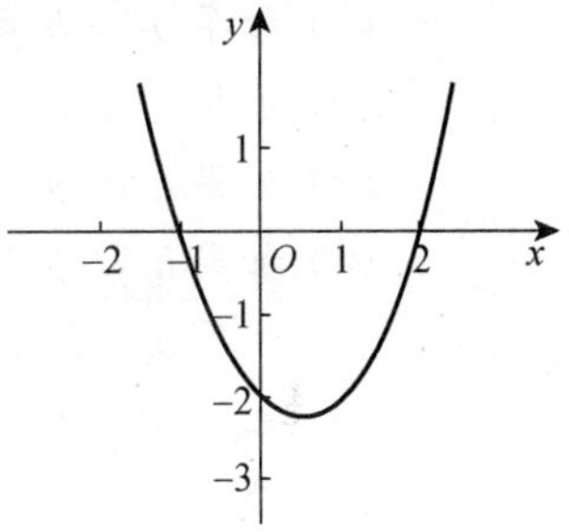

图 2-11

例 3 解不等式 $-x^2+x\geqslant-2$.

解 将不等式化为标准形式为

$$x^2-x-2\leqslant0.$$

因为 $\Delta=(-1)^2-4\times(-2)=9>0$，所以方程 $x^2-x-2=0$ 的解是

$$x_1=-1,\ x_2=2.$$

根据二次函数 $y=x^2-x-2$ 的图像（见图 2-11），得原不等式的解集为

$$\{x\mid-1\leqslant x\leqslant2\}.$$

由例题可归纳出解一元二次不等式的一般步骤如下：
(1) 将原不等式化为标准形式 $ax^2+bx+c>0(a>0)$ 或 $ax^2+bx+c<0(a>0)$；
(2) 求出方程 $ax^2+bx+c=0$ 的解；
(3) 画出相应的二次函数 $y=ax^2+bx+c$ 的图像；
(4) 根据图像，写出解集.

课堂练习 2

1. 填空：
    (1) $x^2>0$ 的解集是 _____；   (2) $x^2-1>0$ 的解集是 _____；
    (3) $x^2+1<0$ 的解集是 _____；   (4) $x^2\geqslant4$ 的解集是 _____.

2. 解下列一元二次不等式：
    (1) $x^2<5x$；   (2) $x^2+3x>0$；
    (3) $x^2+2x\leqslant0$；   (4) $x^2+3x+2\geqslant0$.

习题 2-3

1. 解下列不等式：
    (1) $x^2-3x+2>0$；   (2) $x^2-2x+1<0$；   (3) $x^2-5x<-4$.

2. 解下列不等式：
    (1) $x^2-2x+1>0$；   (2) $x^2-x+1>0$；   (3) $x^2-x+2<0$.

复习题二

1. 用"$>$"或"$<$"填空：

(1) 如果 $a > b$ 且 $b > c$,则 a _____ c;

(2) 如果 $a > b$ 且 $c \in \mathbf{R}$,则 $a + c$ _____ $b + c$;

(3) 如果 $a < b$ 且 $c < 0$,则 ac _____ bc;

(4) 如果 $a < b$ 且 $c > 0$,则 ac _____ bc;

(5) 如果 $a - b < c$,则 $a - c$ _____ b;

(6) 如果 $a < b$ 且 $c < d$,则 $a + c$ _____ $b + d$.

2. 填空题.

(1) $x \geqslant 1$ 的区间表示形式为 _____;

(2) $x - 1 < 0$ 的解集是 _____ (用区间形式表示);

(3) $x^2 + x > 0$ 的解集是 _____ (用区间形式表示);

(4) $|2x + 3| < 1$ 的解集是 _____ (用区间形式表示).

3. 选择题.

(1) 已知 $a > b$,则下列不等式成立的是( ).

A. $a^2 > b^2$ B. $\dfrac{a}{b} > 1$

C. $\dfrac{1}{a} < \dfrac{1}{b}$ D. $2a > 2b$

(2) 不等式 $(x - 1)(2 - x) > 0$ 的解集为( ).

A. $\{x \mid 1 < x < 2\}$ B. $\{x \mid x < 1 \text{ 或 } x > 2\}$

C. 无解   D. 一切实数

(3) 不等式 $|2 - x| \leqslant 1$ 的解集为( ).

A. $\{x \mid 1 \leqslant x \leqslant 3\}$ B. $\{x \mid -1 \leqslant x \leqslant 1\}$

C. $\{x \mid 1 < x < 3\}$ D. $\{x \mid -3 \leqslant x \leqslant -1\}$

(4) $\dfrac{2}{x} > -1$ 的解集是( ).

A. $\{x \mid x > 0\}$ B. $\{x \mid x < -2\}$

C. $\{x \mid -2 < x < 0\}$ D. $\{x \mid x > 0 \text{ 或 } x < -2\}$

(5) 若 $A = \{x \mid x^2 - 2x - 3 \leqslant 0\}$,$B = \{x \mid x > 1\}$,则 $A \bigcap B = ($).

A. $\{x \mid 1 < x \leqslant 3\}$ B. $\{x \mid x < 0\}$

C. $\{x \mid 0 < x < 3\}$ D. $\{x \mid -1 \leqslant x \leqslant 3\}$

4. 比较下列各组中两个代数式的大小:

(1) $(x - 1)(x + 3)$ 与 $(2x - 1)(x + 1)$;

(2) $(x + 1)(x - 2)$ 与 $(x + 2)(x - 3)$.

5. 解下列不等式:

(1) $|2x + 5| \leqslant 2$;   (2) $|1 - 5x| > 4$;

(3) $|5 - 2x| < 1$;   (4) $|3x + 2| \geqslant 0$.

6. 解下列不等式:

(1) $x^2 + 2x > 3$;   (2) $x^2 - 3x + 2 \leqslant 0$;

(3) $(5x - 1)^2 > 16$;   (4) $-1 \leqslant x^2 - x - 3 < 3$.

7. 已知不等式 $x^2-x+b<0$ 的解集是 $\{x\,|\,0<x<1\}$，求实数 b 的值.

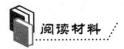 **阅读材料**

页码与铅字

问题　一本书的页码在印刷排版时要用 1 392 个铅字,这本书共有多少页? 在这些页码中,铅字"1"共出现了多少次?

这是经常见到的问题,但要迅速、正确地做出回答,各人情况很不一样,也许一位细心、善于思考的学生其回答能令人满意,而粗心、思维紊乱的学生其回答则可能令人失望.不信,请先自己试试看.它的正确答案是本书共有 500 页,其中铅字"1"共出现 200 次.

不妨先用身边的一本书,一页一页地数下去,边数边想,你就会发现:最初的 9 页(1～9 页)共用铅字 9 个;紧接着的 90 页(10～99 页)共用铅字 $90\times2=180$ 个;余下的若干页,设为 x 页(x 为三位数),共用铅字 $3x$ 个,从而得方程为

$$9+180+3x=1\ 392,$$

解得 $x=401$,故这本书共有 $9+90+401=500$(页).

注意　解题的关键是采用了分类思想 —— 将这本书的页码分为三类,在不同的集合中考虑问题:

(1) 页码为一位数(1～9 页);

(2) 页码为二位数(10～99 页);

(3) 页码为三位数(100～500 页).

在这 500 页的页码中,铅字"1"共出现多少次? 为了正确、迅速地回答本问题,仍要采用分类思想:铅字"1"在页码的个位出现的次数;铅字"1"在页码的十位出现的次数;铅字"1"在页码的百位出现的次数.

(1) 铅字"1"在页码的个位出现的情况为

$$00[1]\sim49[1],$$

这说明铅字"1"在页码的个位共出现 50 次.

(2) 铅字"1"在页码的十位出现的情况为

$$0[1]0\sim4[1]9,$$

这说明铅字"1"在页码的十位共出现 50 次.

(3) 铅字"1"在页码的百位出现的情况为

$$[1]00\sim[1]99,$$

这说明铅字"1"在页码的百位共出现 100 次.

故铅字"1"共出现了 $50+50+100=200$(次).

第三章 函 数

世界上的事物是变化的,一个事物常依赖另一个事物的变化而变化,要描述和研究这种依赖关系,就是我们本章要学习的函数,函数内容丰富,外延广博,本章将对函数做比较系统的介绍.

第一节 函数的概念

我们已经学过正比例函数、反比例函数、一次函数、二次函数,对变量间的相互依赖、函数的定义域、图像特征等有了一些了解,在进一步学习函数知识的时候,我们将深入研究函数的对应关系.

一、函数的定义

一辆汽车行驶在国道上,汽车油箱里原有汽油 130 L,每行驶 10 km 耗油 2 L.

(1) 填表 3-1.

表 3-1

汽车行驶的路程 /km	100	150	200	250
油箱里剩余的油量 /L				

(2) 设汽车行驶的路程为 x km,油箱里剩余的油量为 y L,那么 y 与 x 之间是否存在确定的依赖关系? 你能表示出来吗?

现实世界中,有许多量之间存在着确定的依赖关系,当一个量变化时,另一个量随之发生变化.我们把某一过程中可以取不同值的量称为**变量**,始终保持不变的量称为**常量**(或**常数**).

上面的例子中两个变量之间按照一定的关系相互对应,对于其中一个变量的每一个取值,另一个变量都存在唯一确定的值与它对应.

如果在某一过程中有两个变量 x、y,对于 x 在某个范围内的每一个确定的值,按照某个对应法则,y 都有唯一确定的值与它对应,那么称 x 为**自变量**,称 y 为**因变量**,把 y 叫做 x 的函数,记作 $y = f(x)$.

其中,自变量 x 的取值范围称为函数的**定义域**,对应的因变量的取值范围称为函数的**值域**.

在本节开头的例子中 y 与 x 之间存在确定的依赖关系 $y = 130 - 0.2x$,$x \in [0, 650]$,它

构成了一个函数.

再如:一台电视机的价格是 2 000 元,如果买 x 台,应付款 y 元,那么 y 与 x 之间存在确定的依赖关系,y 是 x 的函数,即 $y = 2\,000x\,(x \in \mathbf{N})$.

二、函数的表示法

函数在我们的日常生活中应用十分广泛.例如,火车票票价是里程数的函数;家庭电费是家庭用电量的函数.那么我们应该怎样表示这些函数呢?

通过以前学过的一次函数和二次函数我们知道两个变量之间的函数关系可以用一个数学式子表示,是否所有的函数关系都可以用数学式子表示呢?

图 3-1 为 2015 年 6 月 29 日东营市气温曲线变化图.

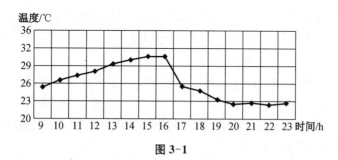

图 3-1

温度随着时间的变化而变化,即温度是时间的函数,这个函数一般不能用数学式子表示,这说明函数的表示方法除了用数学式子表示外,还存在其他表示方法.

通常使用下列三种方法表示函数:

(一)解析法

圆的面积 S 与它的半径 r 有确定的依赖关系,这个关系可以表示为

$$S = \pi r^2, r \in \mathbf{R}_+. \tag{1}$$

王硕拟定了一个节约存款计划,从现在起每个月节存 100 元,已知他已存 200 元.王硕的存款 y(元)与从现在起的月份 x(个月)之间的关系可以表示为

$$y = 200 + 100x, x \in \mathbf{N}. \tag{2}$$

在上述两个例子中,式(1)表示圆的面积 S 是它的半径 r 的函数;式(2)表示存款数是存款月份的函数.像这样,用一个或几个等式来表示函数的方法叫做**解析法**,这样的一个或几个等式叫做这个函数的解析表达式,简称**解析式**.

解析法的优点是变量对应关系清楚;便于由自变量求出对应的函数值;容易通过推理研究函数性质,不足是不够直观.

注意 在用解析法表示定义域为数集的函数时,有时把函数的定义域也标明出来,像式(1),式(2)那样;有时不标明函数的定义域,此时函数的定义域是指所有使解析式有意义的实数 x 构成的集合.此外要注意,在实际问题中,还必须结合问题的实际意义来确定自变量 x 的取值范围.

（二）列表法

表 3-2 是 2015 年东营职业学院运动会金牌榜的一部分.

表 3-2

院系	建工	经管	电子	教育	化工
金牌数／枚	12	7	9	19	16

用 A 表示参加 2015 年东营职业学院运动会的所有系构成的集合,则金牌榜给出了定义域为 A 的一个函数,像这样用表格来表示函数的方法叫做**列表法**.

列表法的优点是便于直接找函数的对应值,缺点是有时数据不全.

（三）图像法

设 $f(x)$ 是定义域为 A 的一个函数,任取 $a \in A$,在平面直角坐标系中,描出坐标为 $(a, f(a))$ 的点 M,当 a 取 A 的所有元素时,坐标为 $(a, f(a))$ 的点构成的图像,称为函数 $f(x)$ 的图像.

用图像来表示两个变量之间的函数关系的方法叫做**图像法**.气温随时间的变化关系,经常用图像法表示.

图像法的优点是能直观形象地表示出函数的变化情况,缺点是函数对应关系的表述不够清晰,不便于计算具体的函数值.

例 1 某种饮料的单价是 2 元／瓶,买 $x (x \in \{1,2,3,4,5,6,7\})$ 瓶饮料需要 y 元.请用列表法和解析法表示函数 $y = f(x)$.

解 函数的定义域为 $\{1,2,3,4,5,6,7\}$,函数 $y = f(x)$ 用列表法可表示为

表 3-3

x／瓶	1	2	3	4	5	6	7
y／元	2	4	6	8	10	12	14

函数 $y = f(x)$ 用解析法可表示为 $y = 2x, x \in \{1,2,3,4,5,6,7\}$.

课堂练习 1

某超市有铅笔 100 支,每支 2 元,求铅笔的总收款数 y（元）与售出支数 x（支）的函数关系式.

三、函数值

函数 $y = f(x)$,在 $x = a$ 处对应的函数值 y,记作 $y = f(a)$.

例如,函数 $f(x) = x - 1$,它在 $x = 1$ 处的函数值为 $f(1) = 1 - 1 = 0$,在 $x = 2$ 处的函数值为 $f(2) = 2 - 1 = 1$.

例 2 求下列函数在指定点处的函数值:

(1) $f(x) = 3x + 1$ 在 $x = -1, x = 2$ 处的函数值;

(2) $g(x) = 2x^2 + x - 2$ 在 $x = 0, x = 3$ 处的函数值.

解 (1) $f(-1) = 3 \times (-1) + 1 = -3 + 1 = -2, f(2) = 3 \times 2 + 1 = 7$;

(2) $g(0) = 2 \times 0^2 + 0 - 2 = -2, g(3) = 2 \times 3^2 + 3 - 2 = 18 + 1 = 19$.

1. 设函数 $f(x)=3x+1$，求 $f(0)$、$f(1)$ 的值.

2. 设函数 $f(x)=|x|$，求 $f(0)$、$f(1)$ 的值.

四、函数的定义域

由函数的定义可以知道，函数的定义域和对应法则确定后，这个函数就确定了，因此通常把函数的定义域和对应法则叫做函数的**两要素**.两个函数 $f(x)$ 与 $g(x)$ 相等当且仅当它们的定义域相等，并且对应法则相同.

例3 判断下列各组中的两个函数是否为同一个函数：

(1) $y=x+1$ 与 $y=x-1$；　　(2) $y=3x-2$ 与 $y=-2+3x$.

解 (1) 不是，因为它们的对应法则不同.

(2) 是，因为它们的定义域和对应法则都相同.

只有在函数的定义域内讨论函数才有意义，对于用解析式表示的函数，在没有特别说明的情况下，它的定义域总是指使表达式有意义的自变量的取值范围.

例4 求下列函数的定义域：

(1) $f(x)=\dfrac{1}{2x-1}$；

(2) $f(x)=\sqrt{2x-4}$.

解 (1) 当 $2x-1\neq 0$，即 $x\neq\dfrac{1}{2}$ 时，分式 $\dfrac{1}{2x-1}$ 在实数范围内有意义.所以这个函数的定义域是 $\left\{x\left|x\neq\dfrac{1}{2}\right.\right\}$.

(2) 当 $2x-4\geqslant 0$，即 $x\geqslant 2$ 时，根式 $\sqrt{2x-4}$ 在实数范围内有意义.所以这个函数的定义域是 $[2,+\infty)$.

求下列函数的定义域：

(1) $f(x)=\sqrt{2x-2}+5$；　　　　(2) $f(x)=\dfrac{1}{1-x}$.

1. 求下列函数的值域：

(1) $f(x)=1-2x,x\in\{1,2,3\}$；　　(2) $f(x)=x^2-1$.

2. 求下列函数的定义域：

(1) $f(x)=\dfrac{1}{x+2}$；　　　　(2) $f(x)=\sqrt{2x-1}$；

(3) $f(x)=\dfrac{\sqrt{x+2}}{x-1}$；　　　　(4) $f(x)=\sqrt{x^2-1}$.

3. 购买某种牛奶 x 罐,所需钱数为 y 元.若每罐 2.5 元,试分别用列表法、解析法、图像法将 y 表示成 $x(x \in \{1,2,3,4\})$ 的函数,并指出该函数的值域.

第二节　函数的基本性质

　　利用函数的图像讨论函数的性质是学习函数的基本方法之一,它是培养数形结合能力的一个重要手段,下面我们讨论函数的基本性质.

一、函数的单调性

　　观察如图3-2,图3-3,图3-4所示的3个函数的图像,说说每个图像从左到右的变化趋势.

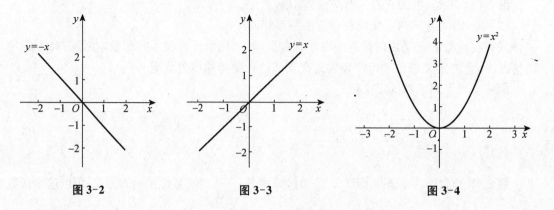

图 3-2　　　　　　　　图 3-3　　　　　　　　图 3-4

　　设函数 $f(x)$ 的定义域为 A,区间 $I \subseteq A$,如果对于区间 I 内的任意两个值 x_1,x_2,当 $x_1 < x_2$ 时,都有

$$f(x_1) < f(x_2),$$

那么称函数 $f(x)$ 在区间 I 上是**严格递增的**(或者说 $f(x)$ 在区间 I 上是**单调增函数**),称区间 I 是 $f(x)$ 的**单调增区间**.

　　增函数的图像从左到右逐渐上升.

　　设函数 $f(x)$ 的定义域为 A,区间 $I \subseteq A$,如果对于区间 I 内的任意两个值 x_1,x_2,当 $x_1 < x_2$ 时,都有

$$f(x_1) > f(x_2),$$

那么称函数 $f(x)$ 在区间 I 上是**严格递减的**(或者说 $f(x)$ 在区间 I 上是**单调减函数**),称区间 I 是 $f(x)$ 的**单调减区间**.

　　减函数的图像从左到右逐渐下降.

　　如果 $f(x)$ 在定义域上是严格递增的(或严格递减的),那么称 $f(x)$ 是**严格单调函数**.

　　函数在某个区间上递增或递减的性质统称为**函数的单调性**.

　　例1　试用函数单调性的定义讨论函数 $f(x)=x^2$ 在区间 $(-\infty,0)$ 上的单调性.

　　解　设 x_1,x_2 为区间 $(-\infty,0)$ 上的任意两个值,且 $x_1 < x_2$,则 $x_2 - x_1 > 0$.

因为
$$f(x_2)-f(x_1)=x_2^2-x_1^2$$
$$=(x_2-x_1)(x_2+x_1),$$
所以
$$f(x_2)-f(x_1)<0,$$
即
$$f(x_1)>f(x_2).$$

因此 $f(x)=x^2$ 在区间 $(-\infty,0)$ 上是单调减函数.

例 2　讨论函数 $f(x)=\dfrac{2}{x}$ 在区间 $(-\infty,0)$ 上的单调性.

解　设 x_1,x_2 为区间 $(-\infty,0)$ 内的任意两个值,且 $x_1<x_2$,则 $x_1-x_2<0$.

因为
$$f(x_2)-f(x_1)=\frac{2}{x_2}-\frac{2}{x_1}$$
$$=\frac{2(x_1-x_2)}{x_1 x_2}$$
$$<0$$
即
$$f(x_2)<f(x_1).$$

因此 $f(x)=\dfrac{2}{x}$ 在区间 $(-\infty,0)$ 上是单调减函数.

课堂练习 1

1. 画出下列函数的图像,并判断他们的单调性:

　　(1) $f(x)=x+2$;　　　(2) $f(x)=\dfrac{1}{x}$;　　　(3) $f(x)=x^2+2$.

2. 讨论函数 $f(x)=x^2$ 在区间 $[0,+\infty)$ 上的单调性.

二、函数的奇偶性

观察图 3-5 和图 3-6 所示的两个函数图像,并回答问题.

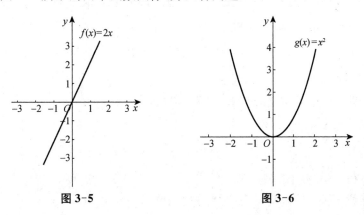

图 3-5　　　　　　　　　　　　　　图 3-6

(1) 函数 $f(x) = 2x$ 和 $g(x) = x^2$ 的图像是否为对称图形；

(2) 填表 3-4 和表 3-5；

表 3-4

x	-3	-2	-1	0	1	2	3
$f(x)$							

表 3-5

x	-3	-2	-1	0	1	2	3
$g(x)$							

(3) 观察表 3-4 和表 3-5，当 x 取一对互为相反数的值时，$f(x)$ 的函数值有什么特点？$g(x)$ 的函数值呢？

一般地，设函数 $f(x)$ 的定义域为 A，如果对于任意的 $x \in A$，都有 $-x \in A$，且 $f(-x) = f(x)$，那么称函数 $f(x)$ 是**偶函数**.

偶函数的图像关于 y 轴对称.

一般地，设函数 $f(x)$ 的定义域为 A，如果对于任意的 $x \in A$，都有 $-x \in A$，且 $f(-x) = -f(x)$，那么称函数 $f(x)$ 是**奇函数**.

奇函数的图像关于原点对称.

如果一个函数是奇函数或偶函数，那么我们就说这个函数具有**奇偶性**.

不具有奇偶性的函数叫做**非奇非偶函数**.

例 3 判断下列函数的奇偶性：

(1) $f(x) = x^3$；   (2) $f(x) = 2x^2 + 1$；

(3) $f(x) = 3$；   (4) $f(x) = x - 1$.

解 (1) 函数 $f(x)$ 的定义域为 $\mathbf{R}$，当 $x \in \mathbf{R}$ 时，$-x \in \mathbf{R}$.

因为对于任意的 $x \in \mathbf{R}$，都有

$$f(-x) = (-x)^3 = -x^3 = -f(x),$$

所以函数 $f(x) = x^3$ 为奇函数.

(2) 函数 $f(x)$ 的定义域为 $\mathbf{R}$，当 $x \in \mathbf{R}$ 时，$-x \in \mathbf{R}$.

因为对于任意的 $x \in \mathbf{R}$，都有

$$f(-x) = 2(-x)^2 + 1 = 2x^2 + 1 = f(x),$$

所以函数 $f(x) = 2x^2 + 1$ 为偶函数.

(3) 函数 $f(x)$ 的定义域为 $\mathbf{R}$，当 $x \in \mathbf{R}$ 时，$-x \in \mathbf{R}$.

因为对于任意的 $x \in \mathbf{R}$，都有

$$f(-x) = 3 = f(x),$$

所以函数 $f(x) = 3$ 为偶函数.

(4) 函数 $f(x)$ 的定义域为 $\mathbf{R}$，当 $x \in \mathbf{R}$ 时，$-x \in \mathbf{R}$.

因为对于任意的 $x \in \mathbf{R}$,都有

$$f(-x) = -x - 1, f(-x) \neq f(x) \text{ 且 } f(-x) \neq -f(x),$$

所以函数 $f(x) = x - 1$ 既不是奇函数,也不是偶函数.

判断函数 $f(x)$ 奇偶性的思路:

(1) 判断 $-x$ 是否属于定义域 A;

(2) 如果 $f(-x) = f(x)$,那么 $f(x)$ 是偶函数,如果 $f(-x) = -f(x)$,那么 $f(x)$ 是奇函数,否则 $f(x)$ 是非奇非偶函数.

课堂练习 2

1. 判断下列函数的奇偶性:

(1) $f(x) = 3x$;   (2) $f(x) = \dfrac{2}{x}$;   (3) $f(x) = 2x^2$.

2. 已知 y 与 x 成正比例,且当 $x = 1$ 时,$y = 2$,那么当 $x = -1$ 时,y 的值为多少?

习题 3-2

1. 证明:函数 $f(x) = \dfrac{1}{x}$ 在区间 $(0, +\infty)$ 上是单调减函数.

2. 证明:函数 $f(x) = 2x^2 + 1$ 在区间 $(-\infty, 0]$ 上是单调减函数.

3. 判断下列函数的奇偶性:

(1) $f(x) = 2x + 1$;   (2) $f(x) = -x^3$;   (3) $f(x) = 4 + 2x^2$.

4. 已知函数 $y = f(x)$ 为奇函数,$f(1) = 2$,求 $f(-1)$ 的值.

5. 已知函数 $y = f(x)$ 为偶函数,且当 $x > 0$ 时,$y = f(x)$ 是单调增函数,试比较函数值 $f(-2)$ 与 $f(5)$ 的大小.

6. 已知函数 $y = f(x)$ 是偶函数,且在区间 $(-\infty, 0)$ 上是单调增函数,问 $y = f(x)$ 在区间 $(0, +\infty)$ 上是单调增函数还是单调减函数,为什么?

*第三节 函数关系的建立

运用数学方法解决实际问题时,往往先要建立函数关系(或称建立数学模型).为此,需明确问题中的自变量与因变量,然后根据题意建立等式,从而得出函数关系,并根据实际问题的要求,确定函数的定义域.

例1 已知矩形的周长是 40,矩形的一边长用 x 表示,矩形的面积用 y 表示,试建立 y 与 x 的函数关系式.

解 已知矩形的一边长为 x,则另一边长为 $\dfrac{40 - 2x}{2} = 20 - x$,所以面积为

$$y = x(20 - x) = 20x - x^2.$$

根据实际意义知，$x > 0, 20 - x > 0$，即 $x \in (0, 20)$.

因此所求函数为 $y = 20x - x^2, x \in (0, 20)$.

例2 要建造一个容积为 V 的长方体水池，它的底面为正方形. 如果池底的单位面积造价为侧面单位面积造价的 3 倍，试建立总造价与底面边长之间的函数关系式.

解 设底面边长为 x，总造价为 y，侧面单位面积造价为 a.

由已知可得水池的深为 $\dfrac{V}{x^2}$，侧面积为 $4x\dfrac{V}{x^2} = \dfrac{4V}{x}$，从而得函数关系式为

$$y = 3ax^2 + 4a\frac{V}{x}(0 < x < +\infty).$$

例3 一个装有液体的圆柱形容器，它的底面直径是 D，高是 h，试用解析式将容器内液体的体积 y 表示为液面高度 x 的函数.

解 由已知得圆柱的底面半径为 $\dfrac{D}{2}$，底面面积为 $\pi\left(\dfrac{D}{2}\right)^2 = \dfrac{1}{4}\pi D^2$，体积为 $y = \dfrac{1}{4}\pi D^2 x$.

根据实际意义知，$x > 0$ 且 $x \leqslant h$. 因此所求函数为

$$y = \frac{1}{4}\pi D^2 x, x \in (0, h].$$

例4 张经理购进了一批服装，进价为 x 元 / 件，为了保证这批服装有 25% 的利润，又给顾客打折销售的印象，他打算定一新价 y 元 / 件标在价目卡上，并注明按该价打八折出售，试求新价与进价之间的函数关系式.

解 设所定新价为 y 元 / 件.

由题设条件知，销售的实际价格为 $80\% y$ 元，利润为 $25\% x$. 根据题意，得

$$80\% y - x = 25\% x, \text{即} y = \frac{25}{16}x.$$

因此所求函数为 $y = \dfrac{25}{16}x, x \in (0, +\infty)$.

一般地，数学建模的方法和步骤如下：

(1) **观察** 在建立模型前应了解实际问题的背景，并进行观察分析，明确所要解决问题的目的要求，并按要求收集必要的数据，且数据符合必要的精确度；

(2) **确定变量** 要善于抓住问题的主要因素，理清各类数据之间的关系，确定变量，简化变量之间的关系(较复杂的问题应给予必要的假设，不同的假设会得到不同的模型)；

(3) **建立模型** 根据已有假设，利用数学知识建立数学模型.

课堂练习1

1. 一辆汽车在公路上匀速行驶，1 h 行驶路程为 60 km，求这辆汽车的行驶路程 y(km) 与行驶时间 x(h) 之间的函数关系，以及这辆汽车行驶 3 h 所行驶的路程.

2. 某种产品若每件定价 90 元，则每天可售出 20 件；若每件定价 100 元，则每天可售出 18 件. 如果售出件数 y(件) 是定价 x(元 / 件) 的一次函数，求这个函数.

习题 3-3

1. 某工厂有一个水池,其容积为 100 m^3,已知这个水池原有水 10 m^3,现在每 10 min 注入 0.5 m^3 的水,试将水池中水的体积 $V(\text{m}^3)$ 表示为时间 $t(\text{min})$ 的函数,并求需多少分钟水池能被灌满.

2. 某公共汽车的路线全长 20 km,乘坐 5 km 以内收费 0.5 元,乘坐 $5 \sim 10 \text{ km}$ 收费 1.5 元,乘坐 10 km 以上收费 2 元,试将票价 $y(元)$ 表示成路程 $x(\text{km})$ 的函数.

3. 在一张边长为 $a \text{ cm}$ 的正方形铁皮的四个角上,各剪去一个相等的小正方形,然后折成一个无盖的盒子,试建立它的容积 $y(\text{cm}^3)$ 与剪去的小正方形边长 $x(\text{cm})$ 之间的函数关系式.

复习题三

1. 填空题.

(1) 设 $f(x) = 3x^2 - 1$,则 $f(\sqrt{2}) = $ _____ ;

(2) 函数 $f(x) = x^2 - 1$ 的图像关于 _____ 轴对称;

(3) 设函数 $f(x) = \dfrac{2}{x}$,则 $f(2 - \sqrt{3}) = $ _____ ;

(4) 若函数 $y = x^2 - 6x + 11$,则函数的顶点坐标为 _____ ,它有最 _____ 值为 _____ ;

(5) 已知函数 $f(x)$ 为偶函数,若 $f(-m) = -\sqrt{2}$,则 $f(m) = $ _____ .

2. 选择题.

(1) 函数 $y = \sqrt{1-x} + \sqrt{x-1}$ 的定义域是( ).

　　A. $(-\infty, 1]$ 　　　B. $[1, +\infty)$ 　　　C. $\varnothing$ 　　　D. $\{1\}$

(2) 设函数 $f(x) = \dfrac{1}{x}$,则 $f(x_0 + h) - f(x_0) = $ ( ).

　　A. $\dfrac{1}{x_0(x_0+h)}$ 　　B. $\dfrac{h}{x(x_0+h)}$ 　　C. $\dfrac{-h}{x_0(x_0+h)}$ 　　D. 以上都不对

(3) 函数 $y = \dfrac{\sqrt{1+x}}{x}$ 的定义域为( ).

　　A. $\{x \mid x \leqslant -1\}$ 　　　　　　　　B. $\{x \mid x \geqslant -1\}$

　　C. $\{x \mid x \leqslant -1 \text{ 且 } x \neq 0\}$ 　　　D. $\{x \mid x \geqslant -1 \text{ 且 } x \neq 0\}$

(4) 在直角坐标系中,函数 $y = |x|$ 的图像关于( )对称.

　　A. 原点 　　　B. x 轴 　　　C. y 轴 　　　D. $y = x$

3. 求下列函数的定义域:

(1) $f(x) = \dfrac{1}{1-2x}$; 　　　　　　(2) $f(x) = \sqrt{16 - x^2}$;

(3) $f(x) = \sqrt{\dfrac{x+1}{1-2x}}$; 　　　　　(4) $f(x) = \sqrt{2x^2 + 3x - 5}$.

4. 判断下列函数的奇偶性:

(1) $f(x)=x^3-3x$;   (2) $f(x)=1-2x$;   (3) $f(x)=3x^6-6$.

5. 设函数 $f(x)$ 是定义域为 **R** 的任意函数,令 $g(x)=\dfrac{1}{2}[f(x)+f(-x)]$,$h(x)=\dfrac{1}{2}[f(x)-f(-x)]$.证明: $g(x)$ 是偶函数, $h(x)$ 是奇函数.

6. 证明:函数 $f(x)=-(x-1)^2+2$ 在区间 $[1,+\infty)$ 上是单调减函数.

7. 证明:函数 $f(x)=\dfrac{3}{x}+1$ 在区间 $(-\infty,0)$ 上是单调减函数.

*8. 某市空调公共汽车的票价如下:乘坐 6 km 以内,票价 2 元;乘坐 6 km 以上,每增加 6 km,票价增加 1 元(不足 6 km,按 6 km 计算).已知两个相邻的公共汽车站相距约为 1 km,如果沿途(包括起点站和终点站)设 10 个汽车站,请根据题意,写出票价 y(元)与里程 x(km)之间的函数解析式,并画出函数的图像.

*9. 用铁皮做一个容积为 V 的圆柱形罐头筒,将它的表面积 S 表示成底面半径 r 的函数.

*10. 某租车公司提供的汽车每天每辆租金为 300 元,旅程另收费 1.2 元 / 千米,其竞争对手另一家租车公司提供的汽车每天每辆租金为 350 元,旅程另收费 0.9 元 / 千米.

(1) 分别求出两家租车公司租出一辆汽车每天的费用 y(元)关于旅程 x(千米)的函数表达式;

(2) 在同一平面直角坐标系中,画出两函数的图像;

(3) 根据需要,你将选租哪一家公司的汽车?

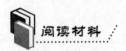

阅读材料

函　数

回顾函数概念的发展史,对于刚接触函数的同学来说,虽然不可能有较深理解,但对加深理解课堂知识、激发学习兴趣是有益的.

最早提出函数(function)概念的是 17 世纪的德国数学家莱布尼茨.最初莱布尼茨用"函数"一词表示幂,如 x,x^2,x^3 都叫做函数.以后,他又用函数表示在直角坐标系中曲线上一点的横、纵坐标.

1718 年,莱布尼茨的学生、瑞士数学家伯努利给出函数新的解释:"由变量 x 和常量用任何方式构成的量都可以叫做 x 的函数."伯努利所强调的是函数要用公式来表示.

后来,数学家们觉得不应该把函数概念局限在只能用公式来表达上,只要一些变量变化,另一些变量能随之变化的就可以称为函数.至于这两个变量的关系是否要用公式来表示,就不再作为判别函数的标准了.

1755 年,瑞士数学家欧拉把函数定义为:"如果某些变量,以某一种方式依赖于另一些变量,即当后面这些变量变化时,前面这些变量也随之而变化,那么将前面的变量称为后面变量的函数."欧拉曾把画在坐标系中的曲线也叫函数.他认为:"函数是随意画出的一条曲线."当时有些数学家对于不用公式来表示函数感到很不习惯,有的数学家甚至持怀疑态度,他们把能用公式表示的函数称为"真函数",把不能用公式表示的函数称为"假函数".

1821 年,法国数学家柯西给出了类似现在中学课本中的函数定义:"在某些变数间存在着一定的关系,当一经给定其中某一变数的值,其他变数的值可随之而确定时,则将最初的变数称为自变量,其他各变数称为函数."

1834 年,俄国数学家罗巴契夫斯基进一步提出函数的定义:"x 的函数是这样的一个数,它对于每一个 x 都有确定的值并且随着 x 一起变化.函数值可以由解析式给出,也可以由一个条件给出,这个条件提供了一种寻求全部对应值的方法.函数的这种依赖方式可以存在,但仍然是未知的."这个定义指出了对应关系(条件)的必要性,利用这个关系可以求出每一个 x 的对应值.

1837 年,德国数学家狄利克雷认为,怎样去建立 x 和 y 之间的对应关系是无关紧要的,所以他认为:"如果对于 x 的每一个值,y 总有一个完全确定的值与之对应,那么 y 是 x 的函数."这个定义抓住了函数概念的本质属性."变量 y 是 x 的函数"意味着:只要有一个法则存在,使得这个函数定义域中的每一个值 x,有一个确定的 y 值和它对应,而不管这个法则是公式、图像、表格还是其他形式.这个定义比前面的定义带有普遍性,为理论研究和实际应用提供了方便.因此,此定义曾被长期使用.

自从德国数学家康托尔的集合论被大家接受后,用集合对应关系来定义函数概念就是现在高中课本里使用的概念.

中文数学书上使用的"函数"一词是翻译词,是我国清代数学家李善兰在翻译《代数学》(1895 年) 一书时,把"function"译成"函数"的.

中国古代"函"字与"含"字通用,都有"包含"的意思.李善兰给出的定义是:"凡式中含天,为天之函数."中国古代用天、地、人、物 4 个字来表示 4 个不同的未知数或变量.这个定义的含义是:"凡是公式中含有自变量 x,则该式子就称为 x 的函数."所以"函数"是指公式里含有变量的意思.

我们可以预计到,关于函数的争论、研究、发展、拓广将不会完结,也正是这些影响着数学及其相邻学科的发展.

第四章 任意角的三角函数

客观世界中有很多现象具有周期性,例如交流电、某些振动、一些天体的运动、潮涨潮落等,这些现象的规律可以用三角函数来描述,三角函数既是进一步学习数学的基础,又是解决科学技术和生产实际中某些问题的工具.

第一节 任意角的概念 弧度制

日常生活中存在许多与角有关的物体运动,例如钟表指针的运动、体操单杠运动员的大回环运动等,而我们初中所学的角的概念已经不够用,因此需要学习任意角的概念.

一、任意角

我们规定按逆时针方向旋转而成的角称为**正角**,按顺时针方向旋转而成的角称为**负角**.如果一条射线没有做任何旋转,我们也称它形成了一个**零角**,记作 $0°$.

注意 以前我们常用角的顶点或顶点与边的字母表示角,如 $\angle A$,$\angle B$,$\angle AOB$ 等,今后我们经常使用小写希腊字母 α、β、γ、$\cdots$ 表示角.

过去研究的角都是 $0°$ 到 $360°$ 之间的角,但是日常生活中如用扳手旋松螺丝帽时,就超过了这个范围,这样在平面内当射线 OA 绕端点 O 旋转时,旋转量可以超过一个周角,形成任意大小的角.角的度数表示旋转量的大小,如图 4-1 所示.

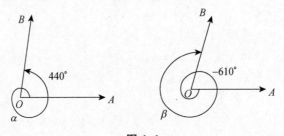

图 4-1

（一）角的运算

（1）一条射线从初始位置 OA 出发,绕端点 O 旋转到 OB 的位置,形成的角记作 α;接着从射线 OB 出发,绕端点 O 旋转到 OC 的位置,形成的角记作 β;则这两次旋转形成的角(其初始位置为 OA,终止位置为 OC)称为 α 与 β 的和,记作 $\alpha + \beta$,如图 4-2 所示.

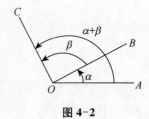

图 4-2

（2）与角 β 的旋转方向相反而大小相同的角称为 β 的负角，记作 $-\beta$，容易看出

$$\beta + (-\beta) = 0, (-\beta) + \beta = 0.$$

（3）将角的减法运算规定为

$$\alpha - \beta = \alpha + (-\beta).$$

（二）在直角坐标系内表示角

为了统一地研究所有的角，我们在平面上建立一个直角坐标系 xOy，把角的顶点放在原点 O 的位置上，让角的始边（除顶点外）都与 x 轴的非负半轴重合，这时一个角的终边在第几象限，就说这个角是**第几象限的角**.如果角的终边在坐标轴上，就认为这个角不属于任何一个象限.

（三）终边相同的角

设角 α 的终边为 OB，从角的加法的定义可以知道，角 $\alpha + 360°$，$\alpha + 2 \times 360°$ …… 及 $\alpha - 360°$，$\alpha - 2 \times 360°$ …… 的终边都与角 α 的终边相同.一般地，对于任意的整数 k，角度 $\alpha + k \cdot 360°$ 的终边与角 α 的终边相同.

与角 α 的终边相同的所有角构成的集合是 $\{\beta \mid \beta = \alpha + k \cdot 360°, k \in \mathbf{Z}\}$.

例1　在 $0° \sim 360°$ 范围内，找出与下列各角终边相同的角，并指出它们各是哪个象限的角.
（1）$-130°$；　　　　（2）$720°$；　　　　（3）$-840°$.

解　（1）因为 $-130° = 230° - 360°$，所以在 $0° \sim 360°$ 范围内，与 $-130°$ 角终边相同的角是 $230°$，它是第三象限角.

（2）因为 $720° = 360° + 360°$，所以在 $0° \sim 360°$ 范围内，与 $720°$ 角终边相同的角是 $360°$，它不属于任何一个象限.

（3）因为 $-840° = 240° - 3 \times 360°$，所以在 $0° \sim 360°$ 范围内，与 $-840°$ 角终边相同的角是 $240°$，它是第三象限角.

课堂练习1

1. 填空：
    （1）若 $0° < \alpha < 45°$，则 2α 是第 _____ 象限角；
    （2）若 $45° < \alpha < 90°$，则 2α 是第 _____ 象限角；
    （3）若 $90° < \alpha < 120°$，则 2α 是第 _____ 象限角；
    （4）若 $140° < \alpha < 180°$，则 2α 是第 _____ 象限角.

2. 写出与 $45°$ 角的终边相同的角的集合.

3. 下列各角中哪些角的终边与 $30°$ 角的终边相同？
    $390°$；$-270°$；$750°$；$-630°$；$210°$；$-90°$.

二、弧度制

长度的大小，除了用米表示，还可以用千米、分米、厘米等表示；质量的大小，除了用千克表示，还可以用吨、克等表示；那么角度的大小，除了用度表示，还可以用什么表示呢？

把一圆周 360 等分，则其中 1 份所对的圆心角是 1 度的角，这种度量角的大小的方法称

为**角度制**.

我们把长度等于半径长的弧所对的圆心角叫做 1 **弧度**的角,记作 1 rad 或 1 弧度.

如果 $\overset{\frown}{AB}$ 的长等于半径 r,那么 $\overset{\frown}{AB}$ 所对的圆心角 $\angle AOB$ 的大小就是 1 弧度,这种度量角的大小的方法称为**弧度制**.

观察图 4-3,两个大小不同的圆,虽然同一圆心角所对弧长与半径都不相等,但它们的比值相同.

于是长为 l 的弧所对的圆心角(正角)为

$$\alpha = \frac{l}{r} \text{ rad}.$$

我们知道,圆周长 $l = 2\pi r$,因此

$$\text{周角} = \frac{l}{r} = \frac{2\pi r}{r} = 2\pi \text{ rad},$$

$$\text{平角} = \pi \text{ rad},$$

$$\text{直角} = \frac{\pi}{2} \text{ rad}.$$

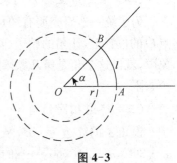

图 4-3

但平角又等于 $180°$,于是我们可以得到角度制与弧度制的换算关系为

$$\pi \text{ rad} = 180°,$$

$$1 \text{ rad} = \left(\frac{180}{\pi}\right)° \approx 57°18' = 57.30°,$$

$$1° = \frac{\pi}{180} \text{ rad} \approx 0.017\ 45 \text{ rad}.$$

今后用弧度制表示角的时,"弧度"二字或者"rad"通常省略不写,即

$$1 = \left(\frac{180}{\pi}\right)° \approx 57°18' = 57.30°,$$

$$1° = \frac{\pi}{180} \approx 0.017\ 45.$$

由于角有正负,因此我们规定:**正角的弧度数为一个正数,负角的弧度数为一个负数,零角的弧度数为 0.**

用弧度制表示角的时候,实际上是角的集合与实数集 **R** 之间建立了一一对应的关系:每一个角都有唯一确定的实数(即这个角的弧度数)与它对应;反过来,每一个实数也都有唯一确定的一个角(即弧度数等于这个实数的角)与它对应.

例 2 把下列各角的弧度制和角度制互化:

$$45°;\ 150°;\ 270°;\ \frac{\pi}{3};\ \frac{6}{5}\pi;\ -\frac{\pi}{6}.$$

解 $45° = 45 \times \dfrac{\pi}{180} = \dfrac{\pi}{4}$;

$$150° = 150 \times \frac{\pi}{180} = \frac{5\pi}{6};$$

$$270° = 270 \times \frac{\pi}{180} = \frac{3\pi}{2};$$

$$\frac{\pi}{3} = \frac{1}{3} \times 180° = 60°;$$

$$\frac{6}{5}\pi = \frac{6}{5} \times 180° = 216°;$$

$$-\frac{\pi}{6} = -\frac{1}{6} \times 180° = -30°.$$

例3 写出与下列各角终边相同的角的集合:

(1) $\frac{\pi}{4}$; (2) $340°$.

解 (1) 与 $\frac{\pi}{4}$ 终边相同的角的集合是

$$\left\{ \alpha \,\middle|\, \alpha = \frac{\pi}{4} + k \cdot 2\pi, k \in \mathbf{Z} \right\}.$$

(2) 与 $340°$ 角终边相同的角的集合是

$$\{\alpha \mid \alpha = 340° + k \cdot 360°, k \in \mathbf{Z}\}.$$

注意 在同一个表达式中不要将角的弧度制和角度制混用.

例4 如图 4-4 所示,$\overparen{AB}$ 所对的圆心角是 $30°$,半径为 40 cm,求 $\overparen{AB}$ 的长 l(精确到 0.1 cm).

解 由 $\alpha = 30° = \frac{\pi}{6}$,得

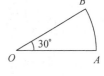

图 4-4

$$l = \alpha r = \frac{\pi}{6} \times 40 = \frac{3.14}{3} \times 20 \approx 20.9 \ (\text{cm}).$$

因此 $\overparen{AB}$ 的长 l 约为 20.9 cm.

课堂练习2

1. 填表:

度	$0°$	$30°$			$90°$	$180°$		$360°$
弧度			$\frac{\pi}{4}$	$\frac{\pi}{3}$	$\frac{\pi}{2}$		$\frac{3\pi}{2}$	2π

2. 在半径为 2 cm 的圆中,$30°$ 的圆心角所对的弧的长度是多少?(精确到 0.01 cm)

习题 4-1

1. 写出与下列各角终边相同的角的集合,并在 $0° \sim 360°$ 范围内,找出与下列各角终边

相同的角：

(1) 700°；   (2) −145°.

2. 分别用弧度制和角度制写出终边在 x 轴的正半轴、x 轴的负半轴的角的集合.

3. 把下列各角度化成弧度：

(1) 45°；(2) 120°；(3) −30°；(4) 240°；(5) 150°.

4. 把下列各角化为角度制：

(1) $-\dfrac{\pi}{3}$；(2) $\dfrac{3}{4}\pi$；(3) $-\dfrac{2}{3}\pi$；(4) $\dfrac{\pi}{6}$；(5) $\dfrac{7}{6}\pi$.

5. 在半径为 10 cm 的圆形薄板上，剪下一块圆心角为 150° 的扇形薄板，求这块扇形薄板的弧长和面积.

6. 已知弧长 20 cm 的弧所对的圆心角为 $\dfrac{\pi}{6}$，求这条弧所在圆的半径(精确到 1 cm).

第二节　任意角的三角函数

一、任意角的三角函数的定义

角的概念推广了，那么锐角三角函数的定义是否也能推广到任意角的三角函数呢？

首先我们回顾在初中学习过的锐角三角函数的定义，即锐角的正弦、余弦和正切. 如图 4-5 所示，$\triangle ABC$ 为直角三角形，$\angle C = 90°$，$\angle A$ 为 $\triangle ABC$ 的一个锐角，那么 $\angle A$ 的正弦、余弦和正切分别定义为

$$\sin A = \frac{\angle A \text{ 的对边}}{\text{斜边}}, \cos A = \frac{\angle A \text{ 的邻边}}{\text{斜边}}, \tan A = \frac{\angle A \text{ 的对边}}{\angle A \text{ 的邻边}}.$$

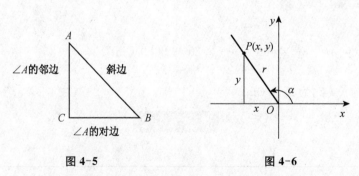

图 4-5　　　　　　　　　　图 4-6

下面，我们在直角坐标系中将锐角三角函数的定义推广到任意角的三角函数.

一般地，设 α 是任意大小的角，在角 α 的终边上取不与原点重合的任意点 $P(x,y)$，它到原点的距离为 $r = \sqrt{x^2 + y^2}$，如图 4-6 所示. 那么，角 α 的正弦、余弦和正切分别定义为

$$\sin \alpha = \frac{y}{r}, \cos \alpha = \frac{x}{r}, \tan \alpha = \frac{y}{x}.$$

一般地，在比值存在的情况下，对角 α 的每一个确定的值，角 α 的正弦、余弦和正切都分

别有唯一的比值与之对应,它们都是以角 α 为自变量的函数,分别叫做正弦函数、余弦函数和正切函数,统称为**三角函数**.

由定义可以看出,正弦函数和余弦函数的定义域为 **R**;当角 α 的终边在 y 轴上时,终边上的每一个点的横坐标都为 0,$\tan\alpha = \dfrac{y}{x}$ 没有意义,所以正切函数的定义域为

$$\left\{\alpha \mid \alpha \neq k\pi + \frac{\pi}{2}, k \in \mathbf{Z}\right\}.$$

例1　如图 4-7 所示,角 α 的终边经过点 $P(3,4)$,求 $\sin\alpha$,$\cos\alpha$ 和 $\tan\alpha$.

解　如图 4-7 所示,因为 $x=3, y=4$,则

$$r = \sqrt{3^2 + 4^2} = 5,$$

所以

$$\sin\alpha = \frac{y}{r} = \frac{4}{5},$$

$$\cos\alpha = \frac{x}{r} = \frac{3}{5},$$

$$\tan\alpha = \frac{y}{x} = \frac{4}{3}.$$

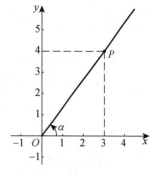

图 4-7

例2　求 $-\dfrac{\pi}{4}$ 的正弦、余弦和正切值.

解　如图 4-8 所示,$-\dfrac{\pi}{4}$ 的终边为第四象限的角平分线,在其终边上取一点 $P(1,-1)$,则 $x=1$,$y=-1$,$r = \sqrt{1^2 + (-1)^2} = \sqrt{2}$,
所以

$$\sin\left(-\frac{\pi}{4}\right) = \frac{y}{r} = \frac{-1}{\sqrt{2}} = -\frac{\sqrt{2}}{2},$$

$$\cos\left(-\frac{\pi}{4}\right) = \frac{x}{r} = \frac{1}{\sqrt{2}} = \frac{\sqrt{2}}{2},$$

$$\tan\left(-\frac{\pi}{4}\right) = \frac{y}{x} = \frac{-1}{1} = -1.$$

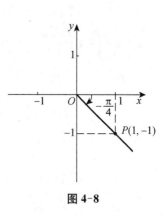

图 4-8

例3　求下列各角的正弦、余弦和正切值:

(1) 0；　(2) $\dfrac{\pi}{2}$；　(3) π；　(4) $\dfrac{3\pi}{2}$.

解　(1) 当 $\alpha=0$ 时,在终边上取一点 $P(1,0)$,那么 $x=1, y=0, r=1$,由此得出 $\sin 0 =$

$0, \cos 0 = 1, \tan 0 = 0$.

（2）当 $\alpha = \dfrac{\pi}{2}$ 时，在终边上取一点 $P(0,1)$，那么 $x = 0, y = 1, r = 1$，由此得出 $\sin \dfrac{\pi}{2} = 1$，$\cos \dfrac{\pi}{2} = 0$，$\tan \dfrac{\pi}{2}$ 不存在.

（3）当 $\alpha = \pi$ 时，在终边上取一点 $P(-1,0)$，那么 $x = -1, y = 0, r = 1$，由此得出 $\sin \pi = 0$，$\cos \pi = -1, \tan \pi = 0$.

（4）当 $\alpha = \dfrac{3\pi}{2}$ 时，在终边上取一点 $P(0,-1)$，那么 $x = 0, y = -1, r = 1$，由此得出 $\sin \dfrac{3\pi}{2} = -1$，$\cos \dfrac{3\pi}{2} = 0$，$\tan \dfrac{3\pi}{2}$ 不存在.

上述结果如下表所示：

α	$0(0°)$	$\dfrac{\pi}{2}(90°)$	$\pi(180°)$	$\dfrac{3\pi}{2}(270°)$
$\sin \alpha$	0	1	0	-1
$\cos \alpha$	1	0	-1	0
$\tan \alpha$	0	不存在	0	不存在

例4 求下列各式的值：

（1）$3\cos 0° + 5\sin 90° - 2\sin 180° + 7\cos 270°$；

（2）$\left(\sin \dfrac{\pi}{2}\right)^2 - 3\cos \dfrac{3}{2}\pi + 2\tan 0$.

解 （1）$3\cos 0° + 5\sin 90° - 2\sin 180° + 7\cos 270° = 3 \times 1 + 5 \times 1 - 2 \times 0 + 7 \times 0 = 8$.

（2）$\left(\sin \dfrac{\pi}{2}\right)^2 - 3\cos \dfrac{3}{2}\pi + 2\tan 0 = 1^2 - 3 \times 0 + 2 \times 0 = 1$.

课堂练习 1

1. 已知点 P 在角 α 的终边上，求 $\sin \alpha, \cos \alpha$ 和 $\tan \alpha$：

（1）$P(\sqrt{2}, 1)$； （2）$P(0,1)$.

2. 求下列各角的正弦、余弦、正切值：

（1）$\dfrac{\pi}{3}$； （2）$\dfrac{\pi}{6}$； （3）$\dfrac{\pi}{4}$.

3. 求下列各式的值：

（1）$2\cos 0° + 3\sin 90° + \tan 180° - \cos 270°$；

（2）$2\sin \dfrac{3\pi}{2} + 5\cos \dfrac{\pi}{2} - \sin \pi + \tan \pi$.

二、正弦、余弦、正切在各象限的符号

由三角函数的定义,以及各象限内点的坐标符号,我们可以得到

正弦值 $\dfrac{y}{r}$ 对于第一、二象限内的角是正的($y>0,r>0$),对于第三、四象限内的角是负的($y<0,r>0$).

余弦值 $\dfrac{x}{r}$ 对于第一、四象限内的角是正的($x>0,r>0$),对于第二、三象限内的角是负的($x<0,r>0$).

正切值 $\dfrac{y}{x}$ 对于第一、三象限内的角是正的(x,y 同号),对于第二、四象限内的角是负的(x,y 异号).

这 3 个三角函数的值在各象限的符号如图 4-9 所示:

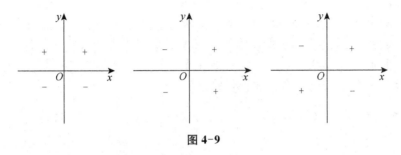

图 4-9

例5　确定下列三角函数值的符号:

(1) $\sin\left(-\dfrac{\pi}{5}\right)$;

(2) $\cos 260°$;

(3) $\tan(-700°)$;

(4) $\cos\dfrac{10\pi}{3}$.

解　(1) 因为 $-\dfrac{\pi}{5}$ 是第四象限角,所以

$$\sin\left(-\frac{\pi}{5}\right)<0.$$

(2) 因为 $260°$ 是第三象限角,所以

$$\cos 260°<0.$$

(3) 因为 $-700°=-720°+20°$,可知 $-700°$ 是第一象限角,所以

$$\tan(-700°)>0.$$

(4) 因为 $\dfrac{10\pi}{3}=4\pi-\dfrac{2\pi}{3}$,可知 $\dfrac{10\pi}{3}$ 是第三象限角,所以

$$\cos\frac{10\pi}{3}<0.$$

例 6 根据 $\sin \alpha > 0$,且 $\tan \alpha < 0$,确定 α 是第几象限角.

解 因为 $\sin \alpha > 0$,所以 α 是第一象限角或第二象限角或终边在 x 轴的正半轴上.

因为 $\tan \alpha < 0$,所以 α 是第二象限角或第四象限角.

故满足 $\sin \alpha > 0$,且 $\tan \alpha < 0$ 的 α 是第二象限角.

例 7 根据 $\sin \theta \cdot \cos \theta < 0$,确定 θ 是第几象限角.

解 因为 $\sin \theta \cdot \cos \theta < 0$,所以可能有两种情况:

$$\sin \theta < 0,\text{且} \cos \theta > 0 \text{ 或 } \sin \alpha > 0,\text{且} \cos \theta < 0.$$

当 $\sin \theta < 0$,且 $\cos \theta > 0$ 时,θ 是第四象限角;

当 $\sin \alpha > 0$,且 $\cos \theta < 0$ 时,θ 是第二象限角.

所以 θ 是第二象限角或第四象限角.

课堂练习 2

1. 填空:

(1) 若 $\sin \theta > 0$,且 $\cos \theta < 0$,则 θ 是第 _____ 象限角;

(2) 若 $\tan \theta > 0$,且 $\cos \theta < 0$,则 θ 是第 _____ 象限角;

(3) 若 $\sin \theta < 0$,且 $\cos \theta < 0$,则 θ 是第 _____ 象限角.

2. 判断下列各角的正弦、余弦和正切的正负号:

(1) $35°$;　　　　(2) $145°$;　　　　(3) $\dfrac{7\pi}{6}$;　　　　(4) $-\dfrac{6\pi}{5}$.

习题 4-2

1. 已知角 α 的终边经过下列各点,求 $\sin \alpha$、$\cos \alpha$ 和 $\tan \alpha$ 的值:

(1) $(3,-4)$;　　　　(2) $(1,\sqrt{3})$.

2. 已知 $\cos \alpha = -\dfrac{4}{5}$,且 α 是第三象限的角,求 $\sin \alpha + \tan \alpha$.

3. 求下列三角函数值:

(1) $\sin 5\pi$;　　　　(2) $\cos 225°$;　　　　(3) $\tan \dfrac{25\pi}{6}$.

4. 计算:

(1) $\sin \dfrac{\pi}{2} + 2\sin \pi + \cos 0 - \tan \pi$;

(2) $\cos \dfrac{\pi}{2} - \sin \pi + 4\sin 0 + 3\sin \dfrac{\pi}{2}$.

5. 确定下列三角函数值的符号:

(1) $\sin 146° \cdot \tan \dfrac{11}{5}\pi$;　(2) $\cos \dfrac{4\pi}{5} \cdot \cos 500°$;　(3) $\sin(-70°) \cdot \sin \dfrac{25}{3}\pi$.

6. 确定 α 是第几象限角:

(1) $\sin x$,$\cos x$ 同号;　(2) $\cos \alpha < 0$,且 $\tan \alpha < 0$.

第三节　同角三角函数的基本关系式

由三角函数的定义和勾股定理,我们可以得到

$$\sin^2\alpha + \cos^2\alpha = 1, \alpha \in \mathbf{R},$$

$$\tan\alpha = \frac{\sin\alpha}{\cos\alpha}, \alpha \neq k\pi + \frac{\pi}{2}, k \in \mathbf{Z}.$$

这两个关系式是三角函数最基本的关系式.当已知一个角的某一三角函数值时,利用这两个关系式和三角函数的定义,就可以求出这个角的其余三角函数值.此外,我们还可以用这两个关系式简化三角函数式和证明三角恒等式.

例1　已知 $\sin\alpha = \dfrac{3}{5}$,且 α 是第二象限角,求 $\cos\alpha, \tan\alpha$ 的值.

解　由 $\sin^2\alpha + \cos^2\alpha = 1$,得 $\cos\alpha = \pm\sqrt{1 - \sin^2\alpha}$.

因为 α 是第二象限角,所以 $\cos\alpha < 0$,所以

$$\cos\alpha = -\sqrt{1 - \left(\frac{3}{5}\right)^2} = -\frac{4}{5},$$

$$\tan\alpha = \frac{\sin\alpha}{\cos\alpha} = \frac{\dfrac{3}{5}}{-\dfrac{4}{5}} = -\frac{3}{4}.$$

例2　已知 $\tan\alpha = -\sqrt{3}$,且 α 是第二象限角,求 $\sin\alpha, \cos\alpha$ 的值.

解　由 $\tan\alpha = \dfrac{\sin\alpha}{\cos\alpha}$,得 $\dfrac{\sin\alpha}{\cos\alpha} = -\sqrt{3}$,即 $\sin\alpha = -\sqrt{3}\cos\alpha$,代入 $\sin^2\alpha + \cos^2\alpha = 1$,整理得 $4\cos^2\alpha = 1$,即 $\cos^2\alpha = \dfrac{1}{4}$.

因为 α 是第二象限角,所以

$$\cos\alpha = -\frac{1}{2},$$

$$\sin\alpha = -\sqrt{3}\cos\alpha = -\sqrt{3}\times\left(-\frac{1}{2}\right) = \frac{\sqrt{3}}{2}.$$

例3　已知 $\tan\alpha = -2$,求 $2\sin\alpha\cos\alpha$ 的值.

解　由已知,可得方程组 $\begin{cases} \dfrac{\sin\alpha}{\cos\alpha} = -2, & (1) \\ \sin^2\alpha + \cos^2\alpha = 1. & (2) \end{cases}$

由(1)式得 $\sin\alpha = -2\cos\alpha$,代入(2)式,得 $(-2\cos\alpha)^2 + \cos^2\alpha = 1$,即

$$5\cos^2\alpha = 1, \cos^2\alpha = \frac{1}{5}.$$

所以 $2\sin\alpha\cos\alpha = 2(-2\cos\alpha)\cos\alpha = -4\cos^2\alpha = -4\times\frac{1}{5} = -\frac{4}{5}.$

例4 化简：$\sin\alpha\cos\alpha\left(\tan\alpha + \dfrac{1}{\tan\alpha}\right).$

解 原式 $= \sin\alpha\cos\alpha\left(\dfrac{\sin\alpha}{\cos\alpha} + \dfrac{\cos\alpha}{\sin\alpha}\right) = \sin\alpha\cos\alpha\ \dfrac{\sin\alpha}{\cos\alpha} + \sin\alpha\cos\alpha\ \dfrac{\cos\alpha}{\sin\alpha}$

$\qquad = \sin^2\alpha + \cos^2\alpha = 1.$

例5 求证：$\sin^4\alpha - \cos^4\alpha = 2\sin^2\alpha - 1.$

证明 原式左边 $= (\sin^2\alpha + \cos^2\alpha)(\sin^2\alpha - \cos^2\alpha) = \sin^2\alpha - \cos^2\alpha$

$\qquad = \sin^2\alpha - (1 - \sin^2\alpha) = 2\sin^2\alpha - 1 = $ 右边,

即

$$\sin^4\alpha - \cos^4\alpha = 2\sin^2\alpha - 1.$$

课堂练习1

1. 已知 $\sin\alpha = -\dfrac{3}{5}$，且 α 是第四象限角，求 $\cos\alpha$，$\tan\alpha$ 的值.

2. 化简：

(1) $\cos\alpha\tan\alpha$; 　　　　　　　　(2) $(1-\sin x)(1+\sin x).$

3. 求证：$\tan^2\alpha - \sin^2\alpha = \tan^2\alpha\ \sin^2\alpha.$

习题4-3

1. 根据下列条件,求 $\sin\alpha$、$\cos\alpha$、$\tan\alpha$ 中其他两个函数的值：

(1) $\sin\alpha = \dfrac{1}{2}$，且 α 是第一象限角；

(2) $\cos\alpha = \dfrac{3}{5}$，且 α 是第四象限角；

(3) $\tan\alpha = -\dfrac{4}{5}$，且 α 是第二象限角.

2. 已知 $\tan\alpha = -2$，求下列各式的值：

(1) $\sin^2\alpha$; 　　　　　　　　　　(2) $3\sin\alpha\cos\alpha$;

(3) $\cos^2\alpha - \sin^2\alpha$; 　　　　　　(4) $1 - 2\cos^2\alpha.$

3. 化简：

(1) $(1 + \tan^2\alpha)\cos^2\alpha$; 　　　　　(2) $\dfrac{\sin\theta - \cos\theta}{\tan\theta - 1}$;

(3) $1 - \sin^2\alpha - \cos^2\alpha$; 　　　　(4) $\dfrac{2\cos^2\alpha + \sin^2\alpha - 1}{1 - \sin^2\alpha}.$

4. 求证：

(1) $1 + \tan^2\alpha = \dfrac{1}{\cos^2\alpha}$;

(2) $\dfrac{\cos x}{1 - \sin x} = \dfrac{1 + \sin x}{\cos x}$.

第四节　简　化　公　式

一、$2k\pi + \alpha\,(k \in \mathbf{Z})$ 的简化公式

我们知道，角 $2k\pi + \alpha\,(k \in \mathbf{Z})$ 的终边与角 α 的终边相同，因此从角的正弦、余弦、正切的定义可以得出

$$\sin(2k\pi + \alpha) = \sin\alpha\,,\alpha \in \mathbf{R}, k \in \mathbf{Z},$$
$$\cos(2k\pi + \alpha) = \cos\alpha\,,\alpha \in \mathbf{R}, k \in \mathbf{Z},$$
$$\tan(2k\pi + \alpha) = \tan\alpha\,,\alpha \neq \dfrac{\pi}{2} + k\pi, k \in \mathbf{Z}.$$

注意　利用上面的公式，可以把任意角的三角函数转化为 $0° \sim 360°$ 范围内角的三角函数.

例 1　求下列三角函数值：

(1) $\sin\dfrac{13\pi}{6}$; 　　　　(2) $\cos\dfrac{7\pi}{3}$; 　　　　(3) $\tan\left(-\dfrac{5\pi}{3}\right)$.

解　(1) $\sin\dfrac{13\pi}{6} = \sin\left(2\pi + \dfrac{\pi}{6}\right) = \sin\dfrac{\pi}{6} = \dfrac{1}{2}$;

(2) $\cos\dfrac{7\pi}{3} = \cos\left(2\pi + \dfrac{\pi}{3}\right) = \cos\dfrac{\pi}{3} = \dfrac{1}{2}$;

(3) $\tan\left(-\dfrac{5\pi}{3}\right) = \tan\left(-2\pi + \dfrac{\pi}{3}\right) = \tan\dfrac{\pi}{3} = \sqrt{3}$.

课堂练习 1

求下列三角函数值：

(1) $\sin\dfrac{13}{4}\pi$; 　　　　(2) $\tan 780°$; 　　　　(3) $\cos\dfrac{9\pi}{4}$.

二、$-\alpha$ 的简化公式

如图 4-10 所示，角 α 的终边与单位圆交于点 P，角 $-\alpha$ 的终边与单位圆交于点 Q，容易看出，点 P 与点 Q 关于 x 轴对称.已知点 P 的坐标是 $(\cos\alpha\,,\sin\alpha)$，则点 Q 的坐标是 $(\cos\alpha\,,-\sin\alpha)$，因此得

$$\sin(-\alpha) = -\sin\alpha\,,\alpha \in \mathbf{R},$$
$$\cos(-\alpha) = \cos\alpha\,,\alpha \in \mathbf{R},$$

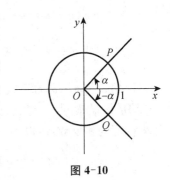

图 4-10

$$\tan(-\alpha) = -\tan\alpha, \alpha \neq \frac{\pi}{2} + k\pi, k \in \mathbf{Z}.$$

注意 利用上面的公式,可以把负角的三角函数转换为正角的三角函数.

例2 求下列各角的正弦、余弦和正切的函数值:

(1) $-\dfrac{\pi}{3}$;　　　　(2) $-\dfrac{13\pi}{6}$.

解 (1) $\sin\left(-\dfrac{\pi}{3}\right) = -\sin\dfrac{\pi}{3} = -\dfrac{\sqrt{3}}{2}$,

$\cos\left(-\dfrac{\pi}{3}\right) = \cos\dfrac{\pi}{3} = \dfrac{1}{2}$,

$\tan\left(-\dfrac{\pi}{3}\right) = -\tan\left(\dfrac{\pi}{3}\right) = -\sqrt{3}$;

(2) $\sin\left(-\dfrac{13\pi}{6}\right) = -\sin\dfrac{13\pi}{6} = -\sin\left(\dfrac{\pi}{6} + 2\pi\right) = -\sin\dfrac{\pi}{6} = -\dfrac{1}{2}$,

$\cos\left(-\dfrac{13\pi}{6}\right) = \cos\dfrac{13\pi}{6} = \cos\left(\dfrac{\pi}{6} + 2\pi\right) = \cos\dfrac{\pi}{6} = \dfrac{\sqrt{3}}{2}$,

$\tan\left(-\dfrac{13\pi}{6}\right) = -\tan\dfrac{13\pi}{6} = -\tan\left(\dfrac{\pi}{6} + 2\pi\right) = -\tan\dfrac{\pi}{6} = -\dfrac{\sqrt{3}}{3}$.

课堂练习2

求下列三角函数值:

(1) $\sin\left(-\dfrac{\pi}{6}\right)$;　(2) $\cos\left(-\dfrac{\pi}{6}\right)$;　(3) $\tan\left(-\dfrac{\pi}{4}\right)$.

三、$\pi \pm \alpha$ 的简化公式

设角 α 与 $\pi + \alpha$ 的终边与单位圆分别交于点 P 和点 Q,如图 4-11 所示.显然,点 P 与点 Q 关于原点 O 对称,它们的对应坐标互为相反数,所以

$$\sin(\pi + \alpha) = -\sin\alpha, \alpha \in \mathbf{R},$$
$$\cos(\pi + \alpha) = -\cos\alpha, \alpha \in \mathbf{R},$$
$$\tan(\pi + \alpha) = \tan\alpha, \alpha \neq \frac{\pi}{2} + k\pi, k \in \mathbf{Z}.$$

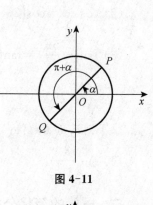

图 4-11

设角 α 与 $\pi - \alpha$ 的终边与单位圆分别交于点 P 和点 Q,如图 4-12 所示.显然,点 P 与点 Q 关于 y 轴对称,它们的纵坐标相同,横坐标互为相反数,所以

$$\sin(\pi - \alpha) = \sin\alpha, \alpha \in \mathbf{R},$$
$$\cos(\pi - \alpha) = -\cos\alpha, \alpha \in \mathbf{R},$$

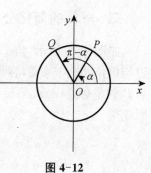

图 4-12

$$\tan(\pi-\alpha)=-\tan\alpha\,,\alpha\neq\frac{\pi}{2}+k\pi,k\in\mathbf{Z}.$$

上面的几组简化公式也称为**诱导公式**.利用诱导公式可以把任意角的三角函数的求值问题转化为锐角三角函数的求值问题.

例3　求下列三角函数值：

(1) $\sin\dfrac{2\pi}{3}$；　(2) $\cos\dfrac{5\pi}{6}$；(3) $\tan\dfrac{7\pi}{6}$.

解　(1) $\sin\dfrac{2\pi}{3}=\sin\left(\pi-\dfrac{\pi}{3}\right)=\sin\dfrac{\pi}{3}=\dfrac{\sqrt{3}}{2}$；

(2) $\cos\dfrac{5\pi}{6}=\cos\left(\pi-\dfrac{\pi}{6}\right)=-\cos\dfrac{\pi}{6}=-\dfrac{\sqrt{3}}{2}$；

(3) $\tan\dfrac{7\pi}{6}=\tan\left(\pi+\dfrac{\pi}{6}\right)=\tan\dfrac{\pi}{6}=\dfrac{\sqrt{3}}{3}$.

利用我们上面讲的诱导公式,可以将任意角的三角函数转化为锐角三角函数,其一般步骤如下：

(1) 首先把负角的三角函数化为正角的三角函数；

(2) 其次把大于 2π 的角的三角函数化为 0 到 2π 之间的角的三角函数；

(3) 最后把 0 到 2π 之间的角的三角函数化为锐角三角函数.

例4　求下列三角函数值：

(1) $\cos\left(-\dfrac{17\pi}{6}\right)$；　　(2) $\tan\left(-\dfrac{19\pi}{6}\right)$；　　(3) $\sin 585°$.

解　(1) $\cos\left(-\dfrac{17\pi}{6}\right)=\cos\left(\dfrac{17\pi}{6}\right)=\cos\left(\dfrac{5\pi}{6}+2\pi\right)=\cos\dfrac{5\pi}{6}=\cos\left(\pi-\dfrac{\pi}{6}\right)$

$$=-\cos\dfrac{\pi}{6}=-\dfrac{\sqrt{3}}{2};$$

(2) $\tan\left(-\dfrac{19\pi}{6}\right)=-\tan\dfrac{19\pi}{6}=-\tan\left(3\pi+\dfrac{\pi}{6}\right)=-\tan\left(\pi+\dfrac{\pi}{6}\right)=-\tan\dfrac{\pi}{6}=-\dfrac{\sqrt{3}}{3}$；

(3) $\sin 585°=\sin(3\times 180°+45°)=\sin(180°+45°)=-\sin 45°=-\dfrac{\sqrt{2}}{2}$.

例5　化简：$\dfrac{\sin^2(\alpha-\pi)\cos(\pi+\alpha)}{\tan(\pi-\alpha)\tan(\pi+\alpha)\cos^3(\alpha-\pi)}$.

解　原式 $=\dfrac{\sin^2\alpha(-\cos\alpha)}{(-\tan\alpha)\tan\alpha(-\cos^3\alpha)}=-1.$

课堂练习3

1. 求下列各角的正弦、余弦、正切的函数值：

(1) $\dfrac{2\pi}{3}$；　(2) $\dfrac{5\pi}{4}$.

2. 求下列三角函数值：

(1) $\cos\dfrac{4\pi}{3}$；　　　(2) $\tan(-150°)$；　　(3) $\sin\dfrac{5\pi}{6}$.

习题 4-4

1. 求下列三角函数值：

(1) $\cos\dfrac{9\pi}{2}$；　　(2) $\cos\dfrac{13\pi}{3}$；　　(3) $\tan\dfrac{47\pi}{2}$；　　(4) $\sin\dfrac{37\pi}{6}$.

2. 求下列三角函数值：

(1) $\sin\left(-\dfrac{\pi}{3}\right)$；　　(2) $\cos\left(-\dfrac{\pi}{4}\right)$；　　(3) $\sin\left(-\dfrac{\pi}{6}\right)$；　　(4) $\tan\left(-\dfrac{\pi}{3}\right)$.

3. 求下列三角函数值：

(1) $\sin 150°$；　　(2) $\cos 120°$；　　(3) $\tan 210°$；　　(4) $\sin 240°$.

4. 求下列三角函数值：

(1) $\cos\left(-\dfrac{7\pi}{3}\right)$；　　(2) $\cos\left(-\dfrac{25\pi}{6}\right)$；　　(3) $\cos\left(-\dfrac{17\pi}{4}\right)$；　　(4) $\cos\dfrac{4\pi}{3}$.

5. 求下列三角函数值：

(1) $\sin\left(-\dfrac{5\pi}{6}\right)$；　　(2) $\sin\dfrac{13\pi}{6}$；　　(3) $\sin\left(-\dfrac{75\pi}{6}\right)$；　　(4) $\sin 135°$.

6. 化简：$1+\sin(\alpha-2\pi)\sin(\pi+\alpha)-2\cos^2(-\alpha)$.

第五节　加法定理及其推论

一、两角和与差的正弦、余弦和正切公式

(一) 两角和与差的正弦公式

对于任意两个角 α 与 β，$\sin(\alpha+\beta)=\sin\alpha+\sin\beta$ 成立吗？ $\sin(\alpha-\beta)=\sin\alpha-\sin\beta$ 成立吗？

设 $\alpha=\dfrac{\pi}{2}$，$\beta=\dfrac{\pi}{3}$，则 $\sin\left(\dfrac{\pi}{2}+\dfrac{\pi}{3}\right)=\sin\dfrac{5\pi}{6}=\dfrac{1}{2}$，而 $\sin\dfrac{\pi}{2}+\sin\dfrac{\pi}{3}=1+\dfrac{\sqrt{3}}{2}$，显然 $\sin\left(\dfrac{\pi}{2}+\dfrac{\pi}{3}\right)\neq\sin\dfrac{\pi}{2}+\sin\dfrac{\pi}{3}$.

因此 $\sin(\alpha+\beta)=\sin\alpha+\sin\beta$ 不成立.

同理 $\sin(\alpha-\beta)=\sin\alpha-\sin\beta$ 也不成立，那么，任意两角和与差的正弦等于什么呢？

两角和与差的正弦公式：

$$\sin(\alpha+\beta)=\sin\alpha\cos\beta+\cos\alpha\sin\beta,\text{简记为 } S_{(\alpha+\beta)};$$

$$\sin(\alpha-\beta)=\sin\alpha\cos\beta-\cos\alpha\sin\beta,\text{简记为 } S_{(\alpha-\beta)}.$$

上面两个公式称为正弦加法定理.

为了准确记忆公式,掌握公式的结构特征,请同学们从下面 3 个方面归纳这两个公式的结构特征:

(1) 函数名称及顺序;

(2) 角在公式中的顺序;

(3) 运算符号的前后关系.

例 1　不用计算器,求 $\sin 75°$ 与 $\sin 15°$ 的值.

解　$\sin 75° = \sin(45° + 30°) = \sin 45° \cos 30° + \cos 45° \sin 30°$

$$= \frac{\sqrt{2}}{2} \times \frac{\sqrt{3}}{2} + \frac{\sqrt{2}}{2} \times \frac{1}{2} = \frac{\sqrt{6} + \sqrt{2}}{4},$$

$$\sin 15° = \sin(45° - 30°) = \sin 45° \cos 30° - \cos 45° \sin 30°$$

$$= \frac{\sqrt{2}}{2} \times \frac{\sqrt{3}}{2} + \frac{\sqrt{2}}{2} \times \frac{1}{2} = \frac{\sqrt{6} - \sqrt{2}}{4}.$$

例 2　将下列各式化成一个角的正弦函数的形式:

(1) $\dfrac{1}{2} \cos x + \dfrac{\sqrt{3}}{2} \sin x$;　　　(2) $\cos x + \sqrt{3} \sin x$;　　　(3) $\cos x + \sin x$.

解　(1) 原式 $= \sin \dfrac{\pi}{6} \cos x + \cos \dfrac{\pi}{6} \sin x = \sin\left(\dfrac{\pi}{6} + x\right)$;

(2) 原式 $= 2\left(\sin \dfrac{\pi}{6} \cos x + \cos \dfrac{\pi}{6} \sin x\right) = 2\sin\left(\dfrac{\pi}{6} + x\right)$;

(3) 原式 $= \sqrt{2}\left(\dfrac{\sqrt{2}}{2} \cos x + \dfrac{\sqrt{2}}{2} \sin x\right) = \sqrt{2}\left(\sin \dfrac{\pi}{4} \cos x + \cos \dfrac{\pi}{4} \sin x\right)$

$$= \sqrt{2} \sin\left(\dfrac{\pi}{4} + x\right).$$

课堂练习 1

1. 不用计算器,求下列各式的值:

(1) $\sin 105°$,$\sin 15°$;

(2) $\sin 40° \cos 20° + \cos 40° \sin 20°$.

2. 将下列各式化成一个角的正弦函数的形式:

(1) $\cos x \sin \dfrac{\pi}{3} + \sin x \cos \dfrac{\pi}{3}$;

(2) $\cos x - \sin x$.

3. 求证:

(1) $\sin(\alpha + \beta) - \sin(\alpha - \beta) = 2\cos \alpha \sin \beta$;

(2) $\dfrac{\sqrt{3}}{2} \sin \alpha - \dfrac{1}{2} \cos \alpha = \sin\left(\alpha - \dfrac{\pi}{6}\right)$.

（二）两角和与差的余弦公式

两角和与差的余弦公式：

$$\cos(\alpha + \beta) = \cos\alpha\cos\beta - \sin\alpha\sin\beta,\text{简记为 } C_{(\alpha+\beta)};$$
$$\cos(\alpha - \beta) = \cos\alpha\cos\beta + \sin\alpha\sin\beta,\text{简记为 } C_{(\alpha-\beta)}.$$

上面两个公式称为余弦加法定理.

例 3 已知 $\sin\alpha = \dfrac{2}{3}$，$\cos\beta = -\dfrac{3}{4}$，且 α 是第二象限角，β 是第三象限角，求 $\cos(\alpha+\beta)$，$\cos(\alpha-\beta)$ 的值.

解 由 $\sin\alpha = \dfrac{2}{3}$，$\alpha$ 是第二象限角，得 $\cos\alpha = -\sqrt{1-\sin^2\alpha} = -\sqrt{1-\left(\dfrac{2}{3}\right)^2} = -\dfrac{\sqrt{5}}{3}$.

由 $\cos\beta = -\dfrac{3}{4}$，$\beta$ 是第三象限角，得 $\sin\beta = -\sqrt{1-\cos^2\beta} = -\sqrt{1-\left(-\dfrac{3}{4}\right)^2} = -\dfrac{\sqrt{7}}{4}$.

所以

$$\begin{aligned}
\cos(\alpha+\beta) &= \cos\alpha\cos\beta - \sin\alpha\sin\beta \\
&= \left(-\dfrac{\sqrt{5}}{3}\right) \times \left(-\dfrac{3}{4}\right) - \dfrac{2}{3} \times \left(-\dfrac{\sqrt{7}}{4}\right) \\
&= \dfrac{3\sqrt{5}+2\sqrt{7}}{12},
\end{aligned}$$

$$\begin{aligned}
\cos(\alpha-\beta) &= \cos\alpha\cos\beta + \sin\alpha\sin\beta \\
&= \left(-\dfrac{\sqrt{5}}{3}\right) \times \left(-\dfrac{3}{4}\right) + \dfrac{2}{3} \times \left(-\dfrac{\sqrt{7}}{4}\right) \\
&= \dfrac{3\sqrt{5}-2\sqrt{7}}{12}.
\end{aligned}$$

例 4 将下列各式化成一个角的余弦函数的形式：

(1) $\cos x\cos\dfrac{\pi}{3} + \sin x\sin\dfrac{\pi}{3}$；　　(2) $\dfrac{1}{2}\cos x + \dfrac{\sqrt{3}}{2}\sin x$；　　(3) $\cos x + \sqrt{3}\sin x$.

解 (1) 原式 $= \cos\left(x - \dfrac{\pi}{3}\right)$；

(2) 原式 $= \cos\dfrac{\pi}{3}\cos x + \sin\dfrac{\pi}{3}\sin x = \cos\left(x - \dfrac{\pi}{3}\right)$；

(3) 原式 $= 2\left(\dfrac{1}{2}\cos x + \dfrac{\sqrt{3}}{2}\sin x\right) = 2\left(\cos\dfrac{\pi}{3}\cos x + \sin\dfrac{\pi}{3}\sin x\right) = 2\cos\left(x - \dfrac{\pi}{3}\right)$.

课堂练习 2

1. 不用计算器，求下列各式的值：

(1) $\cos 75°$，$\cos 15°$；　　　　　　　　　　(2) $\cos 40°\cos 10° + \sin 40°\sin 10°$.

2. 将下列各式化成一个角的余弦函数的形式：

(1) $\cos \dfrac{\pi}{4} \cos x - \sin \dfrac{\pi}{4} \sin x$；

(2) $\dfrac{\sqrt{2}}{2} \cos x - \dfrac{\sqrt{2}}{2} \sin x$；

(3) $\cos x - \sin x$.

3. 化简：$\cos x + \cos(120° - x) + \cos(120° + x)$.

(三) 两角和与差的正切公式

两角和与差的正切公式：

$$\tan(\alpha + \beta) = \frac{\tan \alpha + \tan \beta}{1 - \tan \alpha \tan \beta}, \text{简记为 } T_{(\alpha+\beta)};$$

$$\tan(\alpha - \beta) = \frac{\tan \alpha - \tan \beta}{1 + \tan \alpha \tan \beta}, \text{简记为 } T_{(\alpha-\beta)}.$$

上面两个公式称为正切加法定理.

注意　这两个公式中的 α 与 β 是使 $\alpha, \beta, \alpha + \beta, \alpha - \beta$ 的正切都有意义的角，即 $\alpha, \beta, \alpha \pm \beta$ 都不能取 $\dfrac{\pi}{2} + k\pi, k \in \mathbf{Z}$.

例5　不用计算器，求 $\tan 15°$ 的值.

解　$\tan 15° = \tan(60° - 45°) = \dfrac{\tan 60° - \tan 45°}{1 + \tan 60° \tan 45°} = \dfrac{\sqrt{3} - 1}{1 + \sqrt{3}} = \dfrac{(\sqrt{3} - 1) \times (1 - \sqrt{3})}{(1 + \sqrt{3}) \times (1 - \sqrt{3})}$

$= \dfrac{-4 + 2\sqrt{3}}{-2} = \dfrac{-2 \times (2 - \sqrt{3})}{-2} = 2 - \sqrt{3}$.

例6　计算：$\dfrac{1 - \tan 15°}{1 + \tan 15°}$.

解　原式 $= \dfrac{\tan 45° - \tan 15°}{1 + \tan 45° \tan 15°} = \tan(45° - 15°) = \tan 30° = \dfrac{\sqrt{3}}{3}$.

例7　求证：

$$\frac{\tan(75° + \alpha) - \tan(30° + \alpha)}{1 + \tan(75° + \alpha) \tan(30° + \alpha)} = \sin(60° - \alpha) \cos(30° + \alpha) + \cos(60° - \alpha) \sin(30° + \alpha).$$

证明　左边 $= \tan[(75° + \alpha) - (30° + \alpha)] = \tan 45° = 1$,

右边 $= \sin[(60° - \alpha) + (30° + \alpha)] = \sin 90° = 1$,

所以原等式成立.

课堂练习 3

1. 已知 $\tan \alpha = 4, \tan \beta = 3$，求 $\tan(\alpha - \beta), \tan(\alpha + \beta)$ 的值.

2. 不用计算器，求下列三角函数值：

(1) $\tan 15°$；

(2) $\tan 105°$.

3. 不用计算器，求下列各式的值：

(1) $\dfrac{\tan 23° + \tan 22°}{1 - \tan 23° \tan 22°}$；

(2) $\dfrac{\tan 75° - 1}{\tan 75° + 1}$.

二、二倍角的正弦、余弦和正切公式

(一) 二倍角的正弦公式

如果 α 是任意角,那么等式 $\sin 2\alpha = 2\sin \alpha$ 成立吗?

我们在和角正弦公式 $\sin(\alpha + \beta) = \sin \alpha \cos \beta + \cos \alpha \sin \beta$ 中,令 $\beta = \alpha$,就可以得到二倍角的正弦公式:

$$\sin 2\alpha = 2\sin \alpha \cos \alpha.$$

例7　已知 $\sin \alpha = -\dfrac{4}{5}$,$\alpha \in \left(\pi, \dfrac{3}{2}\pi\right)$,求 $\sin 2\alpha$ 的值.

解　由 $\sin \alpha = -\dfrac{4}{5}$,$\alpha \in \left(\pi, \dfrac{3}{2}\pi\right)$,得 $\cos \alpha = -\dfrac{3}{5}$.

所以 $\sin 2\alpha = 2\sin \alpha \cos \alpha = 2 \times \left(-\dfrac{4}{5}\right) \times \left(-\dfrac{3}{5}\right) = \dfrac{24}{25}$.

例8　不用计算器,求 $\sin 15°\cos 15°$ 的值.

解　原式 $= \dfrac{1}{2} \times 2\sin 15°\cos 15° = \dfrac{1}{2}\sin(2 \times 15°) = \dfrac{1}{2}\sin 30° = \dfrac{1}{4}$.

例9　化简:$\sin 2x \cos 2x$.

解　原式 $= \dfrac{1}{2} \times (2\sin 2x \cos 2x) = \dfrac{1}{2}\sin 4x$.

注意　二倍角公式表示了一个角的三角函数与它的二倍角的三角函数之间的关系,它不仅适用于 2α 与 α,α 与 $\dfrac{\alpha}{2}$,$\alpha + \beta$ 与 $\dfrac{\alpha + \beta}{2}$ 等也都适用,即二倍角的正弦公式在应用时,也可以写成下列形式:

$$\sin 4\alpha = 2\sin 2\alpha \cos 2\alpha,$$

$$\sin \alpha = 2\sin \dfrac{\alpha}{2} \cos \dfrac{\alpha}{2},$$

$$\sin(\alpha + \beta) = 2\sin \dfrac{\alpha + \beta}{2} \cos \dfrac{\alpha + \beta}{2},$$

$$\cdots\cdots$$

课堂练习 4

1. 已知 $\sin \alpha = \dfrac{4}{5}$,$\alpha \in \left(\dfrac{\pi}{2}, \pi\right)$,求 $\sin 2\alpha$ 的值.

2. 不用计算器,求 $2\sin 15°\cos 15°$,$\sin \dfrac{\pi}{8}\cos \dfrac{\pi}{8}$ 的值.

3. 化简:$\left(\sin \dfrac{\alpha}{2} + \cos \dfrac{\alpha}{2}\right)^2$.

（二）二倍角的余弦公式

同样地,在和角余弦公式 $\cos(\alpha+\beta)=\cos\alpha\cos\beta-\sin\alpha\sin\beta$ 中,令 $\beta=\alpha$,就可以得到**二倍角的余弦公式:**

$$\cos 2\alpha=\cos^2\alpha-\sin^2\alpha.$$

如果利用同角关系公式 $\sin^2\alpha+\cos^2\alpha=1$,将 $\sin^2\alpha$ 换成 $1-\cos^2\alpha$,或将 $\cos^2\alpha$ 换成 $1-\sin^2\alpha$,那么二倍角余弦公式还可以写成下面两种形式:

$$\cos 2\alpha=2\cos^2\alpha-1,$$
$$\cos 2\alpha=1-2\sin^2\alpha.$$

例 10　根据下列条件,分别求出 $\cos 2\alpha$ 的值:

(1) $\sin\alpha=\dfrac{7}{8}$;　　　　(2) $\cos\alpha=-\dfrac{6}{15}$;　　　　(3) $\tan\alpha=-\dfrac{3}{4},\dfrac{\pi}{2}<\alpha<\pi$.

解　(1) 因为 $\sin\alpha=\dfrac{7}{8}$,所以 $\cos 2\alpha=1-2\sin^2\alpha=1-2\times\left(\dfrac{7}{8}\right)^2=1-\dfrac{98}{64}=-\dfrac{17}{32}$.

(2) 因为 $\cos\alpha=-\dfrac{6}{15}$,所以 $\cos 2\alpha=2\cos^2\alpha-1=2\times\left(-\dfrac{6}{15}\right)^2-1=-\dfrac{153}{225}$.

(3) 因为 $\tan\alpha=-\dfrac{3}{4},\dfrac{\pi}{2}<\alpha<\pi$,所以 $\sin\alpha=\dfrac{3}{5},\cos\alpha=-\dfrac{4}{5}$.

所以 $\cos 2\alpha=\cos^2\alpha-\sin^2\alpha=\left(-\dfrac{4}{5}\right)^2-\left(\dfrac{3}{5}\right)^2=\dfrac{7}{25}$.

从这个例题可以看出,在求 $\cos 2\alpha$ 时,需根据不同的条件来选择适当的二倍角的余弦公式.

例 11　已知 $\cos\alpha=\dfrac{5}{7}$,求 $\cos^2\dfrac{\alpha}{2}$ 的值.

解　由 $\cos\alpha=2\cos^2\dfrac{\alpha}{2}-1$,得 $\cos^2\dfrac{\alpha}{2}=\dfrac{1+\cos\alpha}{2}$,于是 $\cos^2\dfrac{\alpha}{2}=\dfrac{1+\dfrac{5}{7}}{2}=\dfrac{6}{7}$.

例 12　化简:$\dfrac{\sin\dfrac{A}{2}\cos\dfrac{A}{2}}{\cos^2\dfrac{A}{2}-\sin^2\dfrac{A}{2}}$.

解　原式 $=\dfrac{2\sin\dfrac{A}{2}\cos\dfrac{A}{2}}{2\left(\cos^2\dfrac{A}{2}-\sin^2\dfrac{A}{2}\right)}=\dfrac{\sin A}{2\cos A}=\dfrac{1}{2}\tan A$.

由二倍角的三角函数关系式 $\cos\alpha=2\cos^2\dfrac{\alpha}{2}-1=1-2\sin^2\dfrac{\alpha}{2}$ 还可以推出

$$\sin^2\dfrac{\alpha}{2}=\dfrac{1-\cos\alpha}{2},$$
$$\cos^2\dfrac{\alpha}{2}=\dfrac{1+\cos\alpha}{2}.$$

将上面两式的左边、右边分别相除，即得

$$\tan^2\frac{\alpha}{2}=\frac{1-\cos\alpha}{1+\cos\alpha}.$$

课堂练习 5

1. 已知 $\sin\alpha=\frac{4}{5},\alpha\in\left(\frac{\pi}{2},\pi\right)$，求 $\cos 2\alpha$ 的值.

2. 不用计算器，求下列各式的值：

(1) $2\cos^2\frac{\pi}{12}-1$；(2) $2\sin^2 75°-1$；(3) $\cos^2 22.5°-\sin^2 22.5°$.

3. 化简：$(\cos\alpha+\sin\alpha)(\cos\alpha-\sin\alpha)$.

（三）二倍角的正切公式

在和角正切公式 $\tan(\alpha+\beta)=\dfrac{\tan\alpha+\tan\beta}{1-\tan\alpha\tan\beta}$ 中，令 $\beta=\alpha$，就可以得到**二倍角的正切公式**：

$$\tan 2\alpha=\frac{2\tan\alpha}{1-\tan^2\alpha}\left(\text{其中 }\alpha,2\alpha \text{ 都不等于 }k\pi+\frac{\pi}{2},k\in\mathbf{Z}\right).$$

例 13 已知 $\tan\alpha=3$，求 $\tan 2\alpha$ 的值.

解 因为 $\tan\alpha=3$，所以 $\tan 2\alpha=\dfrac{2\tan\alpha}{1-\tan^2\alpha}=\dfrac{2\times 3}{1-3^2}=-\dfrac{3}{4}$.

例 14 已知 $\tan 2\alpha=\dfrac{3}{4}$，求 $\tan\alpha$ 的值.

解 由 $\tan 2\alpha=\dfrac{3}{4}$，代入公式 $\tan 2\alpha=\dfrac{2\tan\alpha}{1-\tan^2\alpha}$，得 $\dfrac{2\tan\alpha}{1-\tan^2\alpha}=\dfrac{3}{4}$，即

$$3\tan^2\alpha+8\tan\alpha-3=0.$$

解方程，得 $\tan\alpha=-3$ 或 $\tan\alpha=\dfrac{1}{3}$.

例 15 化简：$\dfrac{2\tan\dfrac{\alpha}{2}}{1-\tan^2\dfrac{\alpha}{2}}\cdot\dfrac{6}{1-\tan^2\alpha}$.

解 原式$=\dfrac{6\tan\alpha}{1-\tan^2\alpha}=3\cdot\dfrac{2\tan\alpha}{1-\tan^2\alpha}=3\tan 2\alpha$.

课堂练习 6

1. 已知 $\tan\alpha=-3$，求 $\tan 2\alpha$ 的值.

2. 已知 $\tan 2x=\dfrac{5}{4}$，求 $\tan x$ 的值.

3. 不用计算器，求 $\dfrac{\tan 15°}{1-\tan^2 15°}$ 的值.

习题 4-5

1. 化简:

(1) $\sin(30°+\alpha)+\cos(60°+\alpha)$; \qquad (2) $\sin 4°\cos 56°+\cos 4°\sin 56°$;

(3) $\dfrac{\cos(\alpha+\beta)+\cos(\alpha-\beta)}{\sin(\alpha+\beta)+\sin(\alpha-\beta)}$.

2. 不用计算器,求下列三角函数值:

(1) $\cos(-15°)$; \qquad (2) $\sin\dfrac{5\pi}{12}$; \qquad (3) $\tan 165°$.

3. (1) 已知 $\sin\alpha=\dfrac{3}{5}$, $\alpha\in\left[\dfrac{\pi}{2},\pi\right]$, 求 $\sin\left(\alpha+\dfrac{\pi}{3}\right)$ 的值;

(2) 已知 $\cos\alpha=\dfrac{12}{13}$, $\alpha\in\left(0,\dfrac{\pi}{2}\right)$, 求 $\cos\left(\alpha+\dfrac{\pi}{6}\right)$ 的值;

(3) 已知 $\tan\alpha=3$, 求 $\tan\left(\alpha-\dfrac{\pi}{4}\right)$ 的值.

4. 化简:

(1) $\cos(75°+\alpha)\cos(15°+\alpha)+\sin(75°+\alpha)\sin(15°+\alpha)$;

(2) $\cos\left(\dfrac{\pi}{4}+\alpha\right)\cos\left(\dfrac{\pi}{4}-\alpha\right)-\sin\left(\dfrac{\pi}{4}+\alpha\right)\sin\left(\dfrac{\pi}{4}-\alpha\right)$;

(3) $\cos^2\left(\dfrac{\pi}{4}+x\right)-\sin^2\left(\dfrac{\pi}{4}+x\right)$.

5. 不用计算器,求下列各式的值:

(1) $\dfrac{1+\tan 15°}{1-\tan 15°}$; \qquad (2) $\dfrac{\sqrt{3}-\tan 15°}{1+\sqrt{3}\tan 15°}$.

6. 不用计算器,求下列各式的值:

(1) $2\sin\dfrac{\pi}{12}\cos\dfrac{\pi}{12}$; \qquad (2) $\cos^2\dfrac{\pi}{8}-\sin^2\dfrac{\pi}{8}$;

(3) $2\sin^2 15°-1$; \qquad (4) $\dfrac{\tan 22.5°}{1-\tan^2 2.5°}$.

7. 化简:

(1) $\left(\sin\dfrac{\alpha}{2}+\cos\dfrac{\alpha}{2}\right)^2$; \qquad (2) $(\sin\alpha+\cos\alpha)^2$;

(3) $\dfrac{\sin 2\theta}{1-\cos 2\theta}$; \qquad (4) $\sin 4\alpha\cot 2\alpha-1$.

8. 已知 $\sin\alpha=\dfrac{3}{5}$, 且 α 是钝角, 求 $\sin 2\alpha$ 与 $\cos 2\alpha$ 的值.

9. 已知 $\cos\alpha=-\dfrac{3}{5}$, $\alpha\in\left(\dfrac{\pi}{2},\pi\right)$, 求 $\sin 2\alpha$, $\cos 2\alpha$, $\tan 2\alpha$ 的值.

10. 已知 $\tan \dfrac{\alpha}{2} = 2$，求 $\tan \alpha$ 的值.

11. 求证：

(1) $2 - 2\sin^2 a - \cos 2a = 1$；

(2) $\cos^4 x - \sin^4 x = \cos 2x$；

(3) $\sin \alpha (1 + \cos 2\alpha) = \sin 2\alpha \cos \alpha$.

复习题四

1. 填空题.

(1) 与角 $-122°$ 终边相同的角的集合是 _____，其中在 $0° \sim 360°$ 范围内的角是 _____；

(2) 在直径为 2 cm 的圆中，一段弧的长是 $\dfrac{\pi}{90}$ cm，那么该弧所对的圆心角是 _____ 度；

(3) 已知角 α 的终边上一点的纵坐标与横坐标的比是 $3 : 4$，那么 $\sin \alpha$ 的值是 _____，$\cos \alpha$ 的值是 _____，$\tan \alpha$ 的值是 _____；

(4) 已知 $\sin(\pi + \alpha) = \dfrac{1}{2}$，$\alpha$ 是第三象限角，那么 $\cos \alpha$ 的值是 _____，$\tan \alpha$ 的值是 _____.

2. 选择题.

(1) 已知 α 是第一象限角，那么 $\dfrac{\alpha}{2}$ 是（ ）.

A. 锐角 　　　　　　　　　　　　B. 第一象限角

C. 第三象限角 　　　　　　　　　D. 第一象限角或第三象限角

(2) 已知在单位圆上，角 α 的终边与单位圆交点的纵坐标等于 $\dfrac{1}{2}$，那么 α 等于（ ）.

A. $\dfrac{\pi}{6}$

B. $\dfrac{\pi}{6} + 2k\pi (k \in \mathbf{Z})$

C. $\dfrac{\pi}{6}$ 或 $\dfrac{5\pi}{6}$

D. $\dfrac{\pi}{6} + 2k\pi (k \in \mathbf{Z})$ 或 $\dfrac{5\pi}{6} + 2k\pi (k \in \mathbf{Z})$

(3) 在下列各式中，使得 α 存在的只有（ ）.

A. $\sin \alpha + \cos \alpha = 2$ 　　　　　B. $\sin \alpha = \dfrac{1}{3}$ 且 $\cos \alpha = \dfrac{2}{3}$

C. $\sin \alpha = \dfrac{3}{5}$ 且 $\cos \alpha = -\dfrac{4}{5}$ 　　D. $\sin \alpha = \sqrt{5} - 1$

(4) 在 $\triangle ABC$ 中，已知 $\cos A = \dfrac{3}{5}$，$\sin B = \dfrac{5}{13}$，那么 $\sin(A + B) = $（ ）.

A. $\pm \dfrac{63}{65}$ 　　　B. $\pm \dfrac{33}{65}$ 　　　C. $\dfrac{63}{65}$ 或 $-\dfrac{33}{65}$ 　　　D. $\dfrac{33}{65}$ 或 $-\dfrac{63}{65}$

3. 写出与下列各角终边相同的角的集合：

(1) $\dfrac{7\pi}{6}$；　　　　　(2) $-\dfrac{\pi}{4}$；　　　　　(3) $\dfrac{7\pi}{5}$.

4. 已知 $\sin\alpha=\dfrac{12}{13}$，且 $\alpha\in\left(\dfrac{\pi}{2},\pi\right)$，求 $\cos\alpha$，$\tan\alpha$ 的值.

5. 已知 $\cos\alpha=3\sin\alpha$，求角 α 的正弦、余弦和正切的函数值.

6. 已知 $\cos\alpha=\dfrac{1}{4}$，且 $-\dfrac{\pi}{2}<\alpha<0$，求 $\dfrac{\sin(2\pi+\alpha)}{\cos(-\alpha)\cdot\tan\alpha\cdot\tan(-\alpha-\pi)}$ 的值.

7. 已知 $\sin\alpha=\dfrac{3}{5}$，$\sin\beta=\dfrac{5}{13}$，其中 $0<\alpha<\dfrac{\pi}{2}$，$\dfrac{\pi}{2}<\beta<\pi$，求 $\sin(\alpha+\beta)$ 和 $\cos(\alpha+\beta)$ 的值.

8. 已知 $\cos\dfrac{\alpha}{2}=-\dfrac{12}{13}$，求 $\cos\alpha$ 的值.

9. 化简：

(1) $\cos^4\alpha-\sin^4 a$；

(2) $\dfrac{1}{1-\tan\alpha}-\dfrac{1}{1+\tan\alpha}$；

(3) $\dfrac{\cos\alpha}{\sin\dfrac{\alpha}{2}\cos\dfrac{\alpha}{2}}$；

(4) $\dfrac{1-\cos 2\alpha}{1+\cos 2\alpha}$；

(5) $\sin 4\alpha\cot 2\alpha-1$；

(6) $\dfrac{\cos(\alpha-\pi)\tan(\alpha-2\pi)\tan(2\pi-\alpha)}{\sin(\pi+\alpha)}$.

(7) $\sin^2(-\alpha)-\tan(360^\circ-\alpha)\tan(-\alpha)-\sin(180^\circ-\alpha)\cos(360^\circ-\alpha)\tan(180^\circ+\alpha)$.

10. 求证：

(1) $\cos^4 x-\sin^4 x=\cos 2x$；

(2) $1+2\cos^2\theta-\cos 2\theta=2$；

(3) $2\cos^2\left(\dfrac{\pi}{4}-\dfrac{\alpha}{2}\right)=1+\sin\alpha$；

(4) $\dfrac{\sin(2\alpha+\beta)}{\sin\alpha}-2\cos(\alpha+\beta)=\dfrac{\sin\beta}{\sin\alpha}$.

11. 地球的赤道半径是 6 370 km，求赤道上 1° 的角所对的弧长.（精确到 1 km）

12. 航海罗盘的圆周被平均分为 32 等分，把每一份所对的圆心角的大小分别用度和弧度表示出来.

13. 一蒸汽机上飞轮的直径为 1.2 m，飞轮以 300 转/分的速度做逆时针旋转，求：
(1) 飞轮每秒钟转过的弧度数；
(2) 轮周上一点每秒钟转过的弧长.

数学思想方法选讲 —— 逆向思维

一、逆向思维及其特点

思维就是人的理性认识的过程.最简单的思维方向是线性方向,根据思维过程的指向性可将思维分为常规思维(正向思维)和逆向思维.逆向思维是根据一个概念、原理、思想、方法及研究对象的特点,把常规的思维方向倒过来,从它的相反或否定的方面进行思考,寻找解决问题的方法.如考虑逆命题,考虑问题的不可能性等.

逆向思维能够克服思维定式的保守性,它能帮助我们克服正向思维中出现的困难,寻找新的思路,新的方法,开拓新的知识领域,在探索中标新立异而不循规蹈矩,因此逆向思维是一种创造性思维.

逆向思维也叫求异思维,具有如下特点:

(一)普遍性

逆向思维在各种领域、各种活动中都有适用性,由于对立统一规律是普遍适用的,而对立统一的形式又是多种多样的,有一种对立统一的形式,相应地就有一种逆向思维的角度,所以,逆向思维也有无限多种形式.如性质上对立两极的转换:软与硬、高与低等;结构、位置上的互换、颠倒:上与下、左与右等;过程上的逆转:气态变液态或液态变气态、电转为磁或磁转为电等.不论哪种方式,只要从一个方面想到与之对立的另一方面,都是逆向思维.

(二)批判性

逆向是与正向比较而言的,正向是指常规的、常识的、公认的或习惯的想法与做法.逆向思维则恰恰相反,是对传统、惯例、常识的反叛,是对常规的挑战.它能够克服思维定式,破除由经验和习惯造成的僵化的认识模式.

(三)新颖性

循规蹈矩的思维和按传统方式解决问题虽然简单,但容易使思路僵化、刻板,摆脱不掉习惯的束缚,得到的往往是一些司空见惯的答案.其实,任何事物都具有多方面属性.由于受过去经验的影响,人们容易看到熟悉的一面,而对另一面却视而不见.逆向思维能够克服这一障碍,给人以耳目一新的感觉.

二、逆向思维应用举例

(一)反证法是一种典型的逆向思维

例1 反证法就是假设结论的反面成立,据此进行合理的推导,导出与题设、定义或公理相矛盾的结论,从而推翻假设,进而肯定原来理论的证明方法.这种应用逆向思维的方法,可使很多问题处理起来相当简单.

(二)其他科学中的应用

例2 电磁感应定律的产生.

1820年丹麦哥本哈根大学的物理教授奥斯特,通过多次实验证实电流存在磁效应.这一发现传到欧洲大陆后,吸引了许多人参加电磁学的研究.

英国物理学家法拉第怀着极大的兴趣重复了奥斯特的实验.果然,只要导线通上电流,导线附近的磁针立即会发生偏转,他深深地被这种奇异现象所吸引.

当时,德国古典哲学中的辩证思想已传入英国,法拉第受其影响,认为电和磁之间必然存在联系并且能相互转化.他想既然电能产生磁场,那么磁场也能产生电.

为了使这种设想能够实现,他从1821年开始做磁产生电的实验.无数次实验都失败了,但他坚信,从反向思考问题的方法是正确的,并继续坚持这一思维方式.10年后,法拉第设计了一种新的实验,他把一块条形磁铁插入一个缠着导线的空心圆筒里,结果导线两端连接的电流计上的指针发生了微弱的转动,电流产生了!随后,他又设计了各种各样的实验,如两个线圈相对运动,磁作用力的变化同样也能产生电流.

法拉第10年不懈的努力并没有白费,1831年他提出了著名的电磁感应定律,并根据这一定律发明了世界上第一台发电装置.

如今,他的定律正改变着我们的生活.法拉第成功地发现电磁感应定律,是运用逆向思维方法的一次重大胜利.

例3　王永志小荷露尖角

1964年6月王永志第一次走进戈壁滩,执行发射中国自行设计的一种中近程火箭任务.当时计算火箭的推力时,发现射程不够,大家考虑是不是多加一点推进剂.但是火箭的燃料贮箱有限,再也"喂"不进去了.那时正值七八月份,天气很炎热.火箭发射时推进剂温度高,密度就要变小,发动机的节流特性也要随之变化.

正当大家绞尽脑汁想办法时,一个高个子年轻中尉站起来说:"经过计算,要是从火箭体内卸出600公斤燃料,这枚导弹就会命中目标."大家的目光一下子聚集到这个新面孔上,他就是王永志.在场的专家们几乎不敢相信自己的耳朵,惊异于这位年轻人的大胆.有人还不客气地说:"本来火箭能量就不够,你还要往外卸?"于是再也没有人理睬他的建议.但王永志并不就此甘心,他想起了坐镇酒泉发射场的技术总指挥、大科学家钱学森,于是在临射前,他鼓起勇气走进了钱学森的住房.当时,钱学森还不太熟悉这个"小字辈",可听完了王永志的意见,钱学森眼睛一亮,高兴地喊道:"马上把火箭的总设计师请来."钱学森指着王永志对总设计师说:"这个年轻人的意见很对,就按他说的办!"果然,火箭卸出一些推进剂后射程变远了,连打3发导弹,发发命中目标.从此,钱学森记住了王永志.中国开始研制第二代导弹的时候,钱学森建议:第二代战略导弹应让第二代人挂帅,让王永志担任总设计师.几十年后,总装备部领导看望钱学森,钱学森还提起这件事说:"我推荐王永志担任载人航天工程总设计师没错,此人年轻时就露出头角,他大胆逆向思维,和别人不一样."这是一个运用辩证法的逆向思维的例证.

例4　破冰船

传统的破冰船都是依靠自身的质量来压碎冰块,因此它的头部都采用高硬度的材料制成,而且设计得十分笨重,转向非常不便,所以这种破冰船非常害怕侧向漂来的流冰.苏联科学家运用逆向思维,变向下压冰为向上推冰,即让破冰船潜入水下,依靠浮力从冰下向上破冰.新的破冰船设计得非常灵巧,不仅节约了许多原材料,而且不需要很大的动力,自身的安全性也大大提高.遇到较坚厚的冰层,破冰船就像海豚那样上下起伏前进,破冰效果非常好.这种破冰船被誉为"本世纪最有前途的破冰船".

（三）生活中的应用

在日常生活中,也有许多通过逆向思维取得成功的例子.

例5　凤尾裙的诞生

某时装店的经理不小心将一条高档呢裙烧了一个洞,使这条裙子的价值一落千丈.如果用织补法补救,也只是蒙混过关,欺骗顾客.这位经理突发奇想,干脆在小洞周围又挖了许多小洞,并精于装饰,将其命名为"凤尾裙".一下子,"凤尾裙"销路大开,该时装店也出了名.逆向思维带来了可观的经济效益.

例6　小鬼当家

有一家人决定搬进城里,于是去找房子.一家三口,夫妻和一个五岁的孩子,跑了一天,直到傍晚好不容易看到一个公寓出租的广告,他们赶紧跑去,房子出乎意料地好,于是上前敲门询问.温和的房东出来,对这三位客人上下打量了一番.

丈夫鼓足勇气问道:"这房子出租吗?"

房东遗憾地说:"实在对不起,我们公寓不招待有小孩的住户."

丈夫和妻子听了,一时不知如何是好,便默默地走开了.孩子把事情的经过都看在眼里,心想:"真的没有办法了吗?"他去敲房东的大门,这时,丈夫和妻子已经走出五公尺远,回头望着,门开了,房东出来了.

孩子精神抖擞地说:"老爷爷,这个房子我租了,我没有孩子,我只带来两个大人."

房东听了之后,高声笑起来,决定把房子租给他们.

第五章　基本初等函数

如今是信息时代,人们的生活与工作已经离不开电脑和网络,电脑使用的数字技术是基于两个数字0和1,所有的文字、图像和符号都是通过这两个数字的"运算"得来的,如果它们按运算量级分类的话,那么幂函数、指数函数、对数函数分别表示不同量级的模型,这三种函数就是基本初等函数的一部分,他们不仅应用广泛,并且是研究一些复杂函数的基础.本章将来学习部分基本初等函数.

第一节　指数与对数

一、指数

我们学习过,当 $a > 0, b > 0$ 时:

1. (1) $a^0 = 1$;

　　(2) $a^{-n} = \dfrac{1}{a^n}$;

　　(3) $a^{\frac{m}{n}} = \sqrt[n]{a^m}$.

2. 幂的运算法则:

　　(1) $a^m \cdot a^n = a^{m+n}$;

　　(2) $(a^m)^n = a^{mn}$;

　　(3) $(ab)^n = a^n b^n$.

例1 求下列各式的值:

(1) 5^{-2};　　(2) 3^0;　　(3) $\left(\dfrac{2}{3}\right)^{-1}$;　　(4) $25^{-\frac{1}{2}}$;　　(5) a^{-3}.

解 (1) $5^{-2} = \dfrac{1}{5^2} = \dfrac{1}{25}$;　　(2) $3^0 = 1$;　　(3) $\left(\dfrac{2}{3}\right)^{-1} = \dfrac{3}{2}$;

(4) $25^{-\frac{1}{2}} = \dfrac{1}{25^{\frac{1}{2}}} = \dfrac{1}{5}$;　　　　(5) $a^{-3} = \dfrac{1}{a^3}$.

例2 化简下列各式:

(1) $a^4 \div a^2$;　　(2) $a^{\sqrt{5}} \cdot a^{-\sqrt{5}+2} \cdot a^2$;　　(3) $(a^{\frac{2}{5}} \cdot b^{\frac{1}{4}})^5 \cdot (2ab^{\frac{5}{3}})^3$.

解 (1) $a^4 \div a^2 = a^{4-2} = a^2$;

(2) $a^{\sqrt{5}} \cdot a^{-\sqrt{5}+2} \cdot a^2 = a^{\sqrt{5}-\sqrt{5}+2+2} = a^4$;

(3) $(a^{\frac{2}{5}} \cdot b^{\frac{1}{4}})^5 \cdot (2ab^{\frac{5}{3}})^3 = a^{\frac{2}{5} \times 5} \cdot b^{\frac{1}{4} \times 5} \cdot 2^3 \cdot a^3 \cdot b^{\frac{5}{3} \times 3} = a^2 \cdot b^{\frac{5}{4}} \cdot 8 \cdot a^3 \cdot b^5 = 8a^5 \cdot b^{\frac{25}{4}}$.

课堂练习 1

1. 求下列各式的值：

(1) $0.027^{\frac{1}{3}}$；　　　　(2) $\left(\dfrac{16}{25}\right)^{-\frac{1}{2}}$；　　(3) $27^{\frac{2}{3}} \times 27^{\frac{1}{3}}$；　　(4) $(3^{-\frac{1}{2}})^8$.

2. 用根式的形式表示下列各式 $(a > 0)$：

(1) $a^{\frac{2}{3}}$；　　　　(2) $a^{\frac{5}{3}}$；　　　　(3) $a^{-\frac{3}{4}}$；　　　　(4) $a^{\frac{1}{3}}$.

二、对数

（一）对数的概念

我们知道，2 的 4 次幂等于 16，即 $2^4 = 16$，这里 2 是底数，4 是指数，16 是 2 的 4 次幂.

如果提出另一个问题：2 的多少次幂等于 16？也就是说，如果 $2^b = 16$，那么 $b = ?$ 因为 $2^b = 2^4$，所以由指数函数的性质知 $b = 4$.如果 $2^b = 7$，那么 $b = ?$ 这是已知幂和底，求指数的问题.为了解决这类问题，引进一个新的概念 —— 对数.

一般地，如果 $a^b = N (a > 0$ 且 $a \neq 1, N > 0)$，那么 b 叫做以 a 为底 N 的**对数**，记作 $\log_a N = b$，其中，a 叫做对数的**底数**，N 叫做**真数**.

其中，$a^b = N$ 叫做**指数式**，$\log_a N = b$ 叫做**对数式**.

例如，$\log_2 8 = 3$，3 叫做以 2 为底 8 的对数；$\log_2 16 = 4$，4 叫做以 2 为底 16 的对数；$\log_4 2 = \dfrac{1}{2}$，$\dfrac{1}{2}$ 叫做以 4 为底 2 的对数；$\log_{0.1} 0.001 = 3$，3 叫做以 0.1 为底 0.001 的对数.

例 3　将下列指数式与对数式互化：

(1) $2^3 = 8$；　　　　(2) $3^x = y$；　　(3) $\log_2 32 = 5$；　　(4) $\log_a y = b$.

解　(1) $\log_2 8 = 3$；　　(2) $x = \log_3 y$；　　(3) $2^5 = 32$；　　(4) $a^b = y$.

以 10 为底的对数，叫做**常用对数**，记作 $\lg N$，即 $\lg N = \log_{10} N$.

以 e 为底的对数，叫做**自然对数**，记作 $\ln N$，即 $\ln N = \log_e N$.其中常数 $e = 2.718\,28\cdots$，它是一个无理数，在高等数学和科学研究中经常用到它.

课堂练习 2

1. 在式子 $a^b = N$ 中，

(1) 若已知 b 和 a，求 N，属于什么运算？

(2) 若已知 a 和 N，求 b，属于什么运算？

2. 将下列指数式改写成对数式：

(1) $2^4 = 16$；　　　　(2) $9^{\frac{1}{2}} = 3$.

3. 将下列对数式改写成指数式：

(1) $\log_{\frac{1}{2}} 4 = -2$；　　(2) $\log_4 1 = 0$.

（二）对数的性质

根据对数的定义，对数有如下性质：

（1）1 的对数等于零，即 $\log_a 1 = 0 (a > 0 且 a \neq 1)$；

（2）底的对数等于 1，即 $\log_a a = 1 (a > 0 且 a \neq 1)$；

（3）零和负数没有对数，即在 $\log_a N$ 中，$N > 0$.

（三）对数的运算法则

根据对数的定义和幂的运算法则，我们可以得到对数的运算法则：

（1）两个正数的积的对数，等于这两个正数的对数的和，即

$$\log_a(MN) = \log_a M + \log_a N (a > 0 且 a \neq 1, M > 0, N > 0);$$

（2）两个正数的商的对数，等于被除数的对数减去除数的对数的差，即

$$\log_a \frac{M}{N} = \log_a M - \log_a N (a > 0 且 a \neq 1, M > 0, N > 0);$$

（3）一个正数的幂的对数，等于幂指数乘这个正数的对数，即

$$\log_a M^n = n\log_a M (a > 0 且 a \neq 1, M > 0, n \in \mathbf{R}).$$

例 4　求下列对数的值：

（1）$\log_3 1$；（2）$\log_2 4$；（3）$\log_2 \sqrt[3]{32}$；（4）$\log_2(16 \times 4^3)$；（5）$\lg 200 - \lg 2$.

解　（1）$\log_3 1 = 0$；

（2）$\log_2 4 = \log_2 2^2 = 2\log_2 2 = 2$；

（3）$\log_2 \sqrt[3]{32} = \frac{1}{3}\log_2 32 = \frac{1}{3} \times 5 = \frac{5}{3}$；

（4）$\log_2(16 \times 4^3) = \log_2 16 + \log_2 4^3 = \log_2 2^4 + \log_2 2^6 = 4 + 6 = 10$；

（5）$\lg 200 - \lg 2 = \lg \frac{200}{2} = \lg 100 = \lg 10^2 = 2$.

课堂练习 3

1. 求下列对数的值：

（1）$\log_9 1$；　　　　（2）$\log_2 8$　　　　（3）$\lg 10$.

2. 求下列各式的值：

（1）$\lg 50 + \lg 20$；　　（2）$\log_6 60 - \log_6 10$.

（四）对数的换底公式

当 $a > 0, b > 0$ 且 $a \neq 1, b \neq 1, N > 0$ 时，$\log_a N = \dfrac{\log_b N}{\log_b a}$.

例 5　计算：$\log_3 32 \times \log_2 27$.

解　将 $\log_3 32$ 及 $\log_2 27$ 都换成以 10 为底的对数，得

$$\log_3 32 \times \log_2 27 = \frac{\lg 32}{\lg 3} \times \frac{\lg 27}{\lg 2} = \frac{\lg 2^5}{\lg 3} \times \frac{\lg 3^3}{\lg 2} = \frac{5\lg 2}{\lg 3} \times \frac{3\lg 3}{\lg 2} = 15.$$

课堂练习 4

计算下列各式的值:

(1) $\log_5 16 \times \log_2 125$; (2) $\log_2 9 \times \log_3 4 \times \log_4 5 \times \log_5 8$.

习题 5-1

1. 求下列各式的值:

(1) 2^0; (2) $\left(\dfrac{9}{25}\right)^{\frac{1}{2}}$; (3) $64^{-\frac{1}{3}}$; (4) $\left(\dfrac{2}{3}\right)^3$.

2. 化简下列各式:

(1) $\left(\dfrac{y}{x}\right)^3 \cdot \left(\dfrac{y}{3x}\right)^{-2}$; (2) $(ab)^{\frac{2}{3}} \cdot (ab)^{\frac{1}{3}} \cdot a^3$.

3. 将下列指数式改写成对数式:

(1) $e^x = 18$; (2) $2^x = 32$; (3) $1.3^x = 1.9$; (4) $0.2^x = 9$.

4. 将下列对数式改写成指数式:

(1) $\log_8 64 = 2$; (2) $\log_2 \dfrac{1}{8} = -3$; (3) $\lg \dfrac{1}{100} = -2$; (4) $y = \log_{\frac{1}{2}} x$;

(5) $y = \lg x$.

5. 求下列各式的值:

(1) $\lg 100^2$; (2) $\lg(0.1)^3$; (3) $\log_2(\log_3 9)$; (4) $\log_{\frac{1}{2}} 32$.

6. 求下列各式的值:

(1) $3\log_5 10 + \log_5 0.025$; (2) $\log_4 \sqrt[3]{16} \times \log_3(27 \times 9^3)$;

(3) $\log_2 6 - \log_2 3$.

第二节 幂 函 数

一、幂函数的定义

分析下面 5 个实例,并回答问题.

(1) 如果王荣购买了单价为 1 元/千克的粮食 x 千克,那么她应支付 $y = x$ 元,这里 y 是 x 的函数;

(2) 如果正方形的边长为 a,那么正方形面积为 $S = a^2$,这里 S 是 a 的函数;

(3) 如果正方体的边长为 a,那么正方体的体积为 $V = a^3$,这里 V 是 a 的函数;

(4) 如果一个正方形场地的面积为 S,那么这个正方形场地的边长为 $a = \sqrt{S}$,这里 a 是 S 的函数;

(5) 如果某人 t s 内骑车行进了 1 km,那么他骑车的平均速度为 $v = t^{-1}$ km/s,这里 v 是 t 的函数.

以上 5 个函数关系式从结构上看有什么共同的特点吗?

一般地,我们把形如 $y=x^\alpha$ 的函数称为**幂函数**,其中 x 是自变量,α 是常数.

例如,以前学过的函数 $y=x$,$y=x^2$ 和 $y=\dfrac{1}{x}(x\neq 0)$ 都是**幂函数**.

例1 求下列函数的定义域:

(1) $y=x^3$;　　　　(2) $y=x^{-2}$;　　　　(3) $y=x^{\frac{1}{3}}$;　　　　(4) $y=x^{-\frac{1}{2}}$.

解 (1) $y=x^3$ 的定义域是 $(-\infty,+\infty)$.

(2) 将 $y=x^{-2}$ 改写成 $y=\dfrac{1}{x^2}$,因为它是分式,所以其定义域是 $x\neq 0$,即 $(-\infty,0)\bigcup(0,+\infty)$.

(3) 将 $y=x^{\frac{1}{3}}$ 改写成 $y=\sqrt[3]{x}$,因为它是奇次根式,所以其定义域是 $(-\infty,+\infty)$.

(4) 将 $y=x^{-\frac{1}{2}}$ 改写成 $y=\dfrac{1}{\sqrt{x}}$,因为它是偶次根式且分母不能为 0,所以其定义域是 $(0,+\infty)$.

例2 求函数 $y=(2x-1)^{-2}+(x+1)^{-\frac{1}{2}}$ 的定义域.

解 将函数 $y=(2x-1)^{-2}+(x+1)^{-\frac{1}{2}}$ 改写成 $y=\dfrac{1}{(2x-1)^2}+\dfrac{1}{\sqrt{x+1}}$,

要使函数有意义,必须 $\begin{cases}2x-1\neq 0,\\ x+1>0,\end{cases}$ 即 $\begin{cases}x\neq\dfrac{1}{2},\\ x>-1.\end{cases}$

所以函数的定义域是 $\left(-1,\dfrac{1}{2}\right)\bigcup\left(\dfrac{1}{2},+\infty\right)$.

课堂练习1

1. 填空:

(1) 函数 $y=x^{-3}$ 的定义域为 _____;

(2) 函数 $y=x^{-\frac{3}{2}}$ 的定义域为 _____;

(3) 函数 $y=x^{\frac{2}{3}}$ 的定义域为 _____;

(4) 函数 $y=(2x-3)^{-\frac{1}{2}}+(x-2)^{-3}$ 的定义域为 _____.

2. 在函数 $y=\dfrac{1}{x^4}$,$y=x^2+2$,$y=x+1$,$y=2^x$,$y=x^{\sqrt{3}}$ 中,哪几个函数是幂函数?

二、幂函数的图像举例

例3 画出函数 $y=x^{\frac{1}{2}}$ 的图像,并讨论它的性质.

解 函数 $y=x^{\frac{1}{2}}$ 的定义域为 $[0,+\infty)$,列表如下:

表 5-1

x	0	1	4	9	…
$y = x^{\frac{1}{2}}$	0	1	2	3	…

建立直角坐标系,描点连线,得到函数 $y = x^{\frac{1}{2}}$ 的图像,如图 5-1 所示.

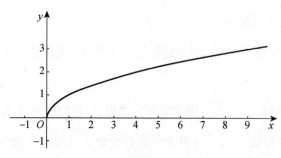

图 5-1

从图像上可以看出,函数 $y = x^{\frac{1}{2}}$ 的图像过点 $(0,0)$, $(1,1)$,在区间 $(0, +\infty)$ 上单调递增,是非奇非偶函数.

例 4 画出函数 $y = x^3$ 的图像,并讨论它的性质.

解 函数 $y = x^3$ 的定义域为 $(-\infty, +\infty)$,列表如下:

表 5-2

x	…	-2	-1	0	1	2	…
$y = x^3$	…	-8	-1	0	1	8	…

建立直角坐标系,描点并连线,得到函数 $y = x^3$ 的图像,如图 5-2 所示.

从图像上可以看出,函数 $y = x^3$ 的图像过点 $(0,0)$, $(1,1)$,在区间 $(-\infty, +\infty)$ 上单调递增,是奇函数.

例 5 画出函数 $y = x^{-2}$ 的图像,并讨论它的性质.

解 函数 $y = x^{-2}$ 的定义域为 $(-\infty, 0) \bigcup (0, +\infty)$,列表如下:

表 5-3

x	…	-2	-1	$-\dfrac{1}{2}$	$\dfrac{1}{2}$	1	2	…
$y = x^{-2}$	…	$\dfrac{1}{4}$	1	4	4	1	$\dfrac{1}{4}$	…

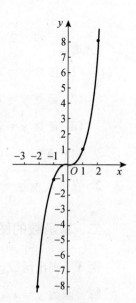

图 5-2

建立直角坐标系,描点连线,得到函数 $y = x^{-2}$ 的图像,如图 5-3 所示.

从图像上可以看出,函数 $y = x^{-2}$ 的图像过点 $(1,1)$,在 $(-\infty, 0)$ 上单调递增,在 $(0, +\infty)$ 上单调递减,是偶函数.

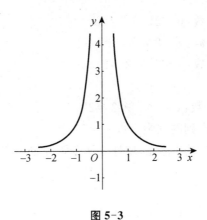

图 5-3

课堂练习2

画出函数 $y=x^{\frac{1}{3}}$，$y=x^{-4}$ 的图像，讨论它们的定义域、值域及函数值 y 随 x 变化的规律.

习题 5-2

1. 画出函数 $y=x^{-3}$ 的图像，讨论它的定义域、值域及函数值 y 随 x 变化的规律.

2. 比较下列各组数中两个值的大小：

(1) $3.01^{\frac{1}{2}}$，$2.84^{\frac{1}{2}}$；　　　　(2) 0.7^3，0.4^3；

(3) 0.1^{-2}，0.02^{-2}.

3. 求下列函数的定义域：

(1) $y=x^{-\frac{1}{3}}$；　　　　(2) $y=x^{\frac{3}{4}}$；

(3) $y=(x^2-1)^{-3}$；　　　　(4) $y=x^{\frac{3}{4}}+(2x-1)^{-1}$；

(5) $y=(2x-5)^{-\frac{1}{2}}\div(x-4)^2$；　　　　(6) $y=(x^2-3x+2)^{-\frac{1}{2}}$.

4. 判断下列函数的奇偶性：

(1) $y=x^{-\frac{1}{3}}+x^3$；　　　　(2) $y=x^{\frac{4}{3}}$；

(3) $y=(x-3)^{-3}+(x+1)^{\frac{1}{2}}$；　　　　(4) $y=(x^2-3x+1)^{-\frac{1}{2}}$.

第三节 指 数 函 数

一、指数函数的定义

先看下面两个例子：

(1) 一种细胞分裂时，第一次由一个分裂成 2 个，第二次由 2 个分裂成 4 个，…… 求一个这样的细胞分裂 x 次后，得到的细胞个数 y 与 x 的函数关系式.

第 1 次分裂后的细胞个数：$y = 2$，

第 2 次分裂后的细胞个数：$y = 2 \times 2 = 2^2$，

第 3 次分裂后的细胞个数：$y = 2^2 \times 2 = 2^3$，

......

第 x 次分裂后的细胞个数：$y = 2^{x-1} \times 2 = 2^x$，

所以细胞分裂 x 次后，得到的细胞个数 $y = 2^x$ 个.

（2）某工厂原来的年产值为 1 亿元，现计划从今年开始年产值平均每年增加 8%，求 x 年后的产值 y（单位：亿元）.

1 年后的年产值：$1 + 1 \times 8\% = 1.08$，

2 年后的年产值：$1.08 + 1.08 \times 8\% = 1.08^2$，

3 年后的年产值：$1.08^2 + 1.08^2 \times 8\% = 1.08^3$，

......

x 年后的年产值：$(1.08)^{x-1} + (1.08)^{x-1} \times 8\% = 1.08^x$，

所以 x 年后的年产值是 $y = 1.08^x$.

以上两个例子中的函数，它们的指数都是变量，底数都是常量，对于这样的函数，给出下面的定义：

一般地，形如 $y = a^x (a > 0, a \neq 1)$ 的函数叫做**指数函数**，它的定义域是 $(-\infty, +\infty)$.

例如，函数 $y = 2^x$，$y = \left(\dfrac{1}{2}\right)^x$，$y = 10^x$ 等都是指数函数.

课堂练习 1

判断下列函数是否为指数函数：

（1）$y = 2 - x$；   （2）$y = e^x$；   （3）$y = 5x$；   （4）$y = x^4$.

二、指数函数的图像和性质

画出函数 $y = 2^x$，$y = 10^x$，$y = \left(\dfrac{1}{2}\right)^x$ 的图像，列表如下：

表 5-4

x	...	-3	-2	-1	0	1	2	3	...
$y = 2^x$	...	$\dfrac{1}{8}$	$\dfrac{1}{4}$	$\dfrac{1}{2}$	1	2	4	8	...
$y = \left(\dfrac{1}{2}\right)^x$	...	8	4	2	1	$\dfrac{1}{2}$	$\dfrac{1}{4}$	$\dfrac{1}{8}$	...

表 5-5

x	...	-1	$-\dfrac{3}{4}$	$-\dfrac{1}{2}$	$-\dfrac{1}{4}$	0	$\dfrac{1}{4}$	$\dfrac{1}{2}$	$\dfrac{3}{4}$	1	...
$y = 10^x$	...	0.1	0.18	0.32	0.56	1	1.78	3.16	5.26	10	...

建立直角坐标系,描点连线,如图 5-4 所示.

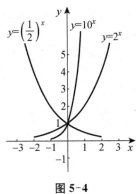

图 5-4

根据图 5-4 分析 $y=2^x$,$y=10^x$,$y=\left(\dfrac{1}{2}\right)^x$ 的图像特征及函数性质,如表 5-6 所示.

表 5-6

图像特征	函数性质
(1) 图像都位于 x 轴的上方.	(1) 当 x 取任何实数时,都有 $a^x>0$.
(2) 图像过定点 $(0,1)$.	(2) 当 a 取不等于 0 的任何实数时,都有 $a^0=1$.
(3) $y=2^x$,$y=10^x$ 的图像在第一象限内的纵坐标都大于 1,在第二象限内的纵坐标都小于 1;$y=\left(\dfrac{1}{2}\right)^x$ 的图像则正好相反.	(3) 当 $a>1$ 时,若 $x>0$,则 $a^x>1$,若 $x<0$,则 $0<a^x<1$; 当 $0<a<1$ 时,若 $x>0$,则 $0<a^x<1$,若 $x<0$,则 $a^x>1$.
(4) 从左向右看,$y=2^x$,$y=10^x$ 的图像逐渐上升;$y=\left(\dfrac{1}{2}\right)^x$ 的图像逐渐下降.	(4) 当 $a>1$ 时,$y=a^x$ 是单调增函数; 当 $0<a<1$ 时,$y=a^x$ 是单调减函数.

一般地,函数 $y=a^x(a>0,a\neq1)$ 的图像和性质,如表 5-7 所示.

表 5-7

	$a>1$	$0<a<1$
图像	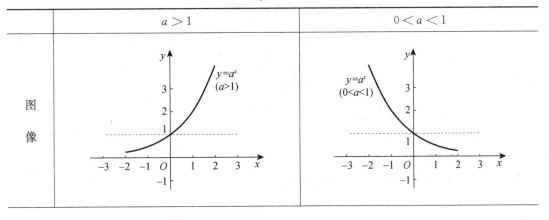	

续表

性质	(1) 定义域是 **R**,值域是 **R**$_+$.	
	(2) 图像过定点$(0,1)$.	
	(3) 当 $x>0$ 时,$y>1$; 当 $x<0$ 时,$0<y<0$.	(3) 当 $x>0$ 时,$0<y<1$; 当 $x<0$ 时,$y>1$.
	(4) 在$(-\infty,+\infty)$ 上是单调增函数.	(4) 在$(-\infty,+\infty)$ 上是单调减函数.

例1 说出下列函数在$(-\infty,+\infty)$上是单调增函数还是单调减函数:

(1) $y=5^x$; (2) $y=\left(\dfrac{1}{5}\right)^x$.

解 (1) 因为 $5>1$,所以 $y=5^x$ 在$(-\infty,+\infty)$ 上是单调增函数.

(2) 因为 $0<\dfrac{1}{5}<1$,所以 $y=\left(\dfrac{1}{5}\right)^x$ 在$(-\infty,+\infty)$ 上单调是减函数.

例2 比较下列各组数中两个值的大小:

(1) $3^2,3^4$; (2) $3^{-4},3^{-1.5}$; (3) $\left(\dfrac{1}{2}\right)^2,\left(\dfrac{1}{2}\right)^3$; (4) $\left(\dfrac{1}{3}\right)^{-5},\left(\dfrac{1}{3}\right)^{-4}$.

解 (1) 指数函数 $y=3^x$ 是单调增函数,因为 $2<4$,所以 $3^2<3^4$.

(2) 指数函数 $y=3^x$ 是单调增函数,因为 $-4<-1.5$,所以 $3^{-4}<3^{-1.5}$.

(3) 指数函数 $y=\left(\dfrac{1}{2}\right)^x$ 是单调减函数,因为 $2<3$,所以 $\left(\dfrac{1}{2}\right)^2>\left(\dfrac{1}{3}\right)^3$.

(4) 指数函数 $y=\left(\dfrac{1}{3}\right)^x$ 是单调减函数,因为 $-5<-4$,所以 $\left(\dfrac{1}{3}\right)^{-5}>\left(\dfrac{1}{3}\right)^{-4}$.

例3 求下列函数的定义域:

(1) $y=\sqrt{2^x-1}$; (2) $y=\sqrt{\left(\dfrac{1}{3}\right)^{2x-1}-\dfrac{1}{27}}$.

解 (1) 要使函数有意义,则 $2^x-1\geqslant0$,即 $2^x\geqslant1$,解得 $x\geqslant0$,所以函数的定义域为$[0,+\infty)$.

(2) 要使函数有意义,则 $\left(\dfrac{1}{3}\right)^{2x-1}-\dfrac{1}{27}\geqslant0$,即 $\left(\dfrac{1}{3}\right)^{2x-1}\geqslant\left(\dfrac{1}{3}\right)^3$,则 $2x-1\leqslant3$,解得 $x\leqslant2$,所以函数的定义域为$(-\infty,2]$.

课堂练习2

1. 下列函数哪个是单调增函数,哪个是单调减函数?

(1) $y=\left(\dfrac{7}{5}\right)^x$; (2) $y=\left(\dfrac{1}{2}\right)^x$.

2. 比较下列各组数中两个值的大小:

(1) $5^2,5^3$; (2) $0.2^{-1.5},0.2^{-2}$.

习题 5-3

1. 说出下列函数在 $(-\infty, +\infty)$ 上是单调增函数还是单调减函数:

(1) $y = 5^x$; (2) $y = \left(\dfrac{1}{3}\right)^x$.

2. 比较下列各组数中两个值的大小:

(1) $\left(\dfrac{1}{\pi}\right)^2, \left(\dfrac{1}{\pi}\right)^3$; (2) $10^{-2.5}, 10^{-1.5}$;

*(3) $0.1^{-2}, 1$; *(4) $0.3^{-2}, 10^{-0.5}$.

3. 求下列函数的定义域:

(1) $y = \sqrt{2^x - 4}$; (2) $y = \sqrt{1 - 2^x}$; (3) $y = 5^{-x}$; (4) $y = \dfrac{1}{3^x - 1}$.

4. 求下列函数的值域:

(1) $f(x) = \left(\dfrac{1}{2}\right)^x$; (2) $f(x) = 2^x - 1$; (3) $y = 3 \cdot 2^x$.

第四节 对 数 函 数

一、对数函数的定义

阅读下面的材料,并回答问题.

材料一:1972 年在马王堆发掘了辛追的遗尸,通过提取尸体残留物的碳 14 的残留量 p,利用 $t = \log_{5\,730} \sqrt{\dfrac{1}{2}p}$ 估算出尸体保存了 2 000 多年.

材料二:某种细胞分裂时,由 1 个分裂成 2 个,2 个分裂成 4 个,4 个分裂成 8 个,……设一个这样的细胞分裂的次数为 y,得到的细胞个数为 x,根据题意可以得到 $y = \log_2 x$.

分析上面两个函数在形式上具有什么相同的特征?

一般地,形如 $y = \log_a x\,(a > 0, a \neq 1)$ 的函数叫做**对数函数**,它的定义域是 $(0, +\infty)$.

例如,$y = \log_2 x$,$y = \log_5 x$,$y = \log_{\frac{1}{3}} x$ 等都是对数函数.

课堂练习 1

判断下列函数是否为对数函数:

(1) $y = 2\log_2 x$; (2) $y = 3 - \log_2 x$;

(3) $y = \ln x$; (4) $y = \log_2 3x$.

二、对数函数的图像和性质

画出函数 $y = \log_2 x$,$y = \log_{\frac{1}{2}} x$ 的图像,列表如下:

表 5-8

x	$\cdots$	$\dfrac{1}{4}$	$\dfrac{1}{2}$	1	2	4	$\cdots$
$y = \log_2 x$	$\cdots$	-2	-1	0	1	2	$\cdots$
$y = \log_{\frac{1}{2}} x$	$\cdots$	2	1	0	-1	-2	$\cdots$

建立直角坐标系,描点连线,如图 5-5 所示.

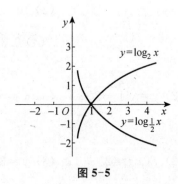

图 5-5

根据图 5-5 分析 $y = \log_2 x$,$y = \log_{\frac{1}{2}} x$ 的图像特征和函数性质,如表 5-9 所示.

表 5-9

图像特征	函数性质
(1) 图像都在 y 轴的右边.	(1) 定义域是 $(0, +\infty)$.
(2) 图像过定点 $(1,0)$.	(2) 1 的对数是零.
(3) $y = \log_2 x$ 的图像在 $(1,0)$ 点右边的纵坐标都大于零,在 $(1,0)$ 点左边的纵坐标都小于零;$y = \log_{\frac{1}{2}} x$ 的图像则正好相反.	(3) 当 $a > 1$ 时,若 $x > 1$,则 $\log_a x > 0$,若 $0 < x < 1$,则 $\log_a x < 0$;当 $0 < a < 1$ 时,若 $x > 1$,则 $\log_a x < 0$,若 $0 < x < 1$,则 $\log_a x > 0$.
(4) 从左向右看,$y = \log_2 x$ 的图像逐渐上升;$y = \log_{\frac{1}{2}} x$ 的图像逐渐下降.	(4) 当 $a > 1$ 时,$y = \log_a x$ 是单调增函数;当 $0 < a < 1$ 时,$y = \log_a x$ 是单调减函数.

一般地,函数 $y = \log_a x \, (a > 0, a \neq 1)$ 的图像和性质,如下表 5-10 所示.

表 5-10

	$a > 1$	$0 < a < 1$
图像	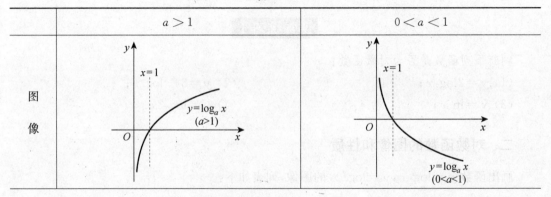	

续表

性质	(1) 定义域是$(0,+\infty)$. (2) 值域是 **R**. (3) 当$x=1$时,$y=0$,即过定点$(1,0)$.	
	(4) 当$x>1$时,$y>0$; 　　当$0<x<1$时,$y<0$.	(4) 当$x>1$时,$y<0$; 　　当$0<x<1$时,$y>0$.
	(5) 在$(0,+\infty)$上是单调增函数.	(5) 在$(0,+\infty)$上是单调减函数

例1　下列对数中,哪些大于零,哪些小于零?

(1) $\log_5 3$;　　　　　　(2) $\ln \dfrac{3}{5}$;　　　　　(3) $\log_{\frac{3}{5}} 7$;　　　　　(4) $\log_{\frac{3}{5}} \dfrac{1}{5}$.

解　根据对数函数的性质,可知:

(1) 因为$\log_5 3$的底数$a=5>1$,而真数$3>1$,所以$\log_5 3>0$.

(2) 因为$\ln \dfrac{3}{5}$的底数$a=e>1$,而真数$\dfrac{3}{5}<1$,所以$\ln \dfrac{3}{5}<0$.

(3) 因为$\log_{\frac{3}{5}} 7$的底数$a=\dfrac{3}{5}<1$,而真数$7>1$,所以$\log_{\frac{3}{5}} 7<0$.

(4) 因为$\log_{\frac{3}{5}} \dfrac{1}{5}$的底数$a=\dfrac{3}{5}<1$,而真数$\dfrac{1}{5}<1$,所以$\log_{\frac{3}{5}} \dfrac{1}{5}>0$.

例2　比较下列各组数中两个值的大小:

(1) $\ln 2, \ln 3$;　　　　　(2) $\log_{\frac{1}{2}} 5, \log_{\frac{1}{2}} 9$;　　　(3) $\ln 2, 0$;

(4) $\ln 0.1, 0$;　　　　　　*(5) $\ln 3, \log_3 e$.

解　(1) 因为$y=\ln x$在$(0,+\infty)$上是单调增函数,$2<3$,所以$\ln 2<\ln 3$.

(2) 因为$y=\log_{\frac{1}{2}} x$在$(0,+\infty)$上是单调减函数,$5<9$,所以$\log_{\frac{1}{2}} 5>\log_{\frac{1}{2}} 9$;

(3) 因为$0=\ln 1, 2>1$,所以$\ln 2>\ln 1$,即$\ln 2>0$.

(4) 因为$0=\ln 1, 0.1<1$,所以$\ln 0.1<\ln 1$,即$\ln 0.1<0$.

(5) 因为$3>e$,所以$\ln 3>\ln e=1$,且$\log_3 e<\log_3 3=1$,因此$\ln 3>\log_3 e$.

例3　求下列函数的定义域,其中$a>0$且$a\neq 1$:

(1) $y=\log_a(x-1)$;　　(2) $y=\log_a(4-x^2)$.

解　(1) 要使函数$y=\log_a(x-1)$有意义,则$x-1>0$,解得$x>1$,所以$y=\log_a(x-1)$的定义域是$(1,+\infty)$.

(2) 要使函数$y=\log_a(4-x^2)$有意义,则$4-x^2>0$,解得$-2<x<2$,所以$y=\log_a(4-x^2)$的定义域是$(-2,2)$.

课堂练习2

比较下列各组数中两个值的大小:

(1) $\log_3 1.1, \log_3 1.2$;　　　　　　(2) $\log_{\frac{3}{5}} 1.1, \log_{\frac{3}{5}} 1.2$;

(3) $\log_{\frac{1}{5}} 3, \lg 3$；　　　　　　　　(4) $\ln 0.2, \ln 0.3$；

(5) $\log_5 7, \log_7 5$；　　　　　　　　(6) $\log_{\frac{1}{2}} 0.3, \log_{\frac{1}{2}} 0.1$.

习题 5-4

1. 画出函数 $y = \lg x$ 与 $y = \log_{\frac{1}{3}} x$ 的图像.

2. 比较下列各组数中两个值的大小：

(1) $\log_3 2, \log_3 3.5$；　　　　　　(2) $\log_{0.5} 3, \log_{0.5} 4$；

(3) $\log_2 3, \log_3 0.1$；　　　　　　(4) $\log_4 5, \log_5 4$.

3. 比较下列各组数中两个值的大小：

(1) $\ln 2, \log_2 e$；　　　　　　　　(2) $\ln 0.1, 0$；

(3) $\ln 2.9, 1$；　　　　　　　　　　(4) $\ln 2, 1$；

(5) $\log_{\frac{1}{2}} 0.2, \log_{\frac{1}{2}} 0.1$；　　　(6) $\log_{\frac{1}{2}} 0.1, 0$.

4. 求下列函数的定义域：

(1) $y = \log_2(3x - 1)$；　　　　　　(2) $y = \sqrt{\log_{\frac{1}{3}} x}$；

(3) $y = \sqrt{\ln x}$；　　　　　　　　(4) $y = \log_2(x^2 - x - 2)$.

第五节　正弦函数与余弦函数

一、周期函数

由 $\sin(x + 2\pi) = \sin x$，得每当自变量 x 增加 2π 时，所对应的正弦函数值都相等，即每一个 x 对应的正弦函数值都依照一定的规律不断地重复取得，这一特征称为周期，其定义如下：

定义　一般地，对于定义域为 A 的函数 $y = f(x)$，如果存在一个非零常数 T，使得当 x 取定义域内的每一个值时，都有

$$f(x + T) = f(x),$$

那么函数 $f(x)$ 就叫做**周期函数**，非零常数 T 叫做这个函数的**周期**.

由简化公式 $\sin(2k\pi + \alpha) = \sin \alpha (k \in \mathbf{Z})$，得 $\sin(x + 2\pi) = \sin x$，$\sin(x - 2\pi) = \sin x$，…… 因此 $2k\pi (k \in \mathbf{Z})$ 都是正弦函数的周期.

如果在周期函数 $f(x)$ 的所有周期中存在一个最小的正数，那么这个最小正数就叫做 $f(x)$ 的**最小正周期**.

一般函数的周期是指最小正周期，因此我们说 $f(x) = \sin x$ 的周期是 2π.

课堂练习 1

求下列函数的周期：

(1) $y = \sin x, x \in \mathbf{R}$；　(2) $y = \cos x, x \in \mathbf{R}$；　(3) $y = \tan x, x \in \mathbf{R}$.

二、正弦函数的图像和性质

我们先画出正弦函数在$[0,\pi]$上的一段图像,列表如下:

表 5-11

x	0	$\dfrac{\pi}{6}$	$\dfrac{\pi}{3}$	$\dfrac{\pi}{2}$	$\dfrac{2\pi}{3}$	$\dfrac{5\pi}{6}$	π
$\sin x$	0	$\dfrac{1}{2}$	$\dfrac{\sqrt{3}}{2}$	1	$\dfrac{\sqrt{3}}{2}$	$\dfrac{1}{2}$	0

描点并用一条光滑曲线把各点连接起来,可画出 $f(x)=\sin x$ 在$[0,\pi]$上的一段图像.同时,由简化公式 $\sin(-x)=\sin x\,(x\in\mathbf{R})$,得 $f(x)=\sin x$ 在$(-\infty,+\infty)$上是奇函数,它的图像关于原点对称.利用对称性,可画出 $f(x)=\sin x$ 在$[-\pi,0]$上的一段图像,这样就得到 $f(x)=\sin x$ 在$[-\pi,\pi]$上的一段图像如图 5-6 所示.

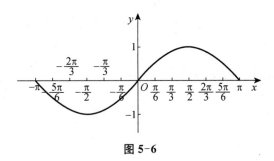

图 5-6

由 $f(x)=\sin x$ 的周期为 2π,可以画出 $f(x)=\sin x$ 在$[-3\pi,3\pi]$上的一段图像,如图 5-7 所示.

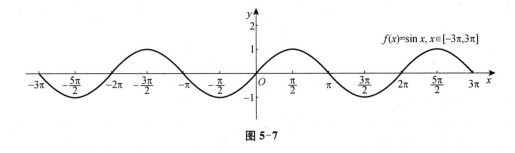

图 5-7

因为 $f(x)=\sin x$ 的定义域是 $\mathbf{R}$,2π 是 $f(x)=\sin x$ 的一个周期,因此我们可以进一步画出 $f(x)=\sin x$ 的整个图像,并称它为**正弦曲线**.

$f(x)=\sin x$ 的主要性质如表 5-12 所示.

表 5-12

	$f(x)=\sin x$
定义域	$\mathbf{R}$
值域	$[-1,1]$

	$f(x) = \sin x$
最小正周期	2π
奇偶性	奇函数,它的图像关于原点对称
单调性	在 $\left[-\dfrac{\pi}{2}+2k\pi,\dfrac{\pi}{2}+2k\pi\right]$ 上是单调增函数,$k \in \mathbf{Z}$; 在 $\left[\dfrac{\pi}{2}+2k\pi,\dfrac{3\pi}{2}+2k\pi\right]$ 上是单调减函数,$k \in \mathbf{Z}$.
最大值或最小值	在 $x = \dfrac{\pi}{2}+2k\pi$ 处取得最大值 1,$k \in \mathbf{Z}$; 在 $x = -\dfrac{\pi}{2}+2k\pi$ 处取得最小值 -1,$k \in \mathbf{Z}$.

如果只要求大致画出 $f(x) = \sin x$ 在 $[0,2\pi]$ 上的一段图像,那么可以只描出 5 个特殊点: $(0,0)$,$\left(\dfrac{\pi}{2},1\right)$,$(\pi,0)$,$\left(\dfrac{3\pi}{2},-1\right)$,$(2\pi,0)$,然后把它们用一条光滑曲线连接起来,习惯上称这种方法为**五点法**.

例 1 比较下列各组正弦值的大小:

(1) $\sin\left(-\dfrac{\pi}{6}\right)$,$\sin\left(-\dfrac{\pi}{5}\right)$; (2) $\sin\dfrac{5\pi}{7}$,$\sin\dfrac{6\pi}{7}$.

解 (1) 因为 $-\dfrac{\pi}{2} < -\dfrac{\pi}{5} < -\dfrac{\pi}{6} < 0$,且 $f(x) = \sin x$ 在 $\left[-\dfrac{\pi}{2},\dfrac{\pi}{2}\right]$ 上是单调增函数,所以 $\sin\left(-\dfrac{\pi}{5}\right) < \sin\left(-\dfrac{\pi}{6}\right)$.

(2) 因为 $\dfrac{\pi}{2} < \dfrac{5\pi}{7} < \dfrac{6\pi}{7} < \pi$,且 $f(x) = \sin x$ 在 $\left[\dfrac{\pi}{2},\pi\right]$ 上是单调减函数,所以 $\sin\dfrac{5\pi}{7} > \sin\dfrac{6\pi}{7}$.

例 2 求使函数 $y = 1 + \sin x$ 取得最大值、最小值的 x 的集合,并求这个函数的最大值、最小值和周期.

解 使函数 $y = \sin x$ 分别取得最大值和最小值的 x,就是使函数 $y = 1 + \sin x$ 分别取最大值和最小值的 x,所以使函数 $y = 1 + \sin x$ 取得最大值、最小值的 x 的集合分别是

$$\left\{x \mid x = \dfrac{\pi}{2}+2k\pi, k \in \mathbf{Z}\right\}, \left\{x \mid x = -\dfrac{\pi}{2}+2k\pi, k \in \mathbf{Z}\right\}.$$

最大值、最小值分别是

$$y_{\max} = 1 + (\sin x)_{\max} = 1 + 1 = 2, \quad y_{\min} = 1 + (\sin x)_{\min} = 1 - 1 = 0.$$

函数 $y = 1 + \sin x$ 与 $y = \sin x$ 的周期相同,都是 2π.

课堂练习 2

1. 观察正弦曲线,回答问题:对于 $\sin x = \dfrac{1}{2}$,在 $\left[-\dfrac{\pi}{2}, \dfrac{\pi}{2}\right]$ 上,x 有几个值? 在 $(-\infty, +\infty)$ 上,x 有几个值?

2. 比较下列各组正弦值的大小:

   (1) $\sin \dfrac{3\pi}{5}, \sin \dfrac{4\pi}{5}$;　　(2) $\sin\left(-\dfrac{4\pi}{7}\right), \sin\left(-\dfrac{5\pi}{7}\right)$;　　(3) $\sin \dfrac{\pi}{9}, \sin \dfrac{\pi}{7}$.

3. 求使下列函数取得最小值的 x 的集合,并求出函数的最小值:

   (1) $y = 2\sin x$;　　　　　　　　　　(2) $y = 2 - \sin x$.

三、余弦函数的图像和性质

我们先画出 $f(x) = \cos x$ 在 $[0, \pi]$ 上的一段图像,列表如下:

表 5-13

x	0	$\dfrac{\pi}{6}$	$\dfrac{\pi}{3}$	$\dfrac{\pi}{2}$	$\dfrac{2\pi}{3}$	$\dfrac{5\pi}{6}$	π
$\cos x$	1	$\dfrac{\sqrt{3}}{2}$	$\dfrac{1}{2}$	0	$-\dfrac{1}{2}$	$-\dfrac{\sqrt{3}}{2}$	-1

描点并用一条光滑曲线把各点连接起来,可画出 $f(x) = \cos x$ 在 $[0, \pi]$ 上的一段图像. 同时,由简化公式 $\cos(-x) = \cos x\,(x \in \mathbf{R})$,得 $f(x) = \cos x$ 在 $(-\infty, +\infty)$ 上是偶函数,它的图像关于 y 轴对称.利用对称性,可画出 $f(x) = \cos x$ 在 $[-\pi, 0]$ 上的一段图像,这样就得到 $f(x) = \cos x$ 在 $[-\pi, \pi]$ 上的一段图像如图 5-8 所示.

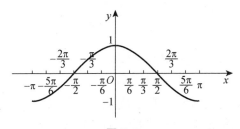

图 5-8

由 $f(x) = \cos x$ 的周期为 2π,可以画出 $f(x) = \cos x$ 在 $[-3\pi, 3\pi]$ 上的一段图像,如图 5-9 所示.

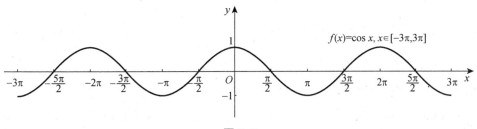

图 5-9

因为 $f(x)=\cos x$ 的定义域是 $\mathbf{R}$,2π 是 $f(x)=\cos x$ 的一个周期,因此我们可以进一步画出 $f(x)=\cos x$ 的整个图像,并称它为余弦曲线.

余弦函数 $f(x)=\cos x$ 的主要性质如表 5-14 所示.

表 5-14

	$f(x)=\cos x$
定义域	$\mathbf{R}$
值域	$[-1,1]$
最小正周期	2π
奇偶数	偶函数,它的图像关于 y 轴对称
单调性	在 $[2k\pi,(2k+1)\pi]$ 上是单调减函数,$k\in\mathbf{Z}$; 在 $[(2k-1)\pi,2k\pi]$ 上是单调增函数,$k\in\mathbf{Z}$.
最大值或最小值	在 $x=2k\pi$ 处取得最大值 1,$k\in\mathbf{Z}$; 在 $x=(2k+1)\pi$ 处取得最小值 -1,$k\in\mathbf{Z}$.

例 3 比较下列各组余弦值的大小:

(1) $\cos\left(-\dfrac{\pi}{7}\right)$,$\cos\left(-\dfrac{\pi}{9}\right)$; (2) $\cos\dfrac{5\pi}{7}$,$\cos\dfrac{6\pi}{7}$.

解 (1) 因为 $-\pi<-\dfrac{\pi}{7}<-\dfrac{\pi}{9}<0$,且 $f(x)=\cos x$ 在 $[-\pi,0]$ 上是单调增函数,所以 $\cos\left(-\dfrac{\pi}{7}\right)<\cos\left(-\dfrac{\pi}{9}\right)$.

(2) 因为 $0<\dfrac{5\pi}{7}<\dfrac{6\pi}{7}<\pi$,且 $f(x)=\cos x$ 在 $[0,\pi]$ 上是单调减函数,所以 $\cos\dfrac{5\pi}{7}>\cos\dfrac{6\pi}{7}$.

例 4 求下列函数的最大值、最小值和周期 T:

(1) $y=5\cos x$; (2) $y=1+\cos x$.

解 (1) 因为 $\cos x$ 的最大值是 1,最小值是 -1,所以 $y_{\max}=5$,$y_{\min}=-5$,$T=2\pi$;

(2) 因为 $\cos x$ 的最大值是 1,最小值是 -1,所以 $y_{\max}=2$,$y_{\min}=0$,$T=2\pi$.

前面我们学习的幂函数 $y=x^{\alpha}$(α 是常数)、指数函数 $y=a^{x}$($a>0$,$a\neq1$)、对数函数 $y=\log_a x$($a>0$,$a\neq1$)、正弦函数 $y=\sin x$、余弦函数 $y=\cos x$ 都是**基本初等函数**.

课堂练习3

1. 观察余弦曲线,回答问题:对于 $\cos x=\dfrac{\sqrt{2}}{2}$,在 $[0,\pi]$ 上,x 有几个值? 在 $(-\infty,+\infty)$ 上,x 有多少个值?

2. 比较下列各组余弦值的大小:

(1) $\cos\dfrac{\pi}{7}$,$\cos\dfrac{\pi}{3}$; (2) $\cos\dfrac{5}{8}\pi$,$\cos\dfrac{7\pi}{8}$;

(3) $\cos\left(-\dfrac{4\pi}{7}\right),\cos\left(-\dfrac{3\pi}{7}\right)$;   (4) $\cos\left(-\dfrac{2\pi}{3}\right),\cos\left(-\dfrac{2\pi}{7}\right)$.

3. 求下列函数的最大值和最小值：

(1) $y=2-3\cos x$;   (2) $y=3\cos 2x-1$.

习题 5-5

1. 填空：

(1) 设 $2\cos x=a$，则 a 的取值范围是 _____；

(2) 设 $\dfrac{1}{2}\sin x=b$，则 b 的取值范围是 _____.

2. 根据下列条件，观察正弦函数和余弦函数的图像，写出自变量 x 的取值区间：

(1) $\sin x>0, x\in[0,2\pi]$;   (2) $\sin x>0, x\in\mathbf{R}$;

(3) $\cos x<0, x\in[0,2\pi]$;   (4) $\cos x<0, x\in\mathbf{R}$.

3. 比较下面各组函数值的大小：

(1) $\sin 60°, \sin 100°$;   (2) $\cos\dfrac{\pi}{4},\cos\dfrac{\pi}{5}$;

(3) $\sin\dfrac{2\pi}{7}, \sin\dfrac{3\pi}{7}$;   (4) $\cos\left(-\dfrac{4\pi}{3}\right),\cos\left(-\dfrac{8\pi}{7}\right)$.

4. 求下列函数的最大值与最小值：

(1) $y=1-\dfrac{1}{3}\cos x$;   (2) $y=-\sin x$;

(3) $y=\cos 2x$;   (4) $y=3+\sin x$.

5. 求下列函数在 x 取何值时取得最大值，在 x 取何值时取得最小值：

(1) $y=2-\cos x$;   (2) $y=2\sin x$.

*第六节　基本初等函数应用举例

例 1　已知摆往复一次所需要的时间与摆长的算术平方根成正比.设长为 1 m 的摆往复一次需 2 s,现在做一个往复一次需 3 s 的摆,摆线长应该是多少？

解　设往复一次需 T s 的摆,其摆线长为 l m,k 为比例系数,则 $T=k\sqrt{l}$.

将 $l=1$,$T=2$ 代入,得 $k=2$,所以 $T=2\sqrt{l}$.

将 $T=3$ 代入,得 $3=2\sqrt{l}$,$\sqrt{l}=1.5$,所以 $l=2.25$,

即做一个往复一次需 3 s 的摆,摆线长应该是 2.25 m.

课堂练习 1

某种轿车以 112 km/h 的速度行驶时,刹车后要继续前进 54 m 才能停下来.假定刹车的距离与速度的平方成正比,分别求出这种轿车速度为 56 km/h 和 180 km/h 时,刹车的距离(精确到 0.1 km).

例 2 某城市现有人口 100 万,根据最近 10 年的统计资料,这个城市的人口年增长率为 1.2%,按这个增长率计算(结果保留到小数点后面两位):

(1) 10 年后这个城市的人口预计有多少万?

(2) 20 年后这个城市的人口预计有多少万?

(3) 在今后 20 年内,前 10 年与后 10 年分别增加多少万人?

解 (1) 1 年后这个城市的人口预计有 $100 + 100 \times 1.2\% = 100(1 + 1.2\%) = 100 \times 1.012$(万),

2 年后这个城市的人口预计有 $100 \times 1.012 + 100 \times 1.012 \times 1.2\% = 100 \times 1.012^2$(万),

……

从而 10 年后这个城市的人口预计有 $100 \times 1.012^{10} \approx 112.67$(万).

(2) 20 年后这个城市的人口预计有 $100 \times 1.012^{20} \approx 126.94$(万).

(3) 前 10 年增加的人口数为 $112.67 - 100 = 12.67$(万),

后 10 年增加的人口数为 $126.94 - 112.67 = 14.27$(万).

例 3 服某种感冒药,每次服药的含量为 Q_0,随着时间 t 的变化,体内药物含量 $Q = Q_0(0.57)^t$(其中 t 以小时为单位),问 4 小时后,体内药物含量为多少? 8 小时后,体内药物含量为多少? 体会一下为什么服药间隔时间定在 4 小时.

解 因为 $Q = Q_0(0.57)^t$,用计算器容易算得

$$Q \big|_{t=4} = Q_0(0.57)^4 \approx 0.11Q_0, Q \big|_{t=8} = Q_0(0.57)^8 \approx 0.01Q_0.$$

即 4 小时后,体内药物含量为 $0.11Q_0$,8 小时后,体内药物含量为 $0.01Q_0$.

事实上,若漏服一次药,体内药物仅剩 1%.

课堂练习 2

放射性物质镭的一种同位素镭-228,每经过 1 年剩留的质量约是原来的 90.15%.设开始的时候有 1 g 镭-228,经过 6 年,剩留的质量有多少(结果保留到小数点后三位)?

例 4 近年来,我国移动电话用户增加很快,如果按 2000 年我国移动电话用户为 4 200 万户计算,并假设在今后十几年中能保持 16.9% 的年增长率,那么约到哪一年我国移动电话用户可达到 2 亿户?

解 设经过 t 年,我国移动电话用户为 P 万户,则 $P = 4\,200(1 + 16.9\%)^t$.

将 $P = 20\,000$ 代入上式,得

$$20\,000 = 4\,200(1 + 16.9\%)^t,$$

解得

$$t \approx \log_{1.169} 4.762 \approx 10,$$

即大约到 2010 年我国移动电话用户可达到 2 亿户.

课堂练习 3

有些家用电器(如空调等)使用了氟化物,氟化物的释放破坏了大气上层的臭氧,目前臭

氧含量 Q 正以每年 0.18% 的速率呈指数衰减,试求臭氧层的半衰期(半衰期是指臭氧含量减少到原来一半所需的时间.结果保留到个位).

习题 5-6

1. 物体从静止状态下落,下落的距离与开始下落所经过时间的平方成正比,已知开始下落的最初 2 s,物体下落了 19.6 m.求下落的距离 s(m) 与所经过时间 t(s) 的函数关系.

2. 某城市现有人口 100 万,如果按人口的年自然增长率为 1.9% 计算,10 年后这个城市的人口预计有多少万(结果保留到小数点后两位)?

3. 某城市的人口年自然增长率为 2.1%,求该城市人口的倍增期(倍增期是指人口增长到原来的两倍所需的时间.结果保留到个位).

4. 某地区糖尿病的患病人数逐年上升,经统计患病人数的年增长率为 1.2%,1998 年患病人数为 $13\ 800$ 人,如果这样下去,约经过多少年该地区患糖尿病的人数将达到 $15\ 000$ 人(结果保留到个位).

复习题五

1. 填空题.

(1) 若 $f(x)=2^x$,则 $f(\log_2 \sqrt{3})=$ _____;

(2) 若 $\log_a 5 < \log_a 4$,则 a 的取值范围是 _____;

(3) 若 $a^{0.5} < a^{0.6}$,则 a 的取值范围是 _____;

(4) $\log_3 (\log_3 27)=$ _____;

(5) $\log_2 \dfrac{1}{25} \times \log_3 \dfrac{1}{8} \times \log_5 \dfrac{1}{9}=$ _____;

(6) 已知 $x \in [0,2\pi]$,那么 $y=\sin x$ 和 $y=\cos x$ 都单调递增的区间是 _____,都单调递减的区间是 _____.

2. 选择题.

(1) 下列哪个函数定义域的集合为 $\{x \mid x > 0\}$? ( )

    A. $y=\dfrac{1}{x}$ B. $y=x^{-\frac{3}{2}}$ C. $y=\lg x^2$ D. $y=\sqrt{3x+1}$

(2) 已知 $\log_a \dfrac{1}{2} < 0$,则 a 的取值范围是( ).

    A. $\left(0, \dfrac{1}{2}\right)$ B. $[-1,1]$ C. $(1,+\infty)$ D. $[0,1]$

(3) 下列函数是奇函数的是( ).

    A. $y=\lg x$ B. $y=-2x^2$ C. $y=2^x$ D. $y=x^3$

(4) $\log_3 5$ 的倒数是( ).

    A. $\log_{\frac{1}{3}} 5$ B. $\log_3 \dfrac{1}{5}$ C. $\log_5 3$ D. $\log_{\frac{1}{3}} \dfrac{1}{5}$

(5) 函数 $y = \sin x$ 的单调递增区间是(　　).

A. $\left[k\pi - \dfrac{\pi}{2}, k\pi + \dfrac{\pi}{2} \right]$　　　　B. $\left[2k\pi - \dfrac{\pi}{2}, 2k\pi + \dfrac{\pi}{2} \right]$

C. $\left[2k\pi + \dfrac{\pi}{2}, 2k\pi + \dfrac{3\pi}{2} \right]$　　D. $\left[2k\pi, 2(k+1)\pi \right]$

3. 求下列各式的值:

(1) $0.008^{-\frac{1}{3}}$;　　　　(2) $(\sqrt{3})^0$;　　　　(3) $81^{\frac{3}{4}}$;

(4) $(-8)^{\frac{2}{3}}$;　　　　(5) $0.0001^{-\frac{3}{4}}$.

4. 比较下列各组数中两个值的大小:

(1) $2^{0.2}, 2^{0.3}$;　　　　(2) $3^{-4}, 3^{-5}$;　　　　(3) $\left(\dfrac{1}{3}\right)^{-5}, \left(\dfrac{1}{3}\right)^{-6}$;

(4) $\left(\dfrac{1}{5}\right)^{-2}, 1$;　　　　(5) $3^{0.01}, 1$;　　　　(6) $\log_3 0.02, \log_3 0.2$;

(7) $\lg 1.1, 0$;　　　　(8) $\ln^4, \ln^5$;　　　　(9) $\ln^4, \log_4 e$.

5. 求下列各式的值:

(1) $\log_3 \dfrac{1}{9}$;　　　　(2) $\lg 0.001$;　　　　(3) $\log_2 \sqrt{32}$;　　　　(4) $\ln e^{\frac{1}{3}}$;

(5) $\log_2 8 \times \log_4 16$;　　(6) $\lg 2.5 + \lg 4$;　　(7) $\lg 3 - \lg 30$.

6. 将下列对数式与指数式互化:

(1) $\log_3 9 = 2$;　　　(2) $2^3 = 8$;　　　(3) $3^3 = 27$;　　　(4) $\log_8 16 = \dfrac{4}{3}$.

7. 比较下列各组数中两个值的大小:

(1) $\left(\dfrac{3}{4}\right)^{\frac{1}{3}}, \left(\dfrac{3}{4}\right)^{\frac{1}{5}}$;　　　　　　　　(2) $2^{-2}, 2^{-7}$;

(3) $\log_2 0.7, \log_2 1.2$;　　　　　　　　(4) $\log_{\frac{1}{3}} \dfrac{1}{2}, \log_{\frac{1}{3}} \dfrac{1}{4}$;

(5) $\sin \dfrac{4\pi}{7}, \sin \dfrac{5\pi}{7}$;　　　　　　　　(6) $\cos \dfrac{4\pi}{7}, \cos \dfrac{5\pi}{7}$.

8. 求下列函数的定义域:

(1) $y = (x+1)^{\frac{1}{2}}$;　　　　　　　　(2) $y = \dfrac{1}{2^x - 1}$;

(3) $y = \sqrt{\log_{\frac{1}{2}}(2x-1)}$;　　　　　　(4) $y = \dfrac{1}{1 - \log_2 x}$;

(5) $y = (x+1)^{\frac{3}{4}}$;　　　　　　　　(6) $y = \dfrac{1}{\lg(1-x)}$.

*9. 某服务公司,原来每月收入为 10 万元,由于该公司提高了服务质量,收入以平均每月 10% 的速度增加,试写出 t 月后收入 y 与 t 的函数关系式,并求出半年后该公司的月收入能达到多少(精确到 0.01 万)?

*__10.__ 镭最稳定的同位素每经过一年剩留的质量约是原来的 91.2%，求它的半衰期(结果保留到个位).

*__11.__ 小米手机公司的销售额以平均每年 122% 的速度增加.若小米手机公司今年的销售额为 200 万美元，问经过几年，小米手机公司的销售额能增加到 4 亿美元？

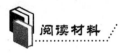

对数的产生与对数的功绩

15 世纪中期到 16 世纪末期称为文艺复兴时期.这段时期的特点是：西欧和中欧不少国家的科学和艺术得到了迅速的发展.它反映了当时的社会经济有了较大的进展，代表进步生产力的工业经济逐渐取代即将衰亡的农业经济，但在机械制造、透镜设计等技术设计及航海设计、天文观测等实际工作中，繁重的计算耗费了人们大量的时间和精力.改进计算方法、提高计算效率成了当务之急.苏格兰数学家纳皮尔(1550—1617) 在 1619 年出版的《奇妙的对数表的构造》一书中宣告了对数理论的创立.在以后的十余年间，英国的布里格斯、荷兰的佛朗哥完成了一个 14 位的常用对数表.因为当时只能使用初等数学的方法，所以制造这一对数表工作量的繁重常人难以想象.

以 10 为底时，只可以给出整数 $1,10,100,\cdots$ 的对数，而计算它们之间的数的对数时，应该把这些数的几何平均值与其对数的算术平均值相对应，因此，为了求 5 的对数，需要从数 1 和 10 的对数出发大致进行下列顺序的计算：

数	对数
$A = 1$;	0.000 000 000 000 00;
$B = 10$;	1.000 000 000 000 00;
$C = \sqrt{AB} = 3.162\,277$;	0.500 000 000 000 00;
$D = \sqrt{BC} = 5.623\,413$;	0.750 000 000 000 00;
$E = \sqrt{CD} = 4.216\,964$;	0.625 000 000 000 00;
$\vdots$	$\vdots$
$X = \sqrt{VW} = 5.000\,000$	0.698 970 000 000 00;

由此可见为了计算 5 的对数，就需要进行 22 次开方，要写出完整的对数表，工作量是何等的繁重！后来有了高等数学(以后学习的内容)，利用级数理论中的公式 $\ln(1+x) = x - \dfrac{x^2}{2} + \dfrac{x^3}{3} - \dfrac{x^4}{4} + \dfrac{x^5}{5} - \dfrac{x^6}{6} + \cdots (-1 < x < 1)$，求对数值就方便多了.有了对数表，运算就大大地简化了.它可以把高一级的乘、除、乘方、开方运算转化为低一级的加、减、乘、除运算.在进行大量运算时，可成倍地提高计算效率.例如，计算 2572 年世界人口(不计环境等因素) 有

$$S = 60(1.018\,4)^{572} \text{亿},$$

若用 572 个 1.018 4 连乘，其运算量之巨大难以想象，但如果利用

$$\lg S = \lg[60(1.018\ 4)^{572}]$$
$$= \lg 60 + 572\lg 1.018\ 4(查对数表可得)$$
$$= 6.307\ 470\ 7(再查反对数表可得 S).$$

换成指数式为

$$S = 10^{6.307\ 470\ 7},$$

由计算器算得

$$S = 2\ 029\ 881.57\ 亿.$$

对于对数运算的历史功绩,大数学家拉普拉斯曾赞之曰:"对数的发现,以其节省劳力而延长了天文学家的寿命."随着现代科学技术的发展,计算机功能越来越强大,求一个数的幂或对数,简单到只要按一个键即可完成.计算技术的改进和发展是永远不会停止的.

第六章 数　列

在自然界和日常生活中,经常遇到按照一定次序排列的一列数,称它为数列,一个数列中的各个数之间有什么内在规律? 这些规律在实际生活中有哪些应用? 本章将带你走进数列的世界,探讨这些问题.

第一节　数列的概念

先看下面的例子:

(1) 某场地堆放着一些圆形钢管,最底层有 12 根,在其上一层(称为第二层) 有 11 根,第三层有 10 根,依此类推,共 8 层,各层钢管的根数依次排列,得到一列数:

$$12,11,10,9,8,7,6,5.$$

(2) 某种细胞一小时分裂一次,1 个这样的细胞分裂一次变成 2 个,分裂两次变成 4 个,…… 每次分裂后的细胞数排列成一列数:

$$2,4,8,16,\cdots.$$

(3) 自然数 $1,2,3,4,5,\cdots$ 排列成一列数.

(4) —1 的 1 次幂,2 次幂,3 次幂,4 次幂,排列成一列数:

$$-1,1,-1,1,\cdots.$$

(5) "零存整取"一年的存款,每月存入 1 000 元,每月存款数排成一列数:

$$1\ 000,1\ 000,1\ 000,1\ 000,\cdots,1\ 000.$$

像上述例子中那样,按照一定次序排列成的一列数 $a_1,a_2,\cdots,a_n,\cdots$ 称为**数列**,记作 $\{a_n\}$.

数列中的每一个数都叫做这个**数列的项**,第 1 个数为第一项,第 2 个数为第二项,…… 第 n 个数为第 n 项,第一项又叫做首项,第 n 项中的"n"称为该项的序号.

如果一个数列的项数是有限的,那么这个数列称为**有穷数列**;如果一个数列的项数是无限的,那么这个数列称为**无穷数列**.例如,上述数列(1)、(5) 是有穷数列,数列(2)、(3)、(4) 是无穷数列.

如果数列的第 n 项 a_n 能用项数 n 的解析式来表示,那么这个解析式称为该数列的**通项公式**.例如,数列(2) 的通项公式是 $a_n = 2^n (n \geqslant 1, n \in \mathbf{N}^*)$.

由数列通项公式的定义可知,数列的各项是与它所在的位置的项数相对应的,所以数列可以看成以正整数为自变量的函数.

注意 关于数列的通项公式:

(1) 不是每个数列都能写出通项公式;

(2) 数列的通项公式不是唯一的;

(3) 已知通项公式可以写出数列的任意一项,因此通项公式非常重要.

例 根据数列 $\{a_n\}$ 的通项公式,写出它的前 5 项:

(1) $a_n = \dfrac{n-1}{n}$;　　　　(2) $a_n = (-1)^n \dfrac{1}{n}$.

解 (1) 在通项公式中依次取 $n = 1,2,3,4,5$,则它的前 5 项为

$$a_1 = 0, a_2 = \frac{1}{2}, a_3 = \frac{2}{3}, a_4 = \frac{3}{4}, a_5 = \frac{4}{5}.$$

(2) 在通项公式中依次取 $n = 1,2,3,4,5$,则它的前 5 项为

$$a_1 = -1, a_2 = \frac{1}{2}, a_3 = -\frac{1}{3}, a_4 = \frac{1}{4}, a_5 = -\frac{1}{5}.$$

课堂练习 1

1. 填空:

(1) 已知数列 $\{a_n\}$ 有公式 $a_n = a_{n-2} - a_{n-1}(n \geqslant 3)$,且 $a_1 = 2, a_2 = 3$,则 $a_5 =$ _____;

(2) 通项公式为 $a_n = (-1)^{n+1} 3 + n$ 的数列的第 8 项是 _____.

2. 根据数列 $\{a_n\}$ 的通项公式,写出它的第 5 项:

(1) $a_n = 2n$;　　　　(2) $a_n = 2(n-1)$;　　　　(3) $a_n = (-1)^n 2(n+1)$.

习题 6-1

1. 根据数列 $\{a_n\}$ 的通项公式,写出它的前 3 项:

(1) $a_n = -3n + 1$;　　　　(2) $a_n = \left(-\dfrac{1}{3}\right)^n$;　　　　(3) $a_n = n^2$.

2. 根据数列 $\{a_n\}$ 的通项公式,写出它的第 10 项:

(1) $a_n = \dfrac{1}{n^3}$;　　　　(2) $a_n = (-1)^{n+1} 2n$;　　　　(3) $a_n = -2n + 4$.

3. 写出下列数列的前 4 项:

(1) $a_1 = 1, a_{n+1} = 3a_n$;　　　　(2) $a_1 = 1, a_2 = 3, a_{n+2} = a_{n+1} + a_n$;

(3) $a_1 = 2, a_{n+1} = 1 + \dfrac{1}{a_n}$.

第二节 等 差 数 列

一、等差数列的概念

观察下列数列:

(1) 某班参加义务植树劳动,分为5个小组,从第1小组到第5小组植树的棵数恰好构成下面的一个数列:

$$21,24,27,30,33.$$

(2) 在过去的300多年里,人们分别在不同的时间观测到了哈雷彗星,将这些年份依次排列可以得到下面的数列:

$$1682,1758,1834,1910,1986.$$

(3) 2015年东营职业学院运动会女子举重项目共设置了7个级别,其中较轻的4个级别体重构成下面的一个数列(单位:kg):

$$47,51,55,59.$$

试分析上述3个数列有什么共同的特点?

观察数列 $21,24,27,30,33.$

这个数列有这样的特点:从第2项起,每一项与它前一项的差都等于3.

观察数列 $1682,1758,1834,1910,1986.$

这个数列有这样的特点:从第2项起,每一项与它前一项的差都等于76.

观察数列 $47,51,55,59.$

这个数列有这样的特点:从第2项起,每一项与它前一项的差都等于4.

上述数列的共同特点是:从第2项起,每一项与它前一项的差都等于同一个常数.

如果一个数列从它的第2项起,每一项与它前一项的差都等于同一个常数,那么这个数列就叫做**等差数列**,这个常数叫做等差数列的**公差**,通常用字母 d 来表示.

上述数列的公差分别是 $3,76,4.$

又如,数列 $2,4,6,8,\cdots,2n,\cdots$ 就是等差数列,它的公差 $d=2.$

特别地,数列 $3,3,3,3,\cdots$ 也是等差数列,它的公差 $d=0.$

公差为0的数列叫做**常数数列**.

二、等差数列的通项公式

如果一个数列 $a_1,a_2,a_3,\cdots,a_n,\cdots$ 是等差数列,它的公差是 d,那么

$$a_2=a_1+d,$$
$$a_3=a_2+d=(a_1+d)+d=a_1+2d,$$
$$a_4=a_3+d=(a_1+2d)+d=a_1+3d,$$
$$\cdots\cdots$$

由此可知,如果已知首项 a_1 和公差 d,则等差数列 $\{a_n\}$ 的通项公式可表示为

$$a_n = a_1 + (n-1)d.$$

注意 等差数列 $\{a_n\}$ 的通项公式给出了首项为 a_1、公差为 d、项的序号 n 以及第 n 项 a_n 这 4 个量之间的关系.只要知道了其中任意 3 个量,就可以求出另外一个量.

例1 求等差数列 $10,7,4,1,\cdots$ 的通项公式与第 10 项.

解 因为 $a_1 = 10, d = 7-10 = -3$,所以这个等差数列的通项公式为

$$a_n = 10 + (n-1) \times (-3),\ \text{即}\ a_n = 13 - 3n.$$

从而 $a_{10} = 13 - 3 \times 10 = -17$.

例2 等差数列 $1,4,7,10,\cdots$ 的第几项是 151?

解 设这个等差数列的第 n 项是 151.

由于 $d = 4-1 = 3$,因此由通项公式,得

$$151 = 1 + (n-1) \times 3,$$

解得 $n = 51$,即这个数列的第 51 项是 151.

例3 已知一个等差数列的第 4 项是 7,第 9 项是 22,求它的首项和公差.

解 根据通项公式,得

$$\begin{cases} a_1 + (4-1)d = 7, \\ a_1 + (9-1)d = 22, \end{cases}$$

解得

$$\begin{cases} a_1 = -2, \\ d = 3. \end{cases}$$

课堂练习1

1. 已知数列 $\{a_n\}$ 的第 1 项是 $\frac{1}{2}$,以后各项由公式 $a_n = a_{n-1} + 3$ 给出,$\{a_n\}$ 是等差数列吗?为什么?写出这个数列的前 5 项.

2. 写出等差数列 $\frac{1}{3}, 1, \frac{5}{3}, \frac{7}{3}, \cdots$ 的通项公式,并求此数列的第 9 项.

3. 在等差数列 $\{a_n\}$ 中,已知 $a_1 = 3, a_{10} = 21$,求公差 d.

三、等差数列的前 n 项和公式

著名的数学家高斯 10 岁时,他的小学老师出了一道题:"计算 $1+2+3+\cdots+99+100 = ?$"高斯几秒钟就将答案解出来了,他是这样解得:

设 $$S = 1 + 2 + 3 + \cdots + 99 + 100. \tag{1}$$

将上式右边各项的次序反过来,又可写成

$$S = 100 + 99 + \cdots + 1. \tag{2}$$

将式(1)和(2)的上下对应项相加,我们发现其和都等于101,所以将式(1)和(2)的两边分别相加得

$$2S = (1+100) \times 100, S = 5\,050.$$

一般地,等差数列$\{a_n\}$的前n项和通常记作S_n,即

$$S_n = a_1 + (a_1 + d) + (a_1 + 2d) + \cdots + [a_1 + (n-1)d]. \tag{3}$$

再把各项的次序反过来,S_n又可写成

$$S_n = a_n + (a_n - d) + (a_n - 2d) + \cdots + [a_n - (n-1)d]. \tag{4}$$

将式(3)和(4)的两边分别相加,得

$$2S_n = \underbrace{(a_1 + a_n) + (a_1 + a_n) + \cdots + (a_1 + a_n)}_{n\text{个}}$$

$$= n(a_1 + a_2),$$

由此可得等差数列$\{a_n\}$的前n项和公式

$$S_n = \frac{n(a_1 + a_n)}{2}. \tag{5}$$

因为$a_n = a_1 + (n-1)d$,所以式(5)又可写成

$$S_n = na_1 + \frac{n(n-1)}{2}d. \tag{6}$$

注意 在式(5)和(6)中,都涉及4个量之间的关系,只要知道其中任意3个,就可以求出第4个.

例4 求前1 000个正整数的和.

解 将正整数从小到大排列成一个等差数列,其首项为1,第1 000项为1 000,

$$S_{1\,000} = \frac{1\,000 \times (1+1\,000)}{2} = 500\,500.$$

例5 已知一个等差数列$\{a_n\}$的首项$a_1 = 2$,公差$d = 2$,求它的前30项和.

解 根据等差数列前n项和公式,得

$$S_{30} = 30 \times 2 + \frac{30 \times (30-1)}{2} \times 2 = 930.$$

例6 求等差数列$-4, -1, 2, 5, \cdots$的前多少项的和是150?

解 设这个等差数列的前n项和是150,由于$a_1 = -4, d = 5-2 = 3$,因此根据等差数列前n项和公式,得

$$n \times (-4) + \frac{n(n-1)}{2} \times 3 = 150,$$

化简得

$$3n^2 - 11n - 300 = 0.$$

解得

$$\begin{cases} n_1 = 12, \\ n_2 = -\dfrac{25}{3}(\text{舍去}). \end{cases}$$

因此等差数列的前 12 项的和是 150.

例7 已知一个等差数列的前10项和是310,前20项和是1 220,由此可以确定其前 n 项和的公式吗?

解 由 $S_{10} = 310, S_{20} = 120$,得

$$\begin{cases} 10a_1 + 45d = 310, \\ 20a_1 + 190d = 1\,220, \end{cases}$$

解得

$$\begin{cases} a_1 = 4, \\ d = 6. \end{cases}$$

所以

$$S_n = 4n + \frac{n(n-1)}{2} \times 6 = 3n^2 + n.$$

课堂练习 2

1. 求前 2 000 个正整数的和.
2. 根据下列条件,求等差数列 $\{a_n\}$ 的前 n 项和 S_n:
   (1) $a_1 = 3, a_n = 41, n = 20$;
   (2) $a_1 = 200, d = -3, n = 30$;
   (3) $a_1 = 12, d = -2, a_n = -10$.
3. 设等差数列 $\{a_n\}$ 的通项公式是 $a_n = 2n - 1$,求它的前 n 项和公式.

四、等差中项

在 a 与 b 两个数之间插入一个数 D,使得 a, D, b 成等差数列,即

$$D - a = b - D \Leftrightarrow D = \frac{a+b}{2} \Leftrightarrow D \text{ 是 } a \text{ 与 } b \text{ 的算术平均数}.$$

如果 a, D, b 这三个数成等差数列,那么 D 称为 a 与 b 的等差中项.

在一个等差数列 $\{a_n\}$ 中,任意连续的 3 项都是等差数列,因此中间项就是它的前一项与后一项的等差中项.

例8 已知 3 个数成等差数列,它们的和为 15,积为 105,求这 3 个数.

解 设这 3 个数分别为 $a-d,a,a+d$,则

$$\begin{cases} (a-d)+a+(a+d)=15, \\ (a-d)\times a\times(a+d)=105. \end{cases}$$

化简,得

$$\begin{cases} 3a=15, \\ a(a^2-d^2)=105. \end{cases}$$

解得

$$\begin{cases} a=5, \\ d=\pm 2. \end{cases}$$

因此所求的 3 个数为 3,5,7 或 7,5,3.

例 9 在 -1 与 7 两个数之间顺次插入 3 个数 a,b,c,使这 5 个数成等差数列,求此数列.

解 在等差数列 $-1,a,b,c,7$ 中,b 是 -1 与 7 的等差中项,所以

$$b=\frac{-1+7}{2}=3.$$

a 又是 -1 与 3 的等差中项,所以

$$a=\frac{-1+3}{2}=1.$$

c 又是 3 与 7 的等差中项,所以

$$c=\frac{3+7}{2}=5.$$

因此所求数列为 $-1,1,3,5,7$.

课堂练习 3

1. 求下列各组数的等差中项:

(1) 121 与 3;   (2) -5 与 41.

2. 在 3 和 17 两个数之间插入 1 个数,使这 3 个数成等差数列.

3. 如果直角三角形的 3 个内角度数成等差数列,求它的两个锐角.

习题 6-2

1. 求满足下列条件的等差数列的通项公式:

(1) $d=\dfrac{1}{2},a_9=10$;   (2) $a_1=2,a_6=17$.

2. 在等差数列 $\{a_n\}$ 中,已知 $a_{20}=20,d=-2$,求 a_{10}.

3. 在等差数列 $\{a_n\}$ 中,已知 $a_1=3,a_n=39,S_n=210$,求 n 与 d.

4. 在等差数列 $\{a_n\}$ 中，已知 $a_1=-1,d=4,a_n=119$，求 n 与 S_n.

5. -20 是不是等差数列 $0,-3\dfrac{1}{2},-7,\cdots$ 的项? 如果是,是第几项?

6. 求下列各组数的等差中项:

(1) 0 与 255;   (2) $(a+b)^2$ 与 $(a-b)^2$.

7. 已知三个数成等差数列,它们的和为 15,各数的平方和为 83,求这 3 个数.

8. 已知 3 个连续整数的和为 -75,求这 3 个数.

第三节　等　比　数　列

一、等比数列的概念

观察下列数列:

(1) 一辆汽车的售价为 10 万元,年折旧率约为 10%,那么,该车今后 5 年的价值构成下面的一个数列(单位:万元):

$$10\times0.9,10\times0.9^2,10\times0.9^3,10\times0.9^4,10\times0.9^5.$$

(2) 复利存款问题:如果月利率为 2%,那么将 2 000 元存入银行,从第 1 个月末到第 12 个月末的本利和构成下面的一个数列:

$$2\,000\times1.02,2\,000\times1.02^2,2\,000\times1.02^3,\cdots,2\,000\times1.02^{12}.$$

(3) 某工厂今年的产值是 2 000 万元,如果通过技术改造,在今后的 5 年内,每年都比上一年增加产值 10%,那么今后 5 年的产值构成下面的一个数列(单位:万元):

$$2\,000\times1.1,2\,000\times1.1^2,2\,000\times1.1^3,2\,000\times1.1^4,2\,000\times1.1^5.$$

试分析上述 3 个数列有什么共同的特点?

观察数列

$$10\times0.9,10\times0.9^2,10\times0.9^3,10\times0.9^4,10\times0.9^5.$$

这个数列有这样的特点:从第 2 项起,每一项与它前一项的比都等于 0.9.

观察数列

$$2\,000\times1.02,2\,000\times1.02^2,2\,000\times1.02^3,\cdots,2\,000\times1.02^{12}.$$

这个数列有这样的特点:从第 2 项起,每一项与它前一项的比都等于 1.02.

观察数列

$$2\,000\times1.1,2\,000\times1.1^2,2\,000\times1.1^3,2\,000\times1.1^4,2\,000\times1.1^5.$$

这个数列有这样的特点:从第 2 项起,每一项与它前一项的比都等于 1.1.

上述数列的共同特点是:从第 2 项起,每一项与它前一项的比都等于同一个常数.

如果一个数列从第 2 项起,每一项与它前一项的比都等于同一个常数,那么这个数列就叫做**等比数列**,这个常数叫做等比数列的**公比**,通常用字母 q 来表示.

上述数列的公比分别是 $0.9,1.02,1.1$.

注意 (1) 由于 0 不能做分母,因此如果 $\{a_n\}$ 是等比数列,那么它的任何一项都不等于 0,从而公比 $q\neq0$;

(2) 当 $q = 1$ 时，$\{a_n\}$ 为非零的常数数列.

二、等比数列的通项公式

因为在一个等比数列里，从第 2 项起，每一项与它前一项的比都等于公比，所以每一项都等于它的前一项乘公比.也就是说，如果等比数列 $a_1, a_2, a_3, a_4, \cdots$ 的公比是 q，那么

$$a_2 = a_1 q,$$
$$a_3 = a_2 q = (a_1 q)q = a_1 q^2,$$
$$a_4 = a_3 q = (a_1 q^2)q = a_1 q^3,$$
$$\cdots\cdots$$

由此可知，等比数列 $\{a_n\}$ 的通项公式是

$$a_n = a_1 q^{n-1}.$$

从等比数列的通项公式可以看出，它给出了 n, a_1, a_n, q 这 4 个量之间的关系，只要知道其中三个量，就可以求第四个量.

例 1 求等比数列 $1, 2, 4, 8, \cdots$ 的通项公式及它的第 7 项.

解 因为 $a_1 = 1, q = 2$，所以这个等比数列的通项公式是

$$a_n = 2^{n-1}.$$

因此 $$a_7 = 2^6 = 64.$$

例 2 在等比数列 $\{a_n\}$ 中，$a_1 = 1, q = \dfrac{1}{2}$.试问：第几项是 $\dfrac{1}{2\,048}$？

解 设这个等比数列的第 n 项是 1 024.根据通项公式，得

$$1 \times \frac{1}{2^{n-1}} = \frac{1}{2\,048}, \quad 即 \ 2^{n-1} = 2\,048.$$

解得 $n - 1 = 11$，因此 $n = 12$.

即这个等比数列的第 12 项是 $\dfrac{1}{2\,048}$.

例 3 求满足下列条件的等比数列的通项公式：
(1) $a_1 = -2, a_3 = -8$； (2) $a_1 = 5$，且 $2a_{n+1} = 3a_n$.

解 (1) 因为 $a_3 = a_1 q^2$，即 $-8 = -2q^2$，从而 $q = \pm 2$，所以

$$a_n = (-2) \times 2^{n-1} = -2^n \quad 或 \quad a_n = (-2) \times (-2)^{n-1} = (-2)^n.$$

(2) 因为 $q = \dfrac{a_{n+1}}{a_n} = \dfrac{3}{2}, a_1 = 5$，所以 $a_n = 5 \times \left(\dfrac{3}{2}\right)^{n-1}$.

课堂练习 1

1. 已知等比数列 $\{a_n\}$ 的首项是 9，公比是 $\dfrac{1}{3}$，写出它的通项公式，并求出其第 7 项.

2. 写出等比数列 $\frac{8}{3}, 4, 6, 9, \cdots$ 的通项公式,并求出其第 8 项.

3. 一个等比数列的第 2 项是 10,第 3 项是 15,求它的第 5 项.

三、等比数列的前 n 项和公式

根据等比数列 $\{a_n\}$ 的通项公式,等比数列 $\{a_n\}$ 的前 n 项和 S_n 可以写成

$$S_n = a_1 + a_1 q^2 + \cdots + a_1 q^{n-1}. \tag{1}$$

我们知道,把等比数列的任一项乘公比,就可得到它后面相邻的一项.现将式(1)的两边分别乘公比 q,得

$$qS_n = a_1 q + a_1 q^2 + a_1 q^{n-1} + a_1 q^n. \tag{2}$$

比较式(1)和(2),我们可以看到式(1)的右边第 2 项到最后一项,与式(2)的右边第 1 项到倒数第 2 项完全相同,于是将式(1)的两边分别减去式(2)的两边,可以消去相同的项,得

$$(1-q)S_n = a_1 - a_1 q^n.$$

所以,当 $q \neq 1$ 时,等比数列 $\{a_n\}$ 的前 n 项和公式为

$$S_n = \frac{a_1(1-q^n)}{1-q} \quad (q \neq 1). \tag{3}$$

因为 $a_1 q^n = (a_1 q^{n-1})q = a_n q$,所以等比数列 $\{a_n\}$ 的前 n 项和公式还可以写成

$$S_n = \frac{a_1 - a_n q}{1-q} \quad (q \neq 1). \tag{4}$$

如果等比数列 $\{a_n\}$ 的公比 $q=1$,那么这个等比数列是 $a_1, a_1, a_1, a_1, \cdots$ 从而它的前 n 项和 $S_n = na_1$.

注意 (1) 在式(3)和(4)中,都涉及 4 个量之间的关系,只要知道其中任意 3 个,就可求出第 4 个.

(2) 注意求和公式中是 q^n,通项公式中是 q^{n-1},不要混淆;

(3) 应用求和公式时注意 $q \neq 1$.

例 4 求等比数列 $1, 2, 4, 8, \cdots$ 的前 10 项和.

解 根据等比数列前 n 项和公式,得

$$S_{10} = \frac{1 \times (1-2^{10})}{1-2} = 1\ 023.$$

例 5 设数列 $\{a_n\}$ 的通项公式是 $a_n = 2^n, n \in \mathbf{N}^*$,求这个数列的前 n 项和.

解 因为 $q = \frac{a_{n+1}}{a_n} = \frac{2^{n+1}}{2^n} = 2, n \in \mathbf{N}^*$,所以 $\{a_n\}$ 是一个等比数列.

根据等比数列前 n 项和公式,得

$$S_n = \frac{2 \times (1-2^n)}{1-2} = 2^{n+1} - 2.$$

例6　已知一个等比数列 $\{a_n\}$ 的首项 $a_1 = \dfrac{9}{8}$，第 n 项 $a_n = \dfrac{1}{3}$，前 n 项和 $S_n = \dfrac{65}{24}$，求公比 q.

解　因为 $a_1 = \dfrac{9}{8}$，$a_n = \dfrac{1}{3}$，$S_n = \dfrac{65}{24}$，所以根据等比数列前 n 项和公式，得

$$\frac{\dfrac{9}{8} - \dfrac{1}{3}q}{1 - q} = \frac{65}{24},$$

解得

$$q = \frac{2}{3}.$$

课堂练习2

1. 已知等比数列 $\{a_n\}$ 的首项是 2，公比是 2，求其前 8 项和.
2. 求等比数列 $2,4,8,\cdots$ 第 2 项到第 8 项的和.
3. 已知一个等比数列的前 4 项和是 200，公比是 3，求它的第 4 项.
4. 已知等比数列 $\{a_n\}$ 的公比是 2，$S_4 = 15$，求 S_8.

四、等比中项

在 a 与 b 两个数之间插入一个数 G，使得 a,G,b 成等比数列，即

$$\frac{G}{a} = \frac{b}{G} \Leftrightarrow G^2 = ab \Leftrightarrow G = \pm\sqrt{ab}.$$

如果 a,G,b 这三个数成等比数列，那么 G 称为 a 与 b 的**等比中项**.

例7　求 -4 与 -7 的等比中项.

解　-4 与 -7 的等比中项为

$$G = \pm\sqrt{(-4) \times (-7)} = \pm 2\sqrt{7}.$$

例8　已知 3 个数成等比数列，它们的和为 14，积为 64，求这 3 个数.

解　设这 3 个数分别为 $\dfrac{a}{q}, a, aq$. 由已知条件，得

$$\begin{cases} \dfrac{a}{q} + a + aq = 14, \\ \dfrac{a}{q} \times a \times aq = 64. \end{cases}$$

由第二个方程，得 $a^3 = 64$，所以 $a = 4$. 代入第一个方程，得

$$4\left(\frac{1}{q} + 1 + q\right) = 14,$$

整理,得

$$2q^2 - 5q + 2 = 0.$$

解得

$$q = 2 \text{ 或 } q = \frac{1}{2},$$

从而所求的 3 个数为 2,4,8 或 8,4,2.

课堂练习 3

1. 求下列各组数的等比中项:

(1) 18 与 4;   (2) 20 与 2.

2. 已知 b 是 a 与 c 的等比中项,且 $abc = 27$,求 b.

习题 6-3

1. 已知数列 $\{a_n\}$ 的第 1 项是 $\frac{1}{3}$,以后各项由公式 $a_n = \frac{3}{2}a_{n-1}$ 给出,$\{a_n\}$ 是等比数列吗?为什么? 写出这个数列的前 5 项.

2. 一个等比数列的第 8 项是 $\frac{1}{64}$,公比是 $\frac{1}{2}$,求它的第 4 项.

3. 在等比数列 $\{a_n\}$ 中,已知 $a_5 = \frac{5}{16}$,$q = \frac{1}{2}$,求 a_3.

4. 已知等比数列 $\{a_n\}$ 的首项 $a_1 = -2$,公比 $q = \frac{2}{3}$,试问:它的第几项是 $-\frac{512}{6\,561}$?

5. 在等比数列 $\{a_n\}$ 中,已知 $a_5 = \frac{3}{4}$,$q = \frac{1}{2}$,求 S_7;

6. 已知等比数列 $\{a_n\}$ 前 3 项和是 $\frac{9}{2}$,前 6 项和是 $\frac{14}{3}$,求首项 a_1 与公比 q.

7. 求下列各组数的等比中项:

(1) 10 与 40;   (2) $a+b$ 与 $a-b$.

*第四节　数列的实际应用举例

在科学研究和工农业生产中,经常会碰到等差数列和等比数列.等差数列和等比数列的通项公式,前 n 项和公式在计数中起着重要的作用.

例 1 某工地堆放了一堆钢管,共堆了 7 层,最上面的一层有 4 根,最下面的一层有 10 根,每层相差 1 根,求这堆钢管的数量.

解 每层堆放的钢管数构成等差数列 $\{a_n\}$,其中

$$a_1 = 4, a_7 = 10, n = 7,$$

所以

$$S_7 = \frac{(4+10)\times 7}{2} = 49.$$

例2 某企业 2010 年的生产利润为 3 万元,计划采用一项新技术,使今后 5 年的生产利润每年比上一年增长 10%,如果这一计划得以实现,那么该企业 2010—2015 年的总利润是多少万元(结果保留到小数点后两位)?

解 由于该企业计划在今后 5 年使生产利润每年比上一年增长 10%,因此 2010—2015 年每年的生产利润构成的数列为

$$3, 3\times 1.1, 3\times 1.1^2, 3\times 1.1^3, 3\times 1.1^4, 3\times 1.1^5.$$

这是一个等比数列,首项为 3,公比为 1.1,从而该企业 2010 到 2015 年的总利润是等比数列的前 6 项和,即

$$S_6 = \frac{3\times(1-1.1^6)}{1-1.1} = \frac{3\times(1.1^6-1)}{0.1} \approx 23.15,$$

即总利润为 23.15 万元.

课堂练习1

1. 安装在一根公共轴上的 5 个皮带轮的直径构成等差数列,且最大和最小的皮带轮的直径分别是 210 mm 与 114 mm,求中间 3 个皮带轮的直径.

2. 某林场计划第 1 年造林 60 公顷,以后每一年比前一年多造林 20%,第 5 年造林多少公顷?

3. 某工厂打算逐年加大技术改革的资金投资,从当年起,第一年投入 30 万元,以后每年比上一年增加投入 6 万元,问 10 年共投入多少万元?

习题 6-4

1. 一个阶梯形教室,共有 12 排座位,从第二排起,每一排比前一排少 2 个座位,最后一排有 26 个座位.试问:这个教室有多少个座位?

2. 在通常情况下,从地面 10 km 的高空,高度每增加 1 km,气温就下降一固定值,如果 1 km 高度的气温是 7.5 ℃,5 km 高度的气温是 −16.5 ℃,求 2 km 和 6 km 高度的气温.

3. 某城市现有人口总数为 100 万,如果人口的年自然增长率控制在 2%,试问:10 年后该市的人口总数将达到多少?(结果保留到小数点后两位)

4. 某工厂 2009 年生产一种商品 5 万台.如果年产量以 9% 的速度增长,那么从 2009 年起到 2012 年共生产多少万台?(结果保留到小数点后两位)

复习题六

1. 填空题.

(1) 数列 $1, 3, 5, 7, \cdots$ 的通项公式为 _____ ,数列 $\dfrac{2^2-1}{2}, \dfrac{3^2-1}{3}, \dfrac{4^2-1}{4}, \cdots$ 的通项公式为 _____ .

(2) 已知数列 $\{a_n\}$ 是等差数列,若 $d = -\dfrac{1}{3}$,$a_7 = 8$,则 $a_1 = $ _____ ;

(3) 已知数列 $\{a_n\}$ 是等比数列，若 $a_2=5$，$a_4=25$，则公比 $q=$ _____；

(4) 若 $4,x,9$ 成等比数列，则 $x=$ _____；若 $7,y,15$ 成等差数列，则 $y=$ _____；

(5) 若 $\triangle ABC$ 的三个内角 A,B,C 成等差数列，则 $B=$ _____．

2. 选择题．

(1) 在等比数列中，已知首项为 $\dfrac{9}{8}$，末项为 $\dfrac{1}{3}$，公比为 $\dfrac{2}{3}$，则项数为( )．

  A. 3   B. 4   C. 5   D. 6

(2) 数列 $1,-1,1,-1,\cdots$ 的通项公式为( )．

  A. $(-1)^{n-2}$ B. $(-1)^{n+1}$ C. $(-1)^n$ D. $(-1)^{n+2}$

(3) 所有两位自然数的和为( )．

  A. 4 905   B. 5 905   C. 4 900   D. 4 950

(4) 如果两个数的等差中项为 6，等比中项为 10，则以这两个数为根的一元二次方程为( )．

  A. $x^2-12x+10=0$ B. $x^2-12x+100=0$

  C. $x^2+6x+10=0$ D. $x^2-6x+100=0$

3. 写出下列数列的一个通项公式，使它的前 4 项分别是下列各数：

(1) $2,4,6,8$；   (2) $2,2,2,2$；

(3) $\dfrac{1}{1\times2},\dfrac{1}{2\times3},\dfrac{1}{3\times4},\dfrac{1}{4\times5}$；   (4) $1-\dfrac{1}{2},\dfrac{1}{2}-\dfrac{1}{3},\dfrac{1}{3}-\dfrac{1}{4},\dfrac{1}{4}-\dfrac{1}{5}$．

4. 写出下列数列的第 5 项：

(1) $a_1=1,a_2=3,a_{n+2}=a_{n+1}+2a_n$；

(2) $a_1=1,a_2=2,a_{n+2}=\dfrac{1}{a_{n+1}}+\dfrac{1}{a_n+1}$．

5. (1) 设等差数列 $\{a_n\}$ 的通项公式是 $a_n=2n-1$，求它的前 n 项和公式；

(2) 在等差数列 $\{a_n\}$ 中，已知 $a_2=3$，$a_5=9$，求 a_{30}．

6. 在等比数列 $\{a_n\}$ 中，

(1) 已知 $a_2=8$，$a_5=27$，求 a_4；

(2) 已知 $a_1=1$，$q=\dfrac{1}{2}$，$a_n=\dfrac{1}{32}$，求 S_n；

(3) 已知 $a_1=3$，$a_6=96$，求 S_6．

7. 在正整数集合中有多少个 3 位数？求它们的和．

8. 数列 $\{a_n\}$ 的通项公式是 $a_n=5n-3$，$n\in\mathbf{N}^*$，试问：$\{a_n\}$ 是不是等差数列？如果是，它的首项与公差各是多少？

9. 已知 a,b,c 3 个数成等差数列，求证：$\lg a,\lg b,\lg c$ 成等差数列．$(a>0,b>0,c>0)$

10. 某种细菌在培养的过程中，每 0.4 h 分裂一次(1 个分裂为 2 个)，经过 4 h，1 个细菌可繁殖多少个？

11. 已知一个多边形的各内角的度数成等差数列，且它的最小的内角是 $90°$，最大的内角是 $130°$，求这个多边形的边数(提示：n 边形的内角和公式是 $(n-2)\times$

$180°$, $n \geqslant 3$).

12. 某县 2010 年的生产总值为 10 亿元,如果该县的年增长率为 9%,那么该县 2011—2015 年的生产总值的总和是多少(结果保留到小数点后 3 位)?

13. 抽气机的活塞每运动一次,就从容器里抽出 $\dfrac{1}{7}$ 的空气,因此使容器里空气的压强降低为原来的 $\dfrac{6}{7}$. 已知最初容器里的压强是 720 毫米汞柱,求活塞运动 5 次后,容器里空气的压强(结果保留到小数点后 2 位).

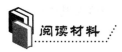

斐波那契数与递推关系

斐波那契(Leonardo Fibonalli,1770—1240)是意大利 13 世纪的数学家,他出生在比萨.

斐波那契的父亲是北非阿尔及利亚的一个海关征税员,他虽然是一个基督教徒,但是为了生意的需要,他请了一位回教徒教师来教斐波那契,特别学习当时比罗马记数法还先进的"印度-阿拉伯数字记数法"以及东方的乘除计算法,因此斐波那契小时候就接触了东方的数学.

斐波那契长大后也成了一个商人,为了做生意,他走遍了埃及、西西里、希腊和叙利亚,也学会了阿拉伯文,并且对东方数学颇感兴趣.1202 年他写了一本名叫《计算文书》的数学书,书中介绍了"印度-阿拉伯记数法",还有一些代数问题和几何问题.

书中有一个"兔子的问题".有个人把一对小兔子(一雄一雌)放在农场里,假设每个月一对成年兔子(一雄一雌)生下另一对小兔子(一雄一雌),而这新的一对兔子在两个月后就生下另一对(一雄一雌)兔子,年底这个农场有多少对兔子?

这本来是一个算数问题,但是却不能用普通的算数公式算出来.我们不妨用符号 A 表示一对成年的兔子,B 表示一对新出生的兔子.

如果知道这个月的繁殖情况,根据下表中的规律很容易得到下个月的繁殖情况,只需把这个月的 A 改写成 B,而这个月的 B 改写成 A(表示新生小兔子已成长为成年兔子).你可以自己试试填写下来.

月份	1	2	3	4	5	6	7	8	9	10	11	12
兔数/对	1	1	2	3	5	8	13	21	34	55	89	144

因此年底这个农场应该有 144 对兔子.

数学家后来就把数列 1,1,2,3,5,8,13,21,34,55,89,144 称为斐波那契数列,以纪念这个最先得到这个数列的数学家,而且用 F_n 来表示这个数列的第 n 项.

这个数列有这样的性质:在 1 之后的每一项是前面两项的和,即 $F_1 = 1$,$F_2 = 1$,$F_n = F_{n-2} + F_{n-1}$($n > 2$).

在数学上 $F_n = F_{n-2} + F_{n-1}$($n > 2$)称为斐波那契数列的递推公式,$F_1 = 1$,$F_2 = 1$ 叫做初始条件.理论上,如果知道一个数列的递推公式和初始条件,那么可以求出这个数列的任何一项.如等差数列的递推公式 $a_n = a_{n-1} + d$,等比数列的递推公式 $a_n = a_{n-1} \cdot q$.

第七章 极 限

极限是高等数学中一个重要的基本概念,它是学习微积分的基础知识,有着非常广泛的应用.本章将在复习和加深函数有关知识的基础上,讨论函数的极限、函数的连续性及其运算.

第一节 初 等 函 数

一、复合函数

设有质量为 m 的物体,把它以初速度 v_0 竖直上抛,求它的动能 E 和时间 t 的关系式.由物理学知识知,动能 E 是速度 v 的函数,$E=f(v)=\dfrac{1}{2}mv^2$.但速度 v 又是时间 t 的函数,如果不计空气的阻力,则有 $v=\phi(t)=v_0-gt$,其中 g 是重力加速度,因此 $E=\dfrac{1}{2}m(v_0-gt)^2$.于是动能 E 通过 v 而成为时间 t 的函数,我们就称 E 为一个复合函数,记作

$$E=f[\phi(t)]=\frac{1}{2}m[\phi(t)]^2=\frac{1}{2}m(v_0-gt)^2.$$

这里 $f[\phi(t)]$ 表示复合函数,f 为外层函数,ϕ 为内层函数,内层函数 ϕ 表示首先要做的运算,而外层函数 f 表示其次要做的运算.一般地,有如下定义:

定义 1 如果 y 是 u 的函数 $y=f(u)$,而 u 又是 x 的函数 $u=g(x)$,当函数 $u=g(x)$ 的值域全部或部分包含在函数 $y=f(u)$ 的定义域内时,通过 u 可将 y 表示为 x 的函数,即

$$y=f[g(x)],$$

那么 y 就称为 x 的**复合函数**,其中 u 称为中间变量.

但要注意,复合过程是有条件的:函数 $u=g(x)$ 的值域必须全部或部分在函数 $y=f(u)$ 的定义域内,否则复合函数将失去意义.

例 1 指出下列各函数的复合过程:

(1) $y=\sqrt{\sin x}$;   (2) $y=\cos^2 x$;   (3) $y=\sin(\mathrm{e}^x)$.

解 (1) $y=\sqrt{\sin x}$ 是由 $y=\sqrt{u}$ 与 $u=\sin x$ 复合而成的.

(2) $y=\cos^2 x$ 是由 $y=u^2$ 与 $u=\cos x$ 复合而成的.

(3) $y=\sin \mathrm{e}^x$ 是由 $y=\sin u$ 与 $u=\mathrm{e}^x$ 复合而成的.

例 2 设 $f(t)=\dfrac{1}{t+1}$，$\phi(t)=1-t^2$，求 $f[\phi(t)]$ 和 $\phi[f(t)]$.

解 $f[\phi(t)]=\dfrac{1}{\phi(t)+1}=\dfrac{1}{1-t^2+1}=\dfrac{1}{2-t^2}$，

$\phi[f(t)]=1-[f(t)]^2=1-\left(\dfrac{1}{t+1}\right)^2=\dfrac{t^2+2t}{(t+1)^2}$.

利用复合函数的概念，可以把一些较复杂的函数分解成几个简单的函数，以便于对函数进行研究和计算.函数的复合可推广到两个以上函数的复合.例如，函数 $y=\sqrt{\sin(2x+1)}$ 可看成是由函数 $y=\sqrt{u}$，$u=\sin v$，$v=2x+1$ 复合而成的.

课堂练习 1

1. 指出下列函数的复合过程：

(1) $y=\sqrt{\cos x}$；　　　　(2) $y=\sin^2 x$；　　　　(3) $y=\cos(e^x)$.

2. 求由下列所给函数复合而成的复合函数：

(1) $y=u^2$，$u=\sin x$；　　　　　　　(2) $y=\sin u$，$u=2x$；

(3) $y=3^u$，$u=x^2$；　　　　　　　　(4) $y=u^2$，$u=5^{-x}$.

二、初等函数

例 3 试指出下列函数中，哪些是基本初等函数？哪些是由基本初等函数与常数的四则运算所构成？哪些是复合函数？

$y=ax+b$，$y=x^3$，$y=\cos x$，$y=a^{\sin x}$，$y=e^x+1$，$y=\lg(\ln x)$，$y=\cos x^2$.

解 下列函数中，

是基本初等函数的为：$y=x^3$，$y=\cos x$.

由基本初等函数与常数的四则运算所构成的为：$y=ax+b$，$y=e^x+1$.

是复合函数的为：$y=a^{\sin x}$，$y=\lg(\ln x)$，$y=\cos x^2$.其中 $y=a^{\sin x}$ 可看成由 $y=a^u$，$u=\sin x$ 复合而成；$y=\lg(\ln x)$ 可看成由 $y=\lg u$，$u=\ln x$ 复合而成；$y=\cos x^2$ 可看成由 $y=\cos u$，$u=x^2$ 复合而成.

定义 2 由基本初等函数和常数经过有限次的四则运算和有限次的复合步骤所构成的并能用一个式子表示的函数，称为**初等函数**.例 3 所列的函数都是初等函数.

课堂练习 2

指出下列函数是由哪些基本初等函数通过怎样的运算得到：

(1) $y=\sin^2 x+\ln x$；　　　　　　　(2) $y=\dfrac{e^x \sin x}{\ln x}$.

习题 7-1

1. 指出下列复合函数的复合过程：

(1) $y=e^{\sqrt{x}}$；　　　　　　　　　(2) $y=(2x+3)^5$；

(3) $y = \sin 2x$; (4) $y = \ln(3 - x)$.

2. 设 $f(x) = \dfrac{1}{1-x}(x \neq 0, x \neq 1)$，求 $f[f(x)]$ 及 $f\{f[f(x)]\}$.

第二节 数列的极限

考察数列 $\dfrac{1}{2}, \dfrac{1}{2^2}, \dfrac{1}{2^3}, \cdots, \dfrac{1}{2^n}, \cdots$.　　　　　　　　　　　　　(1)

数列(1)中的项随 n 的增大而减少，但大于 0，并且当 n 无限增大时，相应的项 $\dfrac{1}{2^n}$ 可以无限地趋近于常数 0.

考察数列 $\dfrac{1}{2}, \dfrac{2}{3}, \dfrac{3}{4}, \cdots, \dfrac{n}{n+1}, \cdots$.　　　　　　　　　　　　　(2)

数列(2)中的项随 n 的增大而增大，但小于 1，并且当 n 无限增大时，相应的项 $\dfrac{n}{n+1}$ 可以无限地趋近于常数 1.

考察数列 $-1, \dfrac{1}{2}, -\dfrac{1}{3}, \cdots, \dfrac{(-1)^n}{n}, \cdots$.　　　　　　　　　　　(3)

数列(3)中的项是正负交错地排列的，并且随 n 的增大其绝对值减小，当 n 无限增大时，相应的项 $\dfrac{(-1)^n}{n}$ 可以无限地趋近于常数 0.

上述三个数列都具有这样的特性：随着项数 n 的无限增大，数列的项 a_n 无限地趋近于某个常数 a(即 $|a_n - a|$ 无限地接近于 0).

定义　如果当项数 n 无限增大时(记为 $n \to \infty$)，数列 $\{x_n\}$ 的项 x_n 无限接近于一个确定的常数 A，那么 A 叫做**数列** $\{x_n\}$ **的极限**，记作

$$\lim_{n \to \infty} x_n = A(\text{或当 } n \to \infty \text{ 时}, x_n \to A).$$

如果不存在这样的常数 A，就说数列 $\{x_n\}$ 没有极限，习惯上说 $\lim\limits_{n \to \infty} x_n$ 不存在.

因此，数列(1)的极限是 0，记作 $\lim\limits_{n \to \infty} \dfrac{1}{2^n} = 0$；数列(2)的极限是 1，记作 $\lim\limits_{n \to \infty} \dfrac{n}{n+1} = 1$；数列(3)的极限是 0，记作 $\lim\limits_{n \to \infty} \dfrac{(-1)^n}{n} = 0$.

注意　并不是任何数列都有极限，有些数列就没有极限. 例如，数列 $x_n = 2^n$，当 n 无限增大时，它不能无限接近于一个确定的常数，所以数列 $x_n = 2^n$ 没有极限. 又如，数列 $x_n = (-1)^{n+1}$，当 n 无限增大时，x_n 在 1 和 -1 这两个数上来回跳动，而不能无限接近一个确定的常数，所以数列 $x_n = (-1)^{n+1}$ 没有极限.

例　考察下列数列的变化趋势，写出它们的极限：

(1) $x_n = \dfrac{1}{n^2}$; (2) $x_n = 2 - \dfrac{1}{3^n}$; (3) $x_n = -5$.

解 列表考察这三个数列的前几项及当 $n \to \infty$ 时它们的变化趋势.

表 7-1

n	1	2	3	4	5	...	$\to \infty$
$\dfrac{1}{n^2}$	1	$\dfrac{1}{4}$	$\dfrac{1}{9}$	$\dfrac{1}{16}$	$\dfrac{1}{25}$	...	$\to 0$
$2 - \dfrac{1}{3^n}$	$2 - \dfrac{1}{3}$	$2 - \dfrac{1}{9}$	$2 - \dfrac{1}{27}$	$2 - \dfrac{1}{81}$	$2 - \dfrac{1}{243}$	...	$\to 2$
-5	-5	-5	-5	-5	-5	...	$\to -5$

由上表中各数列的变化趋势,可知

(1) $\lim\limits_{n \to \infty} \dfrac{1}{n^2} = 0$;   (2) $\lim\limits_{n \to \infty} \left(2 - \dfrac{1}{3^n}\right) = 2$;   (3) $\lim\limits_{n \to \infty}(-5) = -5$.

一般地,可得出以下几个结论:

(1) $\lim\limits_{n \to \infty} q^n = 0 \,(|q| < 1)$;

(2) $\lim\limits_{n \to \infty} \dfrac{1}{n^\alpha} = 0 \,(\alpha$ 为大于 0 的实数$)$;

(3) $\lim\limits_{n \to \infty} C = C \,(C$ 为常数$)$.

课堂练习1

考察下面的数列,它们的极限分别是什么?

(1) $\dfrac{1}{2}, \dfrac{1}{4}, \dfrac{1}{8}, \cdots, \dfrac{1}{2^n}, \cdots$;   (2) $2, \dfrac{3}{2}, \dfrac{4}{3}, \cdots, \dfrac{n+1}{n}, \cdots$;

(3) $6.1, 6.01, 6.001, \cdots, 6 + \dfrac{1}{10^n}, \cdots$;   (4) $-\dfrac{1}{4}, \dfrac{2}{9}, -\dfrac{3}{16}, \cdots, \dfrac{(-1)^n n}{(n+1)^2}, \cdots$.

习题 7-2

观察下列数列的变化趋势,如果它们有极限,写出它们的极限值:

(1) $x_n = 1 - \left(-\dfrac{2}{3}\right)^n$;   (2) $x_n = \dfrac{3n+1}{4n-2}$;

(3) $x_n = (-1)^n n$;   (4) $x_n = (-1)^n$;

(5) $x_n = \overbrace{0.333\cdots3}^{n \uparrow}$;   (6) $x_n = \dfrac{n+1}{n^2}$;

(7) $x_n = 3 - \dfrac{1}{n}$;   (8) $x_n = \dfrac{n^2+1}{n}$.

第三节 函数的极限

前面我们讨论了数列的极限,数列 $\{x_n\}$ 的项 x_n 可以看作是 n 的函数,即 $x_n = f(n)$,这

里 $n \in \mathbf{N}^*$.对于一般的函数 $f(x)$,自变量 x 的取值并不一定是正整数.本小节中,我们讨论一般函数的极限.

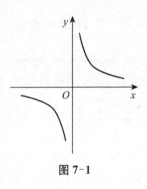

图 7-1

一、当 $x \to \infty$ 时,函数 $f(x)$ 的极限

我们讨论当 x 无限增大时,函数 $y = \dfrac{1}{x}$ 的变化趋势.为此,列出下表 7-2,并画出函数 $y = \dfrac{1}{x}$ 的图像(图 7-1).

表 7-2

x	1	10	100	1 000	10 000	10 000	…
y	1	0.1	0.01	0.001	0.000 1	0.000 01	…

从表 7-2 和图像 7-1 可以看出,当自变量 x 取正值并且无限增大时(即 x 趋向于正无穷大时),函数 $y = \dfrac{1}{x}$ 的值无限趋近于 0,即 $|y - 0|$ 可以变得任意小.

例如,当 $x > 1\ 000$ 时,$|y - 0| < 0.001$;当 $x > 100\ 000$ 时,$|y - 0| < 0.000\ 01$.

根据上述变化趋势,当 x 趋向于正无穷大时,函数 $y = \dfrac{1}{x}$ 的极限是 0,记作 $\lim\limits_{x \to +\infty} \dfrac{1}{x} = 0$.

表 7-3

x	-1	-10	-100	$-1\ 000$	$-10\ 000$	$-100\ 000$	…
y	-1	-0.1	-0.01	-0.001	$-0.000\ 1$	$-0.000\ 01$	…

同样地,从表 7-3 和图 7-1 可以看出,当自变量 x 取负值并且它的绝对值无限增大(即 x 趋向于负无穷大)时,函数 $y = \dfrac{1}{x}$ 的值也无限趋近于 0,即 $|y - 0|$ 可以变得任意小.

例如,当 $x < -1\ 000$ 时,$|y - 0| < 0.001$;当 $x < -100\ 000$ 时,$|y - 0| < 0.000\ 01$.

于是我们说,当 x 趋向于负无穷大时,函数 $y = \dfrac{1}{x}$ 的极限是 0,记作 $\lim\limits_{x \to -\infty} \dfrac{1}{x} = 0$.

定义 1 一般地,当自变量 x 取正值并且无限增大时,如果函数 $f(x)$ 无限趋近于一个常数 α,就说当 x 趋向于正无穷大时,函数 $f(x)$ 的极限是 α,记作

$$\lim_{x \to +\infty} f(x) = \alpha \text{ 或当 } x \to +\infty \text{ 时},f(x) \to \alpha.$$

定义 2 一般地,当自变量 x 取负值并且它的绝对值无限增大时,如果函数 $f(x)$ 无限趋近于一个常数 α,就说当 x 趋向于负无穷大时,函数 $f(x)$ 的极限是 α,记作

$$\lim_{x \to -\infty} f(x) = \alpha \text{ 或当 } x \to -\infty \text{ 时},f(x) \to \alpha.$$

定义 3 一般地,如果 $\lim\limits_{x \to +\infty} f(x) = \alpha$ 且 $\lim\limits_{x \to -\infty} f(x) = \alpha$,那么就说当 x 趋向于无穷大时,函数 $f(x)$ 的极限是 α,记作

$$\lim_{x \to \infty} f(x) = \alpha \text{ 或当 } x \to \infty \text{ 时}, f(x) \to \alpha.$$

对于常数函数 $f(x) = C(x \in \mathrm{R})$, $\lim\limits_{x \to \infty} f(x) = C$.

例1 分别就自变量 x 趋向于 $+\infty$ 和 $-\infty$ 的情况,讨论下列函数的变化趋势:

(1) $y = \left(\dfrac{1}{2}\right)^x$; (2) $y = 2^x$; (3) $f(x) = \begin{cases} 1, & x > 0, \\ 0, & x = 0, \\ -1, & x < 0. \end{cases}$

解 (1) 当 $x \to +\infty$ 时, $y = \left(\dfrac{1}{2}\right)^x$ 无限趋近于 0,即 $\lim\limits_{x \to +\infty} \left(\dfrac{1}{2}\right)^x = 0$;当 $x \to -\infty$ 时, $y = \left(\dfrac{1}{2}\right)^x$ 趋向于 $+\infty$(图 7-2).

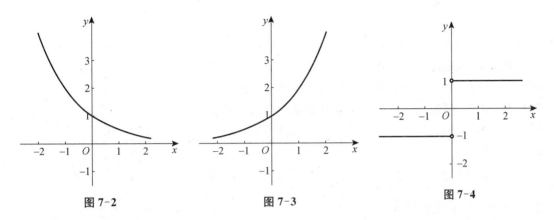

图 7-2 图 7-3 图 7-4

(2) 当 $x \to +\infty$ 时, $y = 2^x$ 趋向于 $+\infty$;当 $x \to -\infty$ 时, $y = 2^x$ 无限趋近于 0,即 $\lim\limits_{x \to -\infty} 2^x = 0$(图 7-3).

(3) 当 $x \to +\infty$ 时, $f(x) = \begin{cases} 1, & x > 0, \\ 0, & x = 0, \\ -1, & x < 0 \end{cases}$ 的值始终为 1,即 $\lim\limits_{x \to +\infty} f(x) = 1$;当 $x \to -\infty$

时, $f(x) = \begin{cases} 1, & x > 0, \\ 0, & x = 0, \\ -1, & x < 0 \end{cases}$ 的值始终为 -1,即 $\lim\limits_{x \to -\infty} f(x) = -1$(图 7-4).

课堂练习 1

对于函数 $y = x^{-3}$,填写下表并画出函数的图像,观察当 $x \to \infty$ 时,函数 $y = x^{-3}$ 的变化趋势.

x	± 1	± 2	± 3	± 10	$\pm 10^2$	$\pm 10^3$	$\cdots$
y							
$|y - 0|$							

二、当 $x \to x_0$ 时,函数 $f(x)$ 的极限

我们讨论当 x 无限趋近于 2 时,函数 $y = x^2$ 的变化趋势.为此列出表 7-4,并画出函数 $y = x^2$ 的图像(图 7-5).

表 7-4

x	1.5	1.9	1.99	1.999	1.999 9	1.999 99	⋯
$y = x^2$	2.25	3.61	3.96	3.996	3.999 6	3.999 96	⋯
$|y - 4|$	1.75	0.39	0.04	0.004	0.000 4	0.000 04	⋯
x	2.5	2.1	2.01	2.001	2.000 1	2.000 01	⋯
$y = x^2$	6.25	4.41	4.04	4.004	4.000 4	4.000 04	⋯
$|y - 4|$	2.25	0.41	0.04	0.004	0.000 4	0.000 04	⋯

从表 7-4 和图 7-5 可以看出,当自变量 x 从 x 轴上这点的左边(这时 $x < 2$),或者从这点的右边(这时 $x > 2$)无限趋近于 2 时,函数 $y = x^2$ 的值都无限趋近于 4.于是我们说,当 x 无限趋近于 2 时,函数 $y = x^2$ 的极限是 4,记 $\lim\limits_{x \to 2} x^2 = 4$.

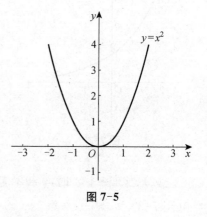

图 7-5

我们再来讨论当 x 无限趋近于 1(但不等于 1)时,函数 $y = \dfrac{x^2 - 1}{x - 1}$ 的变化趋势.

函数 $y = \dfrac{x^2 - 1}{x - 1}$ 的定义域不包括 $x = 1$,即 $y = \dfrac{x^2 - 1}{x - 1}$ 在 $x = 1$ 处无定义,但 x 可以从 x 轴上点 $x = 1$ 的左、右两边无限趋近于 1,列表如下:

表 7-5

x	1.01	1.001	1.000 1	1.000 01	1.000 001	1.000 000 1	⋯
$y = \dfrac{x^2 - 1}{x - 1}$	2.01	2.001	2.000 1	2.000 01	2.000 001	2.000 000 1	⋯
$|y - 2|$	0.01	0.001	0.000 1	0.000 01	0.000 001	0.000 000 1	⋯
x	0.99	0.999	0.999 9	0.999 99	0.999 999	0.999 999 9	⋯
$y = \dfrac{x^2 - 1}{x - 1}$	1.99	1.999	1.999 9	1.999 99	1.999 999	1.999 999 9	⋯
$|y - 2|$	0.01	0.001	0.000 1	0.000 01	0.000 001	0.000 000 1	⋯

因为 $y = \dfrac{x^2 - 1}{x - 1}$ 即 $y = x + 1 (x \in \{x \mid x \neq 1\})$,所以当 x 无限趋近于 1(但不等于 1)时,y 的

值无限趋近于 2(图 7-6).于是我们说,当 x 无限趋近于 1(但不等于 1)时,函数 $y = \dfrac{x^2-1}{x-1}$ 的极限是 2,记作 $\lim\limits_{x \to 1} \dfrac{x^2-1}{x-1} = 2$.

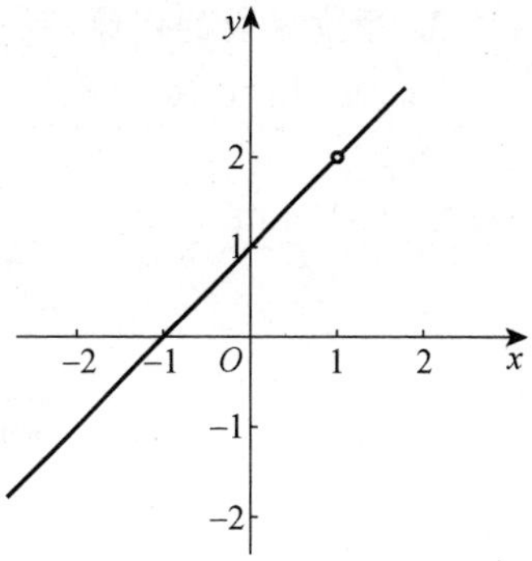

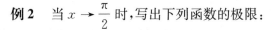

定义 4 设函数 $f(x)$ 在 $(x_0-\delta, x_0) \bigcup (x_0, x_0+\delta)$ 上有定义,其中 $\delta > 0$,当自变量 x 无限趋近于 x_0(但 x 不等于 x_0)时,如果函数 $f(x)$ 无限趋近于一个常数 a,那么 a 叫做函数 $f(x)$ 在点 $x = x_0$ **处的极限**,记作

$$\lim\limits_{x \to x_0} f(x) = a \ \text{或当} \ x \to x_0 \ \text{时}, f(x) \to a.$$

图 7-6

例 2 当 $x \to \dfrac{\pi}{2}$ 时,写出下列函数的极限:

(1) $y = \sin x$;   (2) $y = x$;   (3) $y = 5$.

解 (1) $\lim\limits_{x \to \frac{\pi}{2}} \sin x = 1$;

(2) $\lim\limits_{x \to \frac{\pi}{2}} x = \dfrac{\pi}{2}$;

(3) 因为 $y = 5$ 是常数函数,函数值始终等于常数 5,所以由函数极限的定义,容易得出 $\lim\limits_{x \to \frac{\pi}{2}} 5 = 5$.

一般地,设 C 为常数,则 $\lim\limits_{x \to x_0} C = C$.

课堂练习 2

对于函数 $y = 2x + 1$,填写下表并画出函数的图像,观察当 $x \to 1$ 时,函数 $y = 2x + 1$ 的变化趋势.

x	0.5	0.9	0.99	0.999	0.999 9	0.999 99	$\cdots$
y							
$\lvert y-3 \rvert$							
x	1.5	1.1	1.01	1.001	1.000 1	1.000 01	$\cdots$
y							
$\lvert y-3 \rvert$							

习题 7-3

1. 求下列极限:

(1) $\lim\limits_{x \to +\infty} \left(\dfrac{1}{3} \right)^x$;   (2) $\lim\limits_{x \to -\infty} 10^x$;   (3) $\lim\limits_{x \to \infty} \dfrac{2}{x}$.

2. 求下列极限:

(1) $\lim\limits_{x \to 5} x$;   (2) $\lim\limits_{x \to -1} x^2$;   (3) $\lim\limits_{x \to 0} \cos x$.

3. 根据函数的图像,写出它们的极限值:

(1) $\lim\limits_{x \to x_0} C$($C$ 为常数);

(2) $\lim\limits_{x \to 2}(x^2 + 5)$;

(3) $\lim\limits_{x \to -\infty} e^x$;

(4) $\lim\limits_{x \to \infty} \dfrac{1}{x^2}$.

第四节　无穷小量与无穷大量

一、无穷小量

在实际问题中,经常会遇到极限为 0 的变量.例如,抽掉容器中的空气,那么容器中的空气含量将随着时间的增加而越来越少并趋近于 0.对于这种以 0 为极限的变量,有下面的定义:

定义 1　如果当 $x \to x_0$ 时,函数 $f(x)$ 的极限为 0,那么函数 $f(x)$ 称为当 $x \to x_0$ 时的**无穷小量**,简称**无穷小**.

例如,因为 $\lim\limits_{x \to 1}(x - 1) = 0$,所以函数 $f(x) = x - 1$ 是当 $x \to 1$ 时的无穷小.

上述定义也适用于 $x \to -\infty, x \to +\infty, x \to \infty$ 时.

因为 $\lim\limits_{x \to -\infty} e^x = 0$,所以函数 $f(x) = e^x$ 是当 $x \to -\infty$ 时的无穷小.

从无穷小量的定义可以看出:

(1) 一个函数 $f(x)$ 是否为无穷小,取决于自变量 x 的变化趋势,如函数 $f(x) = x - 1$ 是当 $x \to 1$ 时的无穷小,而当 x 趋于其他数值时,$f(x) = x - 1$ 就不是无穷小.

(2) 无穷小量是一个变量,不能把一个绝对值很小的常数(如 $0.001^{1\,000}$ 等)误认为是无穷小量.因为常数的极限是其本身而不是 0,所以绝对值很小的常数不是无穷小.

(3) 常数中只有 0 可以看成是无穷小,这是因为 $\lim\limits_{x \to x_0} 0 = 0$.

无穷小量具有下列性质:

性质 1　有限个无穷小量的代数和是无穷小量.

性质 2　有限个无穷小量的乘积是无穷小量.

***性质 3**　有界函数与无穷小量的乘积是无穷小量.

推论　常量与无穷小量的乘积是无穷小量.

***例 1**　求 $\lim\limits_{x \to \infty}\left(\dfrac{1}{x} \sin x\right)$.

解　当 $x \to \infty$ 时,$\dfrac{1}{x}$ 是无穷小量,$\sin x$ 的极限不存在,但 $\sin x$ 是有界函数,根据无穷小量的性质 3,得 $\lim\limits_{x \to \infty}\left(\dfrac{1}{x} \sin x\right) = 0$.

课堂练习 1

*求 $\lim\limits_{x \to 0}\left(x \sin \dfrac{1}{x}\right)$.

二、无穷大量

在数学研究中,还会遇到另一类变量,在其变化过程中,它的绝对值无限增大.

定义 2 如果当 $x \to x_0$ 时,函数 $f(x)$ 的绝对值 $|f(x)|$ 无限增大,那么函数 $f(x)$ 称为当 $x \to x_0$ 时的**无穷大量**,简称**无穷大**.

上述定义也适用于 $x \to -\infty, x \to +\infty, x \to \infty$ 时.

根据极限的定义,如果当 $x \to x_0$ 时,函数 $f(x)$ 是无穷大量,那么它的极限不存在,但是为了便于描述函数的这种变化趋势,把它称为"函数的极限是无穷大",并记作

$$\lim_{x \to x_0} f(x) = \infty \text{ 或当 } x \to x_0 \text{ 时}, f(x) \to \infty.$$

在无穷大的定义中,当 $x \to x_0$ 时,如果对应的函数值都是正的或者都是负的,就分别记作

$$\lim_{x \to x_0} f(x) = +\infty \text{ 或当 } x \to x_0 \text{ 时}, f(x) \to +\infty,$$

$$\lim_{x \to x_0} f(x) = -\infty \text{ 或当 } x \to x_0 \text{ 时}, f(x) \to -\infty.$$

上面的说明对于自变量 x 的其他趋向同样适用.

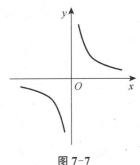

图 7-7

例 2 求 $\lim\limits_{x \to 0} \dfrac{1}{x}$.

解 作函数 $y = \dfrac{1}{x}$ 的图像,如图 7-7.

由函数的图像可以看出,当 $x \to 0$ 时, $\left| \dfrac{1}{x} \right|$ 无限增大,因此 $\lim\limits_{x \to 0} \dfrac{1}{x} = \infty$.

从无穷大的定义可以看出:

(1) 一个函数 $f(x)$ 是否为无穷大,取决于自变量 x 的变化趋势,如函数 $f(x) = \dfrac{1}{x}$ 是当 $x \to 0$ 时的无穷大,而当 x 趋于其他数值时, $f(x) = \dfrac{1}{x}$ 就不是无穷大.

(2) 无穷大量是一个变量,不能把一个绝对值很大的常数(如 $100^{1\,000}$ 等)误认为是无穷大量.因为常数的极限是其本身而不是无穷大量,所以绝对值很大的常数不是无穷大.

课堂练习 2

求下列极限:

(1) $\lim\limits_{x \to +\infty} e^x$;   (2) $\lim\limits_{x \to -\infty} \left(\dfrac{1}{2} \right)^x$.

三、无穷小量与无穷大量的关系

由无穷小量和无穷大量的定义,可以看出它们两者之间有下面的倒数关系:

在自变量的同一趋向条件下,如果函数 $f(x)$ 为无穷小量且 $f(x) \neq 0$,则 $\dfrac{1}{f(x)}$ 是无穷

大量;反之,如果函数 $f(x)$ 为无穷大量,则 $\dfrac{1}{f(x)}$ 是无穷小量.

例如,当 $x \to 0$ 时,x^2 是无穷小量,则 $\dfrac{1}{x^2}$ 是无穷大量;当 $x \to \infty$ 时,x^2 是无穷大量,则 $\dfrac{1}{x^2}$ 是无穷小量.

习题 7-4

观察下列函数,哪些是无穷小,哪些是无穷大?

(1) $y = 2x$,当 $x \to 0$ 时;

(2) $y = 2^x - 1$,当 $x \to 0$ 时;

(3) $x \sin x$,当 $x \to 0$ 时;

(4) $y = \dfrac{1}{x^2 + 1}$,当 $x \to \infty$ 时;

(5) $f(x) = e^x$,当 $x \to -\infty$ 时.

第五节　函数极限的四则运算

如果 $\lim\limits_{x \to x_0} f(x) = a$,$\lim\limits_{x \to x_0} g(x) = b$,那么

(1) $\lim\limits_{x \to x_0} [f(x) \pm g(x)] = \lim\limits_{x \to x_0} f(x) \pm \lim\limits_{x \to x_0} g(x) = a \pm b$;

(2) $\lim\limits_{x \to x_0} [f(x) \cdot g(x)] = \lim\limits_{x \to x_0} f(x) \cdot \lim\limits_{x \to x_0} g(x) = a \cdot b$;

(3) $\lim\limits_{x \to x_0} \dfrac{f(x)}{g(x)} = \dfrac{\lim\limits_{x \to x_0} f(x)}{\lim\limits_{x \to x_0} g(x)} = \dfrac{a}{b}$ $(b \neq 0)$.

这些法则对于 $x \to \infty$,$x \to +\infty$,$x \to -\infty$ 的情况仍然成立.

由上面第二个式子不难得出

$$\lim_{x \to x_0} [Cf(x)] = C \lim_{x \to x_0} f(x)\ (C\ \text{是常数});$$

$$\lim_{x \to x_0} [f(x)]^n = \left[\lim_{x \to x_0} f(x) \right]^n\ (n \in \mathbf{N}^*).$$

于是,$\lim\limits_{x \to x_0} x^n = \left(\lim\limits_{x \to x_0} x \right)^n = x_0^n$,即 $\lim\limits_{x \to x_0} x^n = x_0^n$;

利用函数极限的四则运算法则,可以把某些较复杂函数的极限计算转化为简单函数的极限计算.

例1　求 $\lim\limits_{x \to 1} (3x^2 - 2x + 1)$.

解　$\lim\limits_{x \to 1} (3x^2 - 2x + 1) = \lim\limits_{x \to 1} 3x^2 - \lim\limits_{x \to 1} 2x + \lim\limits_{x \to 1} 1$

$$= 3 \lim_{x \to 1} x^2 - 2 \lim_{x \to 1} x + 1$$

$$= 3 - 2 + 1 = 2.$$

例2 求 $\lim\limits_{x \to 2} \dfrac{2x^3+1}{3-x}$.

解 因为 $\lim\limits_{x \to 2}(3-x)=1 \neq 0, \lim\limits_{x \to 2}(2x^3+1)=17$, 所以由四则运算法则, 得

$$\lim_{x \to 2} \frac{2x^3+1}{3-x} = \frac{\lim\limits_{x \to 2}(2x^3+1)}{\lim\limits_{x \to 2}(3-x)} = 17.$$

例1、例2说明, 求某些函数在某一点 $x=x_0$ 处的极限值时, 只要把 $x=x_0$ 代入函数的解析式中, 如果运算有意义时, 那么, 这点的函数值就是极限值. 因此例1、例2也可以写成:

$$\lim_{x \to 1}(3x^2-2x+1)=3 \times 1^2 - 2 \times 1 + 1 = 2,$$

$$\lim_{x \to 2} \frac{2x^3+1}{3-x} = \frac{2 \times 2^3 + 1}{3-2} = 17.$$

课堂练习1

求下列极限:

(1) $\lim\limits_{x \to 0}(3x^2-2x+1)$;

(2) $\lim\limits_{x \to 2} \dfrac{2x+1}{3x-1}$;

(3) $\lim\limits_{x \to -1} \dfrac{(x+3)(2x-1)}{(x+5)(x-6)}$;

(4) $\lim\limits_{x \to 0} \dfrac{(x^2-2)(x^2+2)}{5x^2+4}$.

例3 求 $\lim\limits_{x \to -1} \dfrac{x^2+2x+1}{x+1}$.

分析 如果把 $x=-1$ 直接代入 $\lim\limits_{x \to -1} \dfrac{x^2+2x+1}{x+1}$, 那么分子、分母都为0, 即当 $x \to -1$ 时分子、分母的极限都为0, 所以不能用简单的代入法来求这个极限, 因为此时不符合极限的四则运算法则. 所求的极限只取决于点 $x=-1$ 处附近的点(即 $x \neq -1$), 所以可以先把分子、分母因式分解, 约去公因式 $x+1$, 然后再求极限值.

解 $\lim\limits_{x \to -1} \dfrac{x^2+2x+1}{x+1} = \lim\limits_{x \to -1} \dfrac{(x+1)^2}{x+1} = \lim\limits_{x \to -1}(x+1) = 0.$

例4 求 $\lim\limits_{x \to 1} \dfrac{x^2-1}{2x^2-x-1}$.

解 $\lim\limits_{x \to 1} \dfrac{x^2-1}{2x^2-x-1} = \lim\limits_{x \to 1} \dfrac{(x+1)(x-1)}{(x-1)(2x+1)} = \lim\limits_{x \to 1} \dfrac{x+1}{2x+1} = \dfrac{1+1}{2+1} = \dfrac{2}{3}.$

课堂练习2

求下列极限:

(1) $\lim\limits_{x \to 2} \dfrac{x^2-4}{x-2}$;

(2) $\lim\limits_{x \to -1} \dfrac{x^2-x-2}{x^2+x}$;

(3) $\lim\limits_{x \to 2} \dfrac{x^2-3x+2}{x-2}$;

(4) $\lim\limits_{x \to 1} \dfrac{3x-3}{1-x^2}$.

例 5 求 $\lim\limits_{x \to 1} \dfrac{x+2}{x-1}$.

分析 当 $x \to 1$ 时,分母的极限为 0,所以不能用极限的四则运算法则.

解 因为 $\lim\limits_{x \to 1} \dfrac{x-1}{x+2} = 0$,根据无穷小量与无穷大量的关系可知,当 $x \to 1$ 时,$\dfrac{x+2}{x-1}$ 是无穷大量,所以 $\lim\limits_{x \to 1} \dfrac{x+2}{x-1} = \infty$.

课堂练习 3

求 $\lim\limits_{x \to 2} \dfrac{1+x}{x-2}$.

例 6 求 $\lim\limits_{x \to \infty} \dfrac{2x^2 + x + 3}{3x^2 - x + 1}$.

分析 当 $x \to \infty$ 时,分子和分母的极限均不存在,所以不能直接运用极限的四则运算法则,这时可用分式中自变量的最高次幂同除原式中的分子和分母,然后运用极限的运算法则和无穷大与无穷小之间的倒数关系.

解 原式 $= \lim\limits_{x \to \infty} \dfrac{2 + \dfrac{1}{x} + \dfrac{3}{x^2}}{3 - \dfrac{1}{x} + \dfrac{1}{x^2}} = \dfrac{\lim\limits_{x \to \infty} 2 + \lim\limits_{x \to \infty} \dfrac{1}{x} + \lim\limits_{x \to \infty} \dfrac{3}{x^2}}{\lim\limits_{x \to \infty} 3 - \lim\limits_{x \to \infty} \dfrac{1}{x} + \lim\limits_{x \to \infty} \dfrac{1}{x^2}} = \dfrac{2 + 0 + 0}{3 - 0 + 0} = \dfrac{2}{3}$.

例 7 求 $\lim\limits_{n \to \infty} \dfrac{3n^2 - 2n - 1}{n^3 - n + 4}$.

解 用 n^3 同除分子和分母,然后运用极限的四则运算法则,得

原式 $= \lim\limits_{n \to \infty} \dfrac{\dfrac{3}{n} - \dfrac{2}{n^2} - \dfrac{1}{n^3}}{1 - \dfrac{1}{n^2} + \dfrac{4}{n^3}} = \dfrac{\lim\limits_{n \to \infty} \dfrac{3}{n} - \lim\limits_{n \to \infty} \dfrac{2}{n^2} - \lim\limits_{n \to \infty} \dfrac{1}{n^3}}{\lim\limits_{n \to \infty} 1 - \lim\limits_{n \to \infty} \dfrac{1}{n^2} + \lim\limits_{n \to \infty} \dfrac{4}{n^3}} = \dfrac{0 - 0 - 0}{1 - 0 + 0} = 0$.

例 8 求 $\lim\limits_{x \to \infty} \dfrac{x^3 - x^2 + 3}{3x^2 - 1}$.

解 因为 $\lim\limits_{x \to \infty} \dfrac{3x^2 - 1}{x^3 - x^2 + 3} = \lim\limits_{x \to \infty} \dfrac{\dfrac{3}{x} - \dfrac{1}{x^3}}{1 - \dfrac{1}{x} + \dfrac{3}{x^3}} = 0$,所以 $\lim\limits_{x \to \infty} \dfrac{x^3 - x^2 + 3}{3x^2 - 1} = \infty$.

*例 9 求 $\lim\limits_{x \to \infty} (x^3 - x^2 + 1)$.

分析 当 $x \to \infty$ 时,x^3 与 x^2 的极限都不存在,所以不能运用极限的四则运算法则.

解 因为 $\lim\limits_{x \to \infty} \dfrac{1}{x^3 - x^2 + 1} = \lim\limits_{x \to \infty} \dfrac{\dfrac{1}{x^3}}{1 - \dfrac{1}{x} + \dfrac{1}{x^3}} = 0$,即当 $x \to \infty$ 时,$\dfrac{1}{x^3 - x^2 + 1}$ 是无

穷小量,所以它的倒数 x^3-x^2+1 是无穷大量,即 $\lim\limits_{x\to\infty}(x^3-x^2+1)=\infty$.

*例 10 求 $\lim\limits_{x\to-1}\left(\dfrac{1}{x+1}-\dfrac{3}{x^3+1}\right)$.

分析 因为 $x\to-1$ 时,$\dfrac{1}{x+1}$ 和 $\dfrac{3}{x^3+1}$ 都是无穷大量,所以不能用极限的四则运算法则.

解 $\dfrac{1}{x+1}-\dfrac{3}{x^3+1}=\dfrac{x^2-x+1-3}{(x+1)(x^2-x+1)}=\dfrac{(x+1)(x-2)}{(x+1)(x^2-x+1)}=\dfrac{x-2}{x^2-x+1}$,

$\lim\limits_{x\to-1}\left(\dfrac{1}{x+1}-\dfrac{3}{x^3+1}\right)=\lim\limits_{x\to-1}\dfrac{x-2}{x^2-x+1}=\dfrac{-1-2}{1+1+1}=-1.$

课堂练习 4

求下列极限:

(1) $\lim\limits_{x\to\infty}\dfrac{2x^3+1}{5x^3+2x^2-1}$;　　(2) $\lim\limits_{x\to+\infty}\dfrac{x-1}{x^2+1}$;　　(3) $\lim\limits_{x\to\infty}\dfrac{x^3}{x^2-2x-3}$.

习题 7-5

1. 求下列极限:

(1) $\lim\limits_{x\to1}(3x^2-5x+8)$;　　　　(2) $\lim\limits_{x\to2}\dfrac{x^2-3}{x^3-1}$;

(3) $\lim\limits_{x\to-1}\dfrac{5x+3}{x^2+2}$;　　　　　(4) $\lim\limits_{x\to0}\dfrac{2x-1}{x^2+5}$.

2. 求下列极限:

(1) $\lim\limits_{x\to1}\dfrac{x^2-1}{x-1}$;　　　　　(2) $\lim\limits_{x\to-1}\dfrac{x^2-x-2}{x+1}$;

(3) $\lim\limits_{x\to2}\dfrac{x-2}{x^2-4}$;　　　　　(4) $\lim\limits_{x\to-1}\dfrac{x^2-2x-3}{x^2-x-2}$.

3. 求下列极限:

(1) $\lim\limits_{n\to\infty}\dfrac{2n}{n^2+2n-1}$;　　　(2) $\lim\limits_{x\to\infty}\dfrac{x-2}{x^2+5x-10}$;

(3) $\lim\limits_{n\to\infty}\dfrac{3n^2-5n+1}{6n^2-4n-7}$;　　(4) $\lim\limits_{x\to\infty}\dfrac{5x^3-2x}{1-x^2}$.

第六节　两个重要的极限

1. 极限 $\lim\limits_{x\to0}\dfrac{\sin x}{x}=1$

当 x 取一系列趋近于零的数值时,得到 $\dfrac{\sin x}{x}$ 的一系列对应数值,如表 7-6 及图 7-8 所示.

表 7-6

x	-1.0	-0.7	-0.3	-0.01	$\cdots\to 0\leftarrow\cdots$	0.01	0.3	0.7	1.0
$\dfrac{\sin x}{x}$	0.841 47	0.920 31	0.985 07	0.999 98	$\cdots\to 1\leftarrow\cdots$	0.999 98	0.985 07	0.920 31	0.841 47

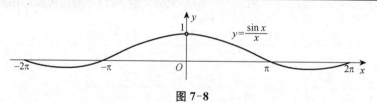

图 7-8

从上表可以看出,当 x 无限趋近于零时,$\dfrac{\sin x}{x}$ 的值无限趋近于 1.也可以证明,当 $x\to 0$ 时,$\dfrac{\sin x}{x}$ 的极限存在且等于 1,即 $\lim\limits_{x\to 0}\dfrac{\sin x}{x}=1$.

推论 1　$\lim\limits_{x\to 0}\dfrac{x}{\sin x}=1$.

推论 2　$\lim\limits_{f(x)\to 0}\dfrac{\sin f(x)}{f(x)}=1$.

这个重要极限经常用来求含有三角函数的"$\dfrac{0}{0}$"型的极限.

例 1　求 $\lim\limits_{x\to 0}\dfrac{\sin 2x}{x}$.

解　$\lim\limits_{x\to 0}\dfrac{\sin 2x}{x}=\lim\limits_{x\to 0}\left(\dfrac{\sin 2x}{2x}\cdot 2\right)=2\cdot\lim\limits_{x\to 0}\dfrac{\sin 2x}{2x}=2$.

例 2　求 $\lim\limits_{x\to 0}\dfrac{\sin 2x}{3x}$.

解　$\lim\limits_{x\to 0}\dfrac{\sin 2x}{3x}=\dfrac{1}{3}\lim\limits_{x\to 0}\dfrac{\sin 2x}{x}=\dfrac{1}{3}\lim\limits_{x\to 0}\left(\dfrac{\sin 2x}{2x}\cdot 2\right)=\dfrac{2}{3}\cdot\lim\limits_{x\to 0}\dfrac{\sin 2x}{2x}=\dfrac{2}{3}$.

例 3　求 $\lim\limits_{x\to 0}\dfrac{\sin 3x}{\sin 2x}$.

解　$\lim\limits_{x\to 0}\dfrac{\sin 3x}{\sin 2x}=\lim\limits_{x\to 0}\left(\dfrac{3}{2}\cdot\dfrac{\sin 3x}{3x}\cdot\dfrac{2x}{\sin 2x}\right)=\dfrac{3}{2}\cdot\lim\limits_{x\to 0}\dfrac{\sin 3x}{3x}\cdot\lim\limits_{x\to 0}\dfrac{2x}{\sin 2x}=\dfrac{3}{2}$.

例 4　求 $\lim\limits_{x\to 0}\dfrac{\tan x}{x}$.

解　$\lim\limits_{x\to 0}\dfrac{\tan x}{x}=\lim\limits_{x\to 0}\left(\dfrac{\sin x}{x\cos x}\right)=\lim\limits_{x\to 0}\dfrac{1}{\cos x}\cdot\lim\limits_{x\to 0}\dfrac{\sin x}{x}=1$.

课堂练习 1

求下列根限:

(1) $\lim\limits_{x\to 0}\dfrac{\sin 4x}{4x}$; 　　(2) $\lim\limits_{x\to 0}\dfrac{\sin x}{2x}$; 　　(3) $\lim\limits_{x\to 0}\dfrac{\sin 5x}{x}$;

(4) $\lim\limits_{x \to 0} \dfrac{\sin 5x}{2x}$;　　(5) $\lim\limits_{x \to 0} \dfrac{\sin 5x}{\sin 3x}$.

2. 极限 $\lim\limits_{x \to \infty}\left(1+\dfrac{1}{x}\right)^{x}=\mathrm{e}$

观察当 $x \to +\infty$ 和 $x \to -\infty$ 时,函数 $\left(1+\dfrac{1}{x}\right)^{x}$ 的变化趋势(见表 7-7,图 7-9).

表 7-7

x	$-\infty \leftarrow \cdots$	$-1\,000\,000$	$-10\,000$	-10	1	10	$10\,000$	$1\,000\,000$	$\cdots \to +\infty$
$\left(1+\dfrac{1}{x}\right)^{x}$	$\cdots$	2.718 28	2.718 40	2.867 97	2	2.593 74	2.718 15	2.718 28	$\cdots$

从上表可以看出,当 $x \to +\infty$ 和 $x \to -\infty$ 时,函数 $\left(1+\dfrac{1}{x}\right)^{x}$ 的值无限趋近于 $2.718\,28\cdots$,且可以证明

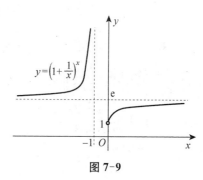

图 7-9

$$\lim\limits_{x \to \infty}\left(1+\dfrac{1}{x}\right)^{x}=\mathrm{e}.$$

在上式中,令 $u=\dfrac{1}{x}$,则当 $x \to \infty$ 时,$u \to 0$,于是得到

$$\lim\limits_{u \to 0}(1+u)^{\frac{1}{u}}=\mathrm{e}.$$

上式中的 u 可用任何字母代替,因此有 $\lim\limits_{x \to 0}(1+x)^{\frac{1}{x}}=\mathrm{e}$.

推论1　$\lim\limits_{f(x) \to \infty}\left[1+\dfrac{1}{f(x)}\right]^{f(x)}=\mathrm{e}.$

推论2　$\lim\limits_{f(x) \to 0}\left[1+f(x)\right]^{\frac{1}{f(x)}}=\mathrm{e}.$

例5　求 $\lim\limits_{x \to \infty}\left(1+\dfrac{1}{x}\right)^{2x}$.

解　$\lim\limits_{x \to \infty}\left(1+\dfrac{1}{x}\right)^{2x}=\lim\limits_{x \to \infty}\left[\left(1+\dfrac{1}{x}\right)^{x}\right]^{2}=\left[\lim\limits_{x \to \infty}\left(1+\dfrac{1}{x}\right)^{x}\right]^{2}=\mathrm{e}^{2}.$

例6　求 $\lim\limits_{x \to 0}(1+2x)^{\frac{3}{2x}}$.

解　$\lim\limits_{x \to 0}(1+2x)^{\frac{3}{2x}}=\lim\limits_{x \to 0}\left[(1+2x)^{\frac{1}{2x}}\right]^{3}=\mathrm{e}^{3}.$

***例7**　求 $\lim\limits_{x \to 0}(1-2x)^{\frac{1}{2x}}$.

解　$\lim\limits_{x \to 0}(1-2x)^{\frac{1}{2x}}=\lim\limits_{x \to 0}\left[(1-2x)^{\frac{1}{-2x}}\right]^{-1}=\lim\limits_{-2x \to 0}\left\{\left[1+(-2x)\right]^{\frac{1}{-2x}}\right\}^{-1}=\mathrm{e}^{-1}.$

*例8 求 $\lim\limits_{x\to\infty}\left(1+\dfrac{2}{x}\right)^x$.

解 $\lim\limits_{x\to\infty}\left(1+\dfrac{2}{x}\right)^x=\lim\limits_{x\to\infty}\left[\left(1+\dfrac{2}{x}\right)^{\frac{x}{2}}\right]^2=\lim\limits_{\frac{x}{2}\to\infty}\left[\left(1+\dfrac{2}{x}\right)^{\frac{x}{2}}\right]^2=\mathrm{e}^2$.

课堂练习 2

求下列极限：

(1) $\lim\limits_{x\to\infty}\left(1+\dfrac{1}{3x}\right)^{3x}$;

(2) $\lim\limits_{x\to\infty}\left(1+\dfrac{1}{x}\right)^{3x}$;

*(3) $\lim\limits_{x\to0}(1-x)^{\frac{1}{x}}$;

*(4) $\lim\limits_{x\to\infty}\left(1+\dfrac{1}{2x}\right)^x$.

习题 7-6

1. 求下列极限：

(1) $\lim\limits_{x\to0}\dfrac{\sin x}{5x}$;

(2) $\lim\limits_{x\to0}\dfrac{\sin 3x}{x}$;

(3) $\lim\limits_{x\to0}\dfrac{\sin 3x}{2x}$;

(4) $\lim\limits_{x\to0}\dfrac{\sin 2x}{\sin 3x}$;

(5) $\lim\limits_{x\to0}\dfrac{2x}{\sin x}$.

2. 求下列极限：

(1) $\lim\limits_{x\to\infty}\left(1+\dfrac{2}{x}\right)^{\frac{x}{2}}$;

(2) $\lim\limits_{x\to\infty}\left(1+\dfrac{1}{x}\right)^{2x}$;

(3) $\lim\limits_{x\to\infty}\left(1+\dfrac{1}{2x}\right)^{4x}$;

(4) $\lim\limits_{x\to0}(1+x)^{\frac{2}{x}}$;

(5) $\lim\limits_{x\to0}(1+x)^{-\frac{1}{x}}$;

*(6) $\lim\limits_{x\to\infty}\left(1-\dfrac{1}{x}\right)^x$;

*(7) $\lim\limits_{x\to\infty}\left(1-\dfrac{1}{2x}\right)^{2x}$.

*第七节　函数的连续性

一、函数连续性的概念

在日常生活中,我们往往会遇到以下两种变化情况:一种变化情况是连续的,如温度计中的水银柱高度会随着温度的改变而连续地上升或下降;另一种变化情况是间断的或跳跃,如邮寄信件的邮费随邮件质量的增加而做阶梯式的增加等等.这些例子启发我们去研究函数连续与不连续的问题.

定义 如果函数 $y=f(x)$ 在 $(x_0-\delta,x_0+\delta)$ 内有定义,其中 $\delta>0$,而且

$$\lim_{x\to x_0}f(x)=f(x_0),$$

那么就说函数 $f(x)$ 在点 x_0 处连续.

由上面的定义可以分析出,如果函数 $f(x)$ 在点 $x=x_0$ 处连续,必须满足下面三个条件:

(1) 函数 $f(x)$ 在 $(x_0-\delta, x_0+\delta)$ 内有定义,其中 $\delta>0$;

(2) $\lim\limits_{x\to x_0} f(x)$ 存在;

(3) $\lim\limits_{x\to x_0} f(x)=f(x_0)$,即函数 $f(x)$ 在点 x_0 处的极限值等于这一点的函数值.

例1 讨论下列函数在给点处的连续性:

(1) $f(x)=\dfrac{1}{x}$,点 $x=0$;   (2) $h(x)=\sin x$,点 $x=0$.

解 (1) 函数 $f(x)=\dfrac{1}{x}$ 在点 $x=0$ 处没有定义,因而它在点 $x=0$ 处不连续.

(2) 因为 $\lim\limits_{x\to 0}\sin x=0$,$\sin 0=0$,所以 $h(x)=\sin x$ 在点 $x=0$ 处是连续的.

课堂练习1

讨论下列函数在给点处的连续性:

(1) $f(x)=\dfrac{1}{2x}$,点 $x=0$;   (2) $h(x)=\cos x$,点 $x=0$.

二、初等函数的连续性

可以证明**基本初等函数在其定义区间内都是连续的**.

如果函数 $f(x),g(x)$ 在某区间内连续,根据函数连续性的定义和极限的四则运算法则,则 $f(x)\pm g(x),f(x)g(x),\dfrac{f(x)}{g(x)}[g(x)\neq 0]$ 也都在这区间内连续.这就是说,两个连续函数经四则运算得到的函数仍是连续函数.

如果函数 $u=\phi(x)$ 在点 x_0 处连续,且 $\phi(x_0)=u_0$,而函数 $y=f(u)$ 在点 u_0 处连续,那么复合函数 $y=f[\phi(x)]$ 在点 x_0 处连续.

根据以上讨论,可以得出结论:**初等函数在其定义区间内都是连续的**.

这个结论很重要,它提供了求初等函数极限的一种方法:如果函数 $f(x)$ 是初等函数,且 x_0 是 $f(x)$ 定义区间内的一点,那么求极限 $\lim\limits_{x\to x_0} f(x)$ 的问题就转化为求函数值 $f(x_0)$,即

$$\lim\limits_{x\to x_0} f(x)=f(x_0).$$

例2 求 $\lim\limits_{x\to 0}\sqrt{1-x^2}$.

解 因为函数 $f(x)=\sqrt{1-x^2}$ 是一个初等函数,它的定义域为 $[-1,1]$,且 $x=0\in [-1,1]$,所以

$$\lim\limits_{x\to 0}\sqrt{1-x^2}=f(0)=1.$$

课堂练习2

求下列函数的极限:

(1) $\lim\limits_{x\to 2}\dfrac{e^x}{2x+1}$;   (2) $\lim\limits_{x\to 2}\sqrt{x^2+2x+4}$;   (3) $\lim\limits_{x\to \pi}\left(\sin\dfrac{3x}{2}\right)^8$.

习题 7-7

1. 根据连续函数的定义,证明下列函数在给定点处连续:

(1) $f(x) = 3x + 1$, 点 $x = \dfrac{1}{2}$;　　　　(2) $f(x) = ax^2 + b$, 点 $x = 1$;

(3) $f(x) = \dfrac{4x^2 - 1}{2x - 1}$, 点 $x = 2$.

2. 判断下列函数在给定点处或开区间内是否连续:

(1) $f(x) = \dfrac{1}{x - 2}$, 点 $x = 2$;

(2) $f(x) = x^2(x + 3)^2$, 开区间 $(-\infty, +\infty)$;

(3) $f(x) = \dfrac{x}{x - 3}$, 开区间 $(0, 3)$.

3. 指出下列函数在哪些点处不连续,为什么?

(1) $f(x) = \dfrac{x^2 + x - 6}{x + 3}$;　　　　(2) $f(x) = \dfrac{x^3 + 7}{x^2 - 4}$.

4. 求下列极限:

(1) $\lim\limits_{x \to 1}[(1 + \ln x)\sin x]$;　　　　(2) $\lim\limits_{u \to 1} \dfrac{u^2 + u - 2}{3 - u}$;

(3) $\lim\limits_{x \to 1}(1 + \sin x)^2$;　　　　(4) $\lim\limits_{x \to 0}(2^x + 1)$;

(5) $\lim\limits_{x \to 2} \dfrac{\sqrt{x - 1}}{\sqrt{x + 1}}$;　　　　(6) $\lim\limits_{x \to \frac{\pi}{4}} \dfrac{\tan x - 1}{\cos x}$.

复习题七

1. 填空题.

(1) 当 _____ 时, $f(x) = \dfrac{1}{(x - 1)^2}$ 是无穷大量;

(2) 函数 $y = \sqrt[3]{\lg \sin x}$ 的复合过程是 _____;

(3) 设 $f(x) = 1 + \ln x$, $g(x) = \cos x$, 则 $f[g(x)] = $ _____, $g[f(x)] = $ _____, $f[f(x)]$ _____;

(4) $\lim\limits_{x \to 0} \dfrac{x}{\sin x} = $ _____.

2. 选择题.

(1) 下列数列极限存在的是(　　).

A. $2, \dfrac{5}{2}, \dfrac{10}{3}, \cdots, \dfrac{n^2 + 1}{n}, \cdots$　　　　B. $1, 2, 3, \cdots, n, \cdots$

C. $1, -1, 1, \cdots, (-1)^{n+1}, \cdots$　　　　D. $2, \dfrac{3}{2}, \dfrac{4}{3}, \cdots, \dfrac{n+1}{n}, \cdots$

(2) 当 $x \to 0$ 时, $\cos \dfrac{1}{x}$ 是( ).

    A. 无穷小量   B. 无穷大量

    C. 无界变量   D. 有界变量

(3) 下列各式正确的是( ).

    A. $\lim\limits_{x \to 0} \dfrac{x}{\sin x} = 0$ B. $\lim\limits_{x \to \infty} \dfrac{x}{\sin x} = 1$

    C. $\lim\limits_{x \to \infty} \dfrac{\sin x}{x} = 1$ D. $\lim\limits_{x \to 0} \dfrac{x}{\sin x} = 1$

(4) 下列说法正确的是( ).

    A. 无穷大的倒数是无穷小   B. 两个无穷小的商是无穷小

    C. 无穷小是很小的数   D. 无穷小是负无穷大

(5) 下列各式极限值为 1 的是( ).

    A. $\lim\limits_{x \to \infty} \dfrac{\sin x}{x}$ B. $\lim\limits_{x \to 1} \dfrac{\sin x}{x}$ C. $\lim\limits_{x \to \infty} x \sin \dfrac{1}{x}$ D. $\lim\limits_{x \to 0} x \sin \dfrac{1}{x}$

(6) 函数 $y = \cos \dfrac{1}{x}$ 为无穷小的条件是( ).

    A. $x \to \infty$ B. $x \to 0$ C. $x \to \dfrac{\pi}{2}$ D. $x \to \dfrac{2}{\pi}$

3. 指出下列函数的复合过程:

(1) $y = (3 - x)^{50}$;   (2) $y = \sin(3x^2 - 1)$;

(3) $y = \log_2(x + 1)$;   (4) $y = \ln \sin x$;

(5) $y = \cos^2(3x - 1)$;   (6) $y = \sqrt{2x + 3}$.

4. 已知 $f(x) = x^2$, $g(x) = \sin x$, 求 $f[g(x)]$, $g[f(x)]$.

5. 求下列函数的极限:

(1) $\lim\limits_{x \to 3} \dfrac{x^2 + x - 1}{x + 3}$;   (2) $\lim\limits_{x \to 2} \dfrac{x^2 - 4}{x - 2}$;

(3) $\lim\limits_{x \to \infty} \dfrac{-3x^2 + 2x - 1}{(4x + 1)(x - 1)}$;   (4) $\lim\limits_{x \to \infty} \dfrac{(x + 1)(x - 2)}{(x - 3)(x^2 + 6)}$;

(5) $\lim\limits_{x \to -1} \dfrac{\sin(x + 1)}{x + 1}$;   (6) $\lim\limits_{x \to 0} \dfrac{\sin 2x}{3x}$;

(7) $\lim\limits_{x \to 0} \dfrac{\sin 7x}{\sin 3x}$;   (8) $\lim\limits_{x \to 0} (1 - x)^{\frac{3}{x}}$;

(9) $\lim\limits_{x \to \infty} \left(1 - \dfrac{1}{2x}\right)^{2x}$;   *(10) $\lim\limits_{x \to \infty} \left(1 - \dfrac{3}{x}\right)^{2x}$;

*(11) $\lim\limits_{x \to 0} (1 - 2x)^{\frac{1}{x}}$.

*6. 如果 $\lim\limits_{x \to \infty} \left(\dfrac{ax^2 + bx + 1}{x + 1} - 1\right) = 1$, 求 a, b 的值.

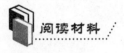

数学思想方法选讲 —— 极限思想

微积分是研究客观世界运动现象的一门学科,我们引入极限概念对客观世界的运动过程加以描述,用极限方法建立其数量关系并研究其运动成果.极限理论是微积分学的基础理论,贯穿整个微积分学.要学好微积分,必须认识和理解极限理论,而把握极限理论的前提,首先要认识极限思想。极限思想作为一种重要的数学思想,在整个数学发展史上占有重要地位,是研究数学、应用数学、推动数学发展必不可少的有力工具.

一、极限的思想方法

(一) 极限的思想方法

极限思想是近代数学的一种重要思想,指的是用极限概念和性质来分析与处理数学问题的思想方法.极限概念起源于微积分,微积分理论就是以极限理论为工具来研究数学的一门科学.微积分理论的一系列重要概念,如函数的连续性、导数、积分、级数求和等都是通过极限来定义的.

微积分理论是牛顿和莱布尼茨于18世纪分别创立的.初期,他们以无穷小(量)的概念为基础来建立微积分,不久后遇到逻辑上的困难,所以后来他们都接受了极限思想,即以极限概念作为考虑问题的出发点.但是,当时他们只采用直观的语言来描述极限.例如,他们是这样描述数列 $\{u_n\}$ 的极限的:"如果当 n 无限大时,u_n 无限地接近常数 A,就称数列 $\{u_n\}$ 以 A 为极限".这种关于数列极限的直观描述,涉及极限的一个本质问题,这就是:u_n 无限地接近常数 A 的真正含义是什么? 弄清这点是掌握数列极限概念的关键.通俗地讲,"u_n 无限地接近常数 A"的意思是:u_n 可以任意地靠近 A,希望有多近就能有多近,只要 n 充分大,就能达到我们希望的那样.换句话说,就是指:u_n 和 A 的距离可以任意小,希望有多小就能有多小,只要 n 充分大,就能达到我们希望的那么小."下面我们来看一个数列的例子,进而引出极限的精确定义.

我们在前面讨论过数列 $\left\{\dfrac{n+(-1)^{n-1}}{n}\right\}$(记为 $\{u_n\}$):

$$2,\frac{1}{2},\frac{4}{3},\cdots,\frac{n+(-1)^{n-1}}{n},\cdots, \tag{1}$$

当 n 趋于无穷时其极限是1,即

$$\frac{n+(-1)^{n-1}}{n}\rightarrow 1,当\ n\rightarrow\infty\ 时. \tag{2}$$

下面我们确切地说明这是什么意思.直观地,我们知道,当顺着数列越走越远,尽管没有一项真正等于1,但数列的项与1的距离会越来越小.如果我们在数列(1)中走得足够远,就能保证数列的项和1的距离小到我们所愿意的程度.这种叙述的意思还是不十分清楚,怎样远才是"足够远",怎样小才是"小到我们所愿意的程度"? 下面我们进行具体分析.

我们知道,数学上两个数 a 与 b 之间的接近程度可以用这两个数之差的绝对值 $|b-a|$ 来度量(在数轴上 $|b-a|$ 表示点 a 与点 b 之间的距离),$|b-a|$ 越小,a 与 b 就越接近.

就数列(1) 来说,因为

$$|u_n - 1| = \left| (-1)^{n-1} \frac{1}{n} \right| = \frac{1}{n},$$

由此可见,当 n 越来越大,距离 $\frac{1}{n}$ 越来越小,从而 u_n 就越来越接近于 1.因为只要 n 足够大,距离 $|u_n-1|$ 即 $\frac{1}{n}$ 就可以小于任意给定的正数.例如,给定很小的正数 $\frac{1}{100}$,欲使距离 $\frac{1}{n} < \frac{1}{100}$,只要 $n > 100$,即从第 101 项起,都能使不等式

$$|u_n - 1| < \frac{1}{100}$$

成立;同样地,如果给定正数 $\frac{1}{10\,000}$,欲使 $\frac{1}{n} < \frac{1}{10\,000}$,只要 $n > 10\,000$,即从第 10 001 项起,都能使不等式

$$|u_n - 1| < \frac{1}{10\,000}$$

成立.再任意给定一个更小的正数,上面所有的讨论过程都能够满足.

几何解释会有助于使极限过程更清楚些.如果用数轴上的点表示数列(1) 的项,看到数列的项聚集在点 1 周围.在数轴上任意选择一个以点 1 为中心,整个宽度为 2ε(在点 1 的每一边,区间的宽度都为 ε) 的区间 I.如果选择 $\varepsilon = 10$,那么数列所有的项 $\frac{n + (-1)^{n-1}}{n}$ 都在区间 I 的内部;如果选择 $\varepsilon = \frac{1}{100}$,那么数列刚开始的一些项在区间 I 的外部,从 u_{101} 起的所有项

$$\frac{102}{101}, \frac{101}{102}, \frac{104}{103}, \frac{103}{104}, \cdots$$

都落在区间 I 的内部.我们再选择 $\varepsilon = \frac{1}{10\,000}$,最多也只是数列的前 10 000 项不在区间 I 的内部,而从 $u_{10\,001}$ 起的所有项

$$u_{10\,001}, u_{10\,002}, u_{10\,003}, \cdots$$

都落在 I 的内部.显然,对任意的正数 ε,这个推理都成立:只要选定了一个正数 ε,不管 ε 多么小,我们都能够找到一个正整数 N,使得 $\frac{1}{N} < \varepsilon$,从而数列中所有使 $n > N$ 的项 u_n 都在 I 的内部,而最多只能有有限项 $u_1, u_2, \cdots, u_n$ 在区间 I 的外部.注意,首先随意选择 ε,决定区间 I 的宽度,然后找到一个适当的正整数 N.选定一个正数 ε,然后找出一个适当的 N,对于不管多么小的正数 ε 都是可行的,这就给出了以下命题的确切意义:只要在数列(1) 中走得足够远,那么数列(1) 的项与 1 的距离就能小到我们所愿意的程度.

总结一下:设 ε 是任意一个正数,那么我们能找到一个正整数 N,使得数列(1) 中 $n > N$

的所有项 u_n 都落在以点1为中心,宽度为 2ε 的区间内.这是极限关系式(2)的确切意义.我们让 A 含在数轴上一个开区间 I 的内部,如果开区间很小,那么某些项 u_n 可能在区间 I 的外部,但是只要 n 变得足够大,也就是大于某个正整数 N 时,那么所有使 $n > N$ 的项 u_n 都必须在区间 I 的内部.因此我们就说当 n 趋于无穷大时数列 $\{u_n\}$ 以 A 为极限.

这个定义可以看作两个人 A 和 B 之间的一个竞赛,A 提出的要求是 u_n 趋近于常量 A,其精确程度应比选取的界限 $\varepsilon = \varepsilon_1$ 高(即满足 $|u_n - A| < \varepsilon_1$);$B$ 对这个要求的答复是,指出存在一个确定的正整数 $N = N_1$,使 u_{N_1} 以后的所有项 u_n 满足 ε_1 精度的要求.然后 A 可以提出一个新的更小的界限 $\varepsilon = \varepsilon_2$;$B$ 通过找出一个(可能更大的)正整数 $N = N_2$,再次答复这个要求.如果不管 A 提出的界限多么小,B 都能满足 A 的要求,那么我们就用 $u_n \rightarrow A$ 表示这种情况.

极限的精确定义是到19世纪70年代,经过许多数学家长期努力,才形成现在的 $\varepsilon - N$(数列极限的精确定义)和 $\varepsilon - \delta$(函数极限的精确定义,感兴趣的读者可参阅其他书籍)定义方法.通过 ε 与 N 之间的关系,定量地、具体地刻画出了两个"无限过程"(n 无限增大和 u_n 无限地接近常数 A)之间的联系.

极限思想作为反映客观事物在运动、变化过程中由量变转化为质变时的数量关系或空间形式,是以发展的思想来看待和处理问题的方式,可以让我们的思想完成从有限上升到无限的升华,是思考方式的一个质的飞跃,对我们解决实际问题具有非常重要的指导意义.当我们面对实际问题的时候,如果不容易处理,或者不容易看到解决问题的途径时,则可以借鉴数学的极限思想,改变研究问题的研究条件,改变研究条件的趋近方向,即从原来关注一个点,变换到一个区间上去考虑研究对象的结果(即构造函数),再回到起始位置来观察问题的结果(即求极限).以这样动态的、发展的思想来研究和处理问题,往往能够较快地发现和找到解决问题的办法,从而使实际问题得以解决.

(二)极限的哲学思想

(1) 过程与结果的对立统一

在极限思想中充分体现了结果与过程的对立统一,例如,当 n 趋于无穷大时,数列 $\{u_n\}$:$u_1, u_2, \cdots, u_n, \cdots$ 的极限为 A.此时,数列 $\{u_n\}$ 是变量 u_n 的变化过程,A 是 $\{u_n\}$ 的变化结果.一方面,数列 $\{u_n\}$ 中任何一项 u_n,无论 n 再大都不是 A,这体现了过程与结果的对立性;另一方面,随着无限接近过程的进行(即 n 无限增大),u_n 越来越靠近 A,经过飞跃又可转化为 A,这体现了过程与结果的统一性.所以 A 的求出是过程与结果的对立统一.

(2) 有限与无限的对立统一

有限与无限常常表现为不可调和性,例如把有限情形的法则原封不动地扩展到无限的情况常常会发生矛盾.但这并不意味着在极限的观念里有限与无限是格格不入的,相反,它们有着既对立又统一的关系.例如,在极限式 $\lim\limits_{n \to \infty} u_n = A$ 中数列的每一项 u_n 和极限结果 A 都是有限量,但极限过程($n \to \infty$)却是无限的.从左向右看,随着 n 的无限增大,给定数列 $\{u_n\}$ 的每一项 u_n 向 A 做无限逼近运动,这说明这个无限运动的变化过程只能通过有限的量来刻画;从右向左看,该极限式是在有限中包含着无限.

(3) 变量与常量的对立统一

变量 u_n 和常量 A 之间也体现了一种互相联系、互相依赖的关系.随着 n 的不断增大,变量 u_n 趋向于 A 的程度也相应地不断增大,最终当 $n \to \infty$ 时,u_n 产生了质的飞跃转化为了常量A,这体现了变与不变的质的统一关系.

（4）近似与精确的对立统一

在极限式$\lim\limits_{n\to\infty}u_n=A$中,对于每一个具体的$n$,式子的左边总是右边的一个近似值,并且$n$越大,精确度越高,当$n$趋于无穷时,近似值$u_n$转化为精确值$A$.虽然近似与精确是两个性质不同、完全对立的概念,但是通过极限法,建立两者之间的联系,在一定条件下可以相互转化,因此,近似于精确既是对立又是统一的.

（5）量变与质变的对立统一

任何事物都是质和量的对立统一.同样,在极限思想中也体现了这种辩证观.在极限式$\lim\limits_{n\to\infty}\dfrac{n+(-1)^{n-1}}{n}=1$中,随着$n$的增大,数列的项$\dfrac{n+(-1)^{n-1}}{n}$也在发生变化.但是不管$n$多大,$\dfrac{n+(-1)^{n-1}}{n}$与1仍存在着一定的差距.但是这一差异的绝对值随着$n$的增大而减小,当$n\to\infty$时,这一差异消失,相应地数列的项$\dfrac{n+(-1)^{n-1}}{n}$也发生了质的飞跃而成为了1.

通过对极限思想的辩证剖析,不难看出,极限是一种运动的、变化的、相互联系的、以量变引起质变的数学思想方法.

二、极限思想的应用

（一）刘徽的割圆术

我国古代数学家刘徽(公元3世纪)利用圆内接正多边形来推算圆面积的方法——割圆术,就是极限思想在几何学上的应用.

设有一圆,首先在圆内作内接正六边形,把它的面积记为A_1;再作内接正十二边形,其面积记为A_2;再作内接正二十四边形,其面积记为A_3;……循环下去,每次边数加倍.一般地,把内接正$6\times2^{n-1}$边形的面积记为$A_n(n\in\mathbf{N}^*)$.这样,就得到一系列内接正多边形的面积:

$$A_1,A_2,A_3,\cdots,A_n,\cdots,$$

它们构成一个数列.当n越大,内接正多边形与圆的差别就越小,从而以A_n作为圆面积的近似值也越精确.但是无论n取得如何大,只要n取定了,A_n终究是多边形的面积,而不是圆的面积.因此,设想n无限增大,即内接正多边形的边数无限增加,在这个过程中,内接正多边形无限接近于圆,同时A_n也无限接近于某一确定的数值,这个确定的数值就可理解为圆的面积.也就是说圆的面积是数列$A_1,A_2,A_3,\cdots,A_n,\cdots$当$n\to\infty$时的极限.

（二）曲线围成的曲边梯形的面积

考察由曲线$y=x^2$,x轴和直线$x=1$围成的图形的面积.该图形如图7-10所示,下面我们根据极限的思想来求它的面积.

设想用垂直于x轴的直线将曲边梯形分割成n个底边长为$\dfrac{1}{n}$的窄曲边梯形,将每个窄曲边梯形以它的左直边为高、底为$\dfrac{1}{n}$的矩形近似代替(如图7-10所示),这n个窄矩形面积的和是曲边梯形面积的近似值,分割越细,此和越接近曲边梯形的面积.当n无限增大时(每个

窄曲边梯形的底边长都趋于零),n 个窄矩形的面积和就无限逼近曲边梯形面积的精确值.具体地说,有以下解法:

把 x 轴上的闭区间 $[0,1]$ 分成 n 等份,得分点

$$x_0=0,x_1=\frac{1}{n},x_2=\frac{2}{n},\cdots,x_{n-1}=\frac{n-1}{n},x_n=1.$$

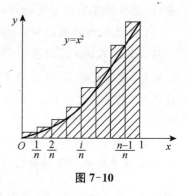

图 7-10

过各分点作 x 轴的垂线,把曲边梯形分割成 n 个窄曲边梯形.对每个窄曲边梯形,用它的底边为底,它的左直边为高的矩形来近似代替,把这些窄矩形的面积加起来,得到原曲边梯形的面积的近似值为

$$\begin{aligned}
A_n &= \frac{1}{n}\left[\left(\frac{1}{n}\right)^2+\left(\frac{2}{n}\right)^2+\cdots+\left(\frac{n-1}{n}\right)^2\right]\\
&= \frac{1}{n^3}\left[1^2+2^2+\cdots+(n-1)^2\right]\\
&= \frac{(n-1)\cdot n\cdot(2n-1)}{6n^3}\\
&= \frac{1}{3}-\frac{1}{2n}+\frac{1}{6n^2}.
\end{aligned}$$

当 n 无限增大时,A_n 无限逼近 $\frac{1}{3}$,可见所求的曲边梯形的面积应等于 $\frac{1}{3}$.

以上解决曲边梯形的面积的方法,是通过分割,把曲边梯形分成 n 个窄曲边梯形,每个窄曲边梯形用它的左直边为高、同底的矩形近似代替,最后考察当 n 无限增大(每个窄曲边梯形的底边长都趋于零)时,n 个窄矩形面积的和,无限逼近的数值即是所求的曲边梯形的面积.

第八章 导数与微分

第一节 导数的概念

一、两个引例

（一）曲线的切线

我们首先给出一般曲线的切线概念.

设点 M_0 是曲线 L 上的一个定点,点 M 是曲线 L 上的一个动点,当动点 M 沿曲线 L 无限趋近于定点 M_0 时,如果割线 M_0M 的极限位置存在,设为 M_0T,则称直线 M_0T 为曲线 L 在点 M_0 处的切线,如图 8-1 所示.如果割线 M_0M 的极限位置不存在,则曲线 L 在点 M_0 处的切线不存在.

例 1 求曲线 $y=f(x)$ 在点 $M_0(x_0,f(x_0))$ 处的切线的斜率.

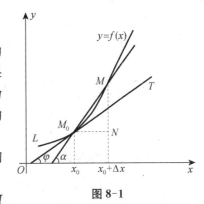

图 8-1

解 设动点 $M(x_0+\Delta x,f(x_0+\Delta x))$,则割线 M_0M 的斜率为

$$\tan\alpha=\frac{MN}{M_0N}=\frac{\Delta y}{\Delta x}=\frac{f(x_0+\Delta x)-f(x_0)}{(x_0+\Delta x)-x_0}.$$

当 $\Delta x\rightarrow 0$ 时,动点 M 沿曲线 $y=f(x)$ 无限趋向于点 M_0,从而得到曲线在点 M_0 处的切线斜率为

$$\tan\varphi=\lim_{\Delta x\rightarrow 0}\tan\alpha=\lim_{\Delta x\rightarrow 0}\frac{\Delta y}{\Delta x}=\lim_{\Delta x\rightarrow 0}\frac{f(x_0+\Delta x)-f(x_0)}{\Delta x}.$$

（二）瞬时速度

如果做直线运动的物体它的运动规律可以用函数 $s=s(t)$ 描述,在时刻 t_0 时位于 $s(t_0)$,在时刻 $t_0+\Delta t$ 时位于 $s(t_0+\Delta t)$,物体的位移是 $\Delta s=s(t_0+\Delta t)-s(t_0)$,这段时间内的平均度为

$$\bar{v}=\frac{\Delta s}{\Delta t}=\frac{s(t_0+\Delta t)-s(t_0)}{\Delta t}.$$

做非匀速直线运动的物体在时刻 t 的瞬时速度为

$$v=\lim_{\Delta t\rightarrow 0}\frac{\Delta s}{\Delta t}=\lim_{\Delta t\rightarrow 0}\frac{s(t+\Delta t)-s(t)}{\Delta t}.$$

二、导数的定义

设函数 $y=f(x)$,当自变量 x 在 x_0 处有增量 Δx 时,函数 y 有相应的增量 $\Delta y=f(x_0+\Delta x)-f(x_0)$;如果当 $\Delta x \to 0$ 时,$\dfrac{\Delta y}{\Delta x}$ 有极限,我们就说函数 $y=f(x)$ 在点 x_0 处可导,并把这个极限叫做 $f(x)$ 在点 x_0 处的导数,记作 $f'(x_0)$ 或 $f'\Big|_{x=x_0}$ 或 $\dfrac{\mathrm{d}y}{\mathrm{d}x}\Big|_{x=x_0}$,即

$$f'(x_0)=\lim_{\Delta x \to 0}\frac{\Delta y}{\Delta x}=\lim_{\Delta x \to 0}\frac{f(x_0+\Delta x)-f(x_0)}{\Delta x}.$$

如果当 $\Delta x \to 0$ 时,$\dfrac{\Delta y}{\Delta x}$ 的极限不存在,则称函数 $y=f(x)$ 在点 x_0 处不可导,或者导数不存在.

如果函数 $f(x)$ 在开区间 (a,b) 内的每一点都可导,那么就称函数 $f(x)$ 在开区间 (a,b) 内可导.这时,对于开区间 (a,b) 内每一个确定的值 x_0,都对应着一个确定的导数 $f'(x_0)$.这样就在开区间 (a,b) 内构成了一个新的函数,这个函数叫做 $f(x)$ 在开区间 (a,b) 内的**导函数**,记作 $f'(x)$ 或 y'(需指明自变量 x 时记作 y'_x),即

$$f'(x)=\lim_{\Delta x \to 0}\frac{\Delta y}{\Delta x}=\lim_{\Delta x \to 0}\frac{f(x+\Delta x)-f(x)}{\Delta x}.$$

导函数也简称**导数**.当 $x_0 \in (a,b)$ 时,函数 $y=f(x)$ 在点 x_0 处的导数 $f'(x_0)$ 等于函数 $f(x)$ 在开区间 (a,b) 内的导数 $f'(x)$ 在点 x_0 处的函数值.

三、基本初等函数的导数公式

由导数的定义和后面学习的导数的四则运算法则可以求出下列基本初等函数的导数公式:

(1) $(C)'=0$;

(2) $(x)'=1$;

(3) $(x^a)'=ax^{a-1}(a \neq 0,1)$;

(4) $(a^x)'=a^x \ln a(a>0,a \neq 1)$;

(5) $(\mathrm{e}^x)'=\mathrm{e}^x$;

(6) $(\log_a x)'=\dfrac{1}{x \ln a}(a>0,a \neq 1)$;

(7) $(\ln x)'=\dfrac{1}{x}$;

(8) $(\sin x)'=\cos x$;

(9) $(\cos x)'=-\sin x$;

*(10) $(\tan x)'=\dfrac{1}{\cos^2 x}$;

*(11) $(\cot x)'=-\dfrac{1}{\sin^2 x}$.

课堂练习1

1. (口答)求下列函数的导数:

(1) $y=x^5$;　　(2) $y=x^6$;　　(3) $y=\sin t$;　　(4) $y=\mathrm{e}^x$;

(5) $y=x$;　　(6) $y=6$;　　(7) $y=\cos x$;　　(8) $y=\ln x$.

2. 求下列函数的导数：

(1) $y = \dfrac{1}{x^3}$;　　(2) $y = \sqrt[3]{x}$;　　(3) $y = 2^x$;　　(4) $y = \dfrac{1}{\sqrt[3]{x}}$;

(5) $y = 3^x$;　　(6) $y = \log_3 x$;　　(7) $y = \lg x$.

四、导数的几何意义

由引例1知函数 $y = f(x)$ 在点 $p(x_0, f(x_0))$ 处的导数的几何意义，就是曲线 $y = f(x)$ 在点 $p(x_0, f(x_0))$ 处的切线的斜率.也就是说，曲线 $y = f(x)$ 在点 $p(x_0, f(x_0))$ 处的切线的斜率是 $f'(x_0)$.相应地，切线方程为

$$y - y_0 = f'(x_0)(x - x_0).$$

例2　求曲线 $y = x^3$ 在点 $(1, 1)$ 处的切线方程.

解　由于 $y' = (x^3)' = 3x^2$,根据导数的几何意义,所求切线的斜率为

$$k = y'\Big|_{x=1} = 3,$$

故切线方程为

$$y - 1 = 3(x - 1),$$

即

$$3x - y - 2 = 0.$$

课堂练习 2

求曲线 $y = x^2$ 在点 $A(2, 4)$ 处的切线方程.

习题 8-1

1. 求下列函数的导数：

(1) $y = x^4$;　　(2) $y = \dfrac{1}{\sqrt{x}}$;　　(3) $y = \dfrac{1}{x}$;

(4) $y = \log_2 x$;　　(5) $y = 3^x$;　　(6) $y = \sqrt{x}$.

2. 求曲线 $y = \sqrt{x}$ 在点 $A(1, 1)$ 处的切线方程.

3. 求曲线 $y = \dfrac{1}{x}$ 在点 $A(1, 1)$ 处的切线方程.

第二节　导数的四则运算

一、两函数的和与差的导数

法则1　两个可导函数 $u = u(x)$ 和 $v = v(x)$ 的和(或差)的导数等于这两个函数的导数

的和(或差),即

$$[u(x) \pm v(x)]' = u'(x) \pm v'(x).$$

例1 求函数 $f(x) = \sqrt{x} - \log_2 x$ 的导数.

解 $f'(x) = (x^{\frac{1}{2}})' - (\log_2 x)' = \frac{1}{2}x^{-\frac{1}{2}} - \frac{1}{x\ln 2}.$

例2 设函数 $f(x) = \sin x + x^3 - 5$,求 $f'(1)$.

解 $f'(x) = (\sin x + x^3 - 5)' = (\sin x)' + (x^3)' - (5)' = \cos x + 3x^2 - 0 = \cos x + 3x^2, f'(1) = \cos 1 + 3.$

课堂练习1

求下列函数的导数:

(1) $y = \sqrt{x} - \cos x$；   (2) $y = x^{-1} + \log_2 x$；   (3) $y = x^3 + 3^x$.

二、两函数的积的导数

法则2 两个可导函数 $u = u(x)$ 和 $v = v(x)$ 的积的导数等于第一个函数的导数乘第二个函数,加上第一个函数乘第二个函数的导数,即

$$(uv)' = u'v + uv'.$$

法则3 求常数 C 与可导函数 $u = u(x)$ 的积的导数时,常数因子可以提到导数符号外面,即

$$(Cu)' = Cu'.$$

例3 求函数 $y = \sqrt{x} \ln x$ 的导数.

解 $y' = (\sqrt{x} \ln x)' = (\sqrt{x})' \ln x + \sqrt{x}(\ln x)'$

$\quad = \frac{1}{2\sqrt{x}} \cdot \ln x + \sqrt{x} \cdot \frac{1}{x} = \frac{\ln x}{2\sqrt{x}} + \frac{1}{\sqrt{x}} = \frac{1}{2\sqrt{x}}(\ln x + 2).$

例4 求函数 $y = (3x^2 - \ln x)(1 - 2x)$ 的导数.

解 $y' = [(3x^2 - \ln x)(1 - 2x)]'$

$\quad = (3x^2 - \ln x)'(1 - 2x) + (3x^2 - \ln x)(1 - 2x)'$

$\quad = \left(6x - \frac{1}{x}\right)(1 - 2x) + (3x^2 - \ln x)(-2)$

$\quad = 6x - \frac{1}{x} - 12x^2 + 2 - 6x^2 + 2\ln x$

$\quad = 2\ln x - 18x^2 + 6x - \frac{1}{x} + 2.$

课堂练习2

求下列函数的导数:

(1) $y = e^x \sin x$；   (2) $y = x^2 2^x$；   (3) $y = e^x \ln x$.

三、两函数的商的导数

法则4　两个可导函数 $u=u(x)$ 和 $v=v(x)(v\neq 0)$ 的商的导数等于分子的导数乘分母减去分子乘分母的导数,再除以分母的平方,即

$$\left(\frac{u}{v}\right)'=\frac{u'v-uv'}{v^2}(v\neq 0).$$

例5　求函数 $y=\dfrac{\cos x}{x}$ 的导数.

解法1

$$y'=\frac{(\cos x)'\cdot x-\cos x\cdot x'}{x^2}=-\frac{x\sin x+\cos x}{x^2}.$$

解法2

$$y'=(x^{-1}\cos x)'=(x^{-1})'\cdot\cos x+x^{-1}\cdot(\cos x)'$$
$$=-x^{-2}\cdot\cos x-x^{-1}\sin x$$
$$=-\frac{x\sin x+\cos x}{x^2}.$$

解法 2 表明,当分母为幂函数时,可利用负指数幂将商的导数转化为积的导数.

例6　求函数 $y=\dfrac{2x^2-2x+x\sqrt{x}}{\sqrt{x}}$ 的导数.

解　因为 $y=2x^{\frac{3}{2}}-2\sqrt{x}+x$,所以 $y'=3\sqrt{x}-x^{-\frac{1}{2}}+1$.

应当注意,在求导之前尽可能先对函数进行化简,往往能使计算变得简捷.本例若用商的求导法则,计算将复杂得多.

例7　设函数 $f(x)=\dfrac{2^x-\sin x}{x}$,求 $f'(x)$.

解　$f'(x)=\dfrac{(2^x-\sin x)'\cdot x-(2^x-\sin x)\cdot x'}{x^2}=\dfrac{x2^x\ln 2-x\cos x-2^x+\sin x}{x^2}.$

> ### 课堂练习3

1. 填空:

(1) $\left(\dfrac{x}{x^2+1}\right)'=\dfrac{(\quad)(x^2+1)-x(\quad)}{(x^2+1)^2}$;

(2) $\left(\dfrac{1-x^2}{\sin x}\right)'=\dfrac{(\quad)\sin x-(1-x^2)(\quad)}{\sin^2 x}$.

2. 求下列函数的导数:

(1) $y=\dfrac{e^x}{\sin x}$; 　　(2) $y=\dfrac{x+2}{3x^2}$; 　　(3) $y=\dfrac{1}{1-\cos x}$; 　　(4) $y=\dfrac{a-x}{a+x}$.

习题 8-2

1. 填空：

(1) $[(3x^2+1)(4x^2-3)]'=(\quad)(4x^2-3)+(3x^2+1)(\quad)$；

(2) $(x^3\sin x)'=(\quad)\sin x+x^3(\quad)$.

2. 判断下列求导是否正确，如果不正确，请加以改正：

(1) $[(3+x^2)(2-x^3)]'=2x(2-x^3)+3x^2(3+x^2)$；

(2) $\left(\dfrac{1+\cos x}{x^2}\right)'=\dfrac{2x(1+\cos x)+x^2\sin x}{x^2}$.

3. 求下列函数的导数：

(1) $y=\sin x+x^5+\ln 3$； (2) $y=\cos x+\ln x$；

(3) $y=3^x+\log_2 x$； (4) $y=\mathrm{e}^x-\lg x$.

4. 求下列函数的导数：

(1) $y=3x^4-23x^2+40x-10$； (2) $y=3\cos x-4\sin x$；

(3) $y=2^x\cos x$； (4) $y=\sqrt{x}\sin x+3\ln x+\sqrt{2}$

(5) $y=1+\dfrac{2}{x}+\dfrac{3}{x^2}-\dfrac{4}{x^3}$； (6) $y=(2x^2-3)(x^2-4)$.

5. 求下列函数的导数：

(1) $y=\dfrac{1-2x}{1+2x}$； (2) $y=\dfrac{1+x}{2-x^3}$； (3) $y=\dfrac{1}{1+\sin x}$；

(4) $y=\dfrac{1+\cos x}{1-\cos x}$； (5) $y=\dfrac{-3x^4+3x^2-5}{x^3}$.

第三节　复合函数的导数

我们先看一个例子.已知 $y=(3x-2)^2$，那么 $y'=(9x^2-12x+4)'=18x-12$.函数 $y=(3x-2)^2$ 又可以看成由 $y=u^2$，$u=3x-2$ 复合而成，其中 u 称为中间变量.由于 $y'_u=2u$，$u'_x=3$，因而 $y'=y'_u\cdot u'_x=2u\cdot 3=6(3x-2)=18x-12$.

也就是说，对于函数 $y=(3x-2)^2$，我们有 $y'=y'_u\cdot u'_x$.

复合函数的求导法则：一般地，设函数 $u=\phi(x)$ 在点 x 处有导数 $u'_x=\phi'(x)$，函数 $y=f(u)$ 在点 $u=\phi(x)$ 处有导数 $y'_u=f'(u)$，则复合函数 $y=f(\phi(x))$ 在点 x 处也有导数，且其导数为

$$y'=y'_u\cdot u'_x \text{ 或 } y'=f'(u)\cdot\phi'(x).$$

即复合函数对自变量的导数，等于已知函数对中间变量的导数乘中间变量对自变量的导数.

例1 求函数 $y=\sin(3x+1)$ 的导数.

解 设 $y=\sin u, u=3x+1$，则

$$y'_x = y'_u \cdot u'_x = (\sin u)'_u \cdot (3x+1)'_x = \cos u \cdot 3 = 3\cos(3x+1).$$

注意 在利用复合函数的求导法则求导数时,要把中间变量换成自变量的函数.

例2 设函数 $y = e^{2x}$,求 y'.

解 令 $y = e^u, u = 2x$,则

$$y' = y'_u \cdot u'_x = (e^u)'_u \cdot (2x)'_x = 2e^u = 2e^{2x}.$$

例3 求函数 $y = \sqrt[3]{1-x^2}$ 的导数.

解 设 $y = \sqrt[3]{u}, u = 1-x^2$,则

$$y' = y'_u \cdot u'_x = (u^{\frac{1}{3}})' \cdot (1-x^2)' = \frac{1}{3}u^{-\frac{2}{3}} \cdot (-2x) = -\frac{2x}{3}(1-x^2)^{-\frac{2}{3}}.$$

课堂练习 1

求下列函数的导数:

(1) $y = \cos(1-2x)$;　　(2) $y = (3x^2+1)^{10}$;　　(3) $y = e^{3x}$;

(4) $y = 3^{-x}$;　　　　　(5) $y = \cos 2x$;　　　　　(6) $y = \dfrac{1}{\sqrt{2x-1}}$.

复合函数求导的关键,在于首先要把复合函数的复合过程搞清楚,然后运用复合函数的求导法则进行计算,求导之后应把引进的中间变量换成原来的自变量.对复合函数的复合过程掌握较好之后,就不必再写出中间变量,只要把中间变量所代替的式子默记在心里,运用复合函数的求导法则,逐层求导即可.

例4 求函数 $y = \cos^2 x$ 的导数.

解 $y' = 2\cos x \cdot (\cos x)' = -2\cos x \sin x = -\sin 2x.$

例5 求函数 $y = \sin x^3$ 的导数.

解 $y' = (\sin x^3)' = \cos x^3 \cdot (x^3)' = 3x^2 \cos x^3.$

例6 设函数 $y = \ln \cos x$,求 y'.

解 $y' = (\ln \cos x)' = \dfrac{1}{\cos x}(\cos x)' = \dfrac{-\sin x}{\cos x} = -\tan x.$

课堂练习 2

求下列函数的导数:

(1) $y = \dfrac{1}{(2x^2-1)^3}$;　　(2) $y = \sin\left(3x - \dfrac{\pi}{6}\right)$;　　(3) $y = \cos(1+x^2)$;

(4) $y = \ln(1-x^2)$;　　(5) $y = 2^{\sin x}$;　　　　　(6) $y = \sqrt{\lg x}$.

由于初等函数是由基本初等函数和常数经过有限次四则运算和有限次复合构成的并能用一个解析式表示的函数,有了上面的求导公式和求导法则,就能够计算任意初等函数的导数了.

例7 设函数 $y = \sin 2x + \ln(1-2x)$,求 y'.

解 $y' = (\sin 2x)' + [\ln(1-2x)]' = \cos 2x \cdot (2x)' + \dfrac{(1-2x)'}{1-2x} = 2\cos 2x - \dfrac{2}{1-2x}.$

课堂练习 3

求下列函数的导数：

(1) $y = \sqrt{x-1} - \sin 2x$；   (2) $y = \log_2 3x - \cos 3x$.

习题 8-3

1. 指出下列复合函数的复合过程，并求出它们的导数：

(1) $y = (x^2 + 4x - 7)^5$；   (2) $y = \cos(2x + 5)$；   (3) $y = \sqrt{1 + x^2}$；

(4) $y = \dfrac{1}{\sqrt[5]{1 + 3x}}$；   (5) $y = \cos\left(\dfrac{\pi}{4} - x\right)$；   (6) $y = \log_2 \sin x$.

2. 求下列函数的导数：

(1) $y = \sqrt{1 + x^3}$；   (2) $y = \cos^2 x$；   (3) $y = \sin x^2$；

(4) $y = \ln(x + 1)$；   (5) $y = e^{\sin x}$；   (6) $y = 2^{1-2x}$.

3. 求下列函数的导数：

(1) $y = \sin 2x + \sin x^2$；   (2) $y = \ln\sqrt{x} + \sqrt{\ln x}$.

(3) $y = \sin 3x - \sin^3 x$；   (4) $y = 3^{\sin x} + \cos 5^x$.

4. 求下列函数在给定点处的导数：

(1) $y = \sqrt[3]{4x - 3}$，求 $y'\Big|_{x=1}$；   (2) $y = x\sin 2x$，求 $y'\Big|_{x=\frac{\pi}{4}}$.

5. 求下列曲线在点 M 处的切线方程：

(1) $y = \dfrac{1}{x^2 - 3x}$，点 $M(2,1)$；   (2) $y = \sin 2x$，点 $M(\pi, 0)$.

第四节 函数的微分

一、微分的定义

函数的导数表示函数的变化率，它描述了函数变化的快慢程度.在工程技术和经济活动中，有时还需了解当自变量取得一个微小的增量时，函数相应增量的大小.一般来说，计算函数增量 Δy 的精确值是比较困难的，所以，往往需要运用简便的方法计算它的近似值，这就是函数的微分所要解决的问题.本节将学习微分的概念、微分的运算法则与基本公式，并介绍微分在近似计算中的简单应用.

引例 设有一块边长为 x_0 的正方形金属片，受热后它的边长伸长了 Δx，问其面积增加了多少？

解 如图 8-2，设正方形金属片的边长为 x_0，面积与边长的函数关系式为 $y = x^2$，受热后边长由 x_0 变到 $x_0 + \Delta x$，面积相应地得到增量

$$\Delta y = (x_0 + \Delta x)^2 - x_0^2 = 2x_0 \Delta x + (\Delta x)^2.$$

如果边长改变很微小,即$|\Delta x|$很小时,面积的增量Δy可近似地用第一部分来代替,即

$$\Delta y \approx 2x_0 \Delta x.$$

由于$f'(x_0) = 2x_0$,所以上式可以写成

$$\Delta y \approx f'(x_0) \Delta x.$$

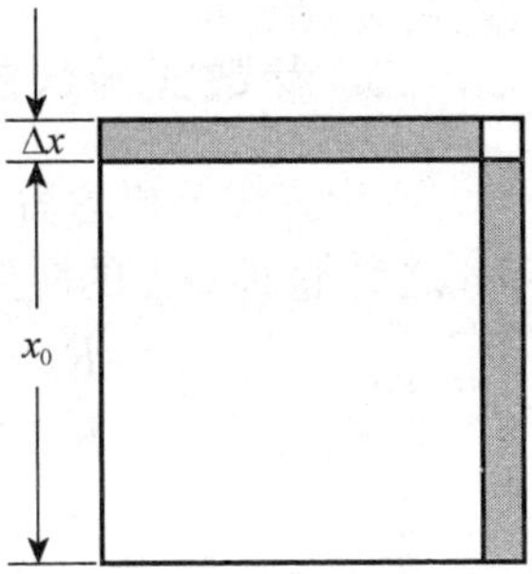

图 8-2

这个结论具有一般性,由此引出微分的定义.

定义　如果函数$y = f(x)$在点x_0处具有导数$f'(x_0)$,那么$f'(x_0)\Delta x$ **叫做函数** $y = f(x)$ **在点** x_0 **处的微分**,记作$dy\Big|_{x=x_0}$,即

$$dy\Big|_{x=x_0} = f'(x_0)\Delta x.$$

例1　求$y = x^2$在$x = 3$处的微分.

解　$dy\Big|_{x=3} = (x^2)'\Big|_{x=3}\Delta x = 2x\Big|_{x=3}\Delta x = 6\Delta x.$

一般地,函数$y = f(x)$在任一点x的微分叫做**函数的微分**,记作dy或$df(x)$,即

$$dy = f'(x)\Delta x.$$

因为当$y = x$时,$dy = dx = (x')\Delta x = \Delta x$,即自变量的微分$dx$等于自变量的增量$\Delta x$,所以函数$y = f(x)$的微分又可记作

$$dy = f'(x)dx.$$

例2　求函数$y = \sin x$的微分.

解　$dy = f'(x)dx = (\sin x)'dx = \cos x\, dx.$

例3　求函数$y = \ln(1 + e^x)$的微分.

解　因为$y' = [\ln(1 + e^x)]' = \dfrac{e^x}{1 + e^x}$,所以

$$dy = y'dx = \frac{e^x}{1 + e^x}dx.$$

函数的微分与自变量的微分之商等于该函数的导数,因此,导数又叫做微商.前面我们把$\dfrac{dy}{dx}$当作一个整体记号,现在有了微分的概念,$\dfrac{dy}{dx}$可以作为分式来处理,这就给以后的运算带来了很多方便,以后我们也把可导函数叫做可微函数,把函数在某点可导叫做在某点可微.

课堂练习 1

求下列函数的微分:

(1) $y = 2x^3 + 3x - 4$;

(2) $y = (3x - 1)(x - 3)$;

(3) $y = \dfrac{1 - x}{1 + x}$;

(4) $y = 3\sin^2 x + \sin x.$

*二、参数式函数的微分法则

在引入微分概念后,微分表达式告诉我们导数 $f'(x)$ 是函数的微分 $\mathrm{d}y$ 与自变量的微分 $\mathrm{d}x$ 之商.这种观点的应用之一是导出参数式函数的微分法.现举例说明.

例4 设 $\begin{cases} x = R\cos t, \\ y = R\sin t, \end{cases}$ 其中 R 为常数,求 $\dfrac{\mathrm{d}y}{\mathrm{d}x}$.

解 这是圆 $x^2 + y^2 = R^2$ 的参数方程.我们可利用微分直接由参数方程来求导数 $\dfrac{\mathrm{d}y}{\mathrm{d}x}$,即

$$\frac{\mathrm{d}y}{\mathrm{d}x} = \frac{\mathrm{d}(R\sin t)}{\mathrm{d}(R\cos t)} = \frac{R\cos t\,\mathrm{d}t}{R\sin t\,\mathrm{d}t} = -\cot t.$$

> **课堂练习 2**

求下列参数式函数 $\begin{cases} x = t - \sin t, \\ y = 1 - \cos t \end{cases}$ 的导数 $\dfrac{\mathrm{d}y}{\mathrm{d}x}$.

*三、微分在近似计算中的应用

由微分的定义,当 $|\Delta x|$ 很小时,有 $\Delta y \approx \mathrm{d}y$,即

$$f(x_0 + \Delta x) - f(x_0) \approx f'(x_0)\Delta x.$$

这个式子也可以写为

$$\Delta y \approx f'(x_0)\Delta x. \tag{1}$$

公式(1)经常用来近似计算函数的增量.

例5 有一块圆形金属片,半径为 20 cm.加热后,其半径增大了 0.05 cm.问该金属片的面积增大了多少?

解 设圆形金属片的半径为 r,则其面积为 $A = \pi r^2$.当 $r = 20,\Delta r = 0.05$ 时,由公式(1),得金属片面积的增量为

$$\Delta A \approx \left[(\pi r^2)' \Delta r\right]\Big|_{\substack{r=20 \\ \Delta r=0.05}} = (2\pi r \Delta r)\Big|_{\substack{r=20 \\ \Delta r=0.05}} = 2\pi \times 20 \times 0.05 \approx 6.28(\mathrm{cm}^2).$$

> **课堂练习 3**

有一块圆形金属片,半径为 10 cm.加热后,其半径增大了 0.01 cm.问该金属片的面积增大了多少?

> **习题 8-4**

1. 求下列函数的微分:

(1) $y = x^4 + 5x + 6$; (2) $y = \dfrac{1}{x} + 2\sqrt{x}$; (3) $y = x\cos x$;

(4) $y = \cos 2x$; (5) $y = \mathrm{e}^{\sin x}$; (6) $y = \ln(1 - 3x)$.

***2.** 求参数式函数 $\begin{cases} x = \mathrm{e}^t + \cos t, \\ y = \mathrm{e}^t - \sin t \end{cases}$ 的导数 $\dfrac{\mathrm{d}y}{\mathrm{d}x}$.

*3. 设有一块边长为 20 cm 的金属片,受热后它的边长伸长了 0.01 cm,问其面积增加了多少?

第五节　高 阶 导 数

一、高阶导数的概念

一般地,函数 $y=f(x)$ 的导数 $y'=f'(x)$ 仍然是 x 的函数,如果函数 $f'(x)$ 对 x 的导数存在,则称之为函数 $y=f(x)$ 的二阶导数,记作 y'',$f''(x)$ 或 $\dfrac{\mathrm{d}^2 y}{\mathrm{d}x^2}$,即

$$y''=(y')',\quad f''(x)=[f'(x)]' \quad \text{或} \quad \frac{\mathrm{d}^2 y}{\mathrm{d}x^2}=\frac{\mathrm{d}}{\mathrm{d}x}\left(\frac{\mathrm{d}y}{\mathrm{d}x}\right).$$

二阶导数 $y''=f''(x)$ 的导数称为函数 $y=f(x)$ 的三阶导数;三阶导数 $y'''=f'''(x)$ 的导数称为函数 $y=f(x)$ 的四阶导数;…… 一般地,$y=f(x)$ 的 $n-1$ 阶导数的导数称为函数 $y=f(x)$ 的 n 阶导数,它们依次记作 y''',$y^{(4)}$,$\cdots$,$y^{(n)}$ 或 $f'''(x)$,$f^{(4)}(x)$,$\cdots$,$f^{(n)}(x)$ 或 $\dfrac{\mathrm{d}^3 y}{\mathrm{d}x^3}$,$\dfrac{\mathrm{d}^4 y}{\mathrm{d}x^4}$,$\cdots$,$\dfrac{\mathrm{d}^n y}{\mathrm{d}x^n}$.

二阶及二阶以上的导数统称为**高阶导数**.

例1　求下列函数的二阶导数:

(1) $y=2x+3$;　　　　　(2) $y=x\ln x$.

解　(1) $y'=2,y''=0$.

(2) $y'=\ln x+x\cdot\dfrac{1}{x}=\ln x+1,y''=\dfrac{1}{x}$.

例2　设函数 $f(x)=\mathrm{e}^{2x-1}$,求 $f''(0)$.

解　$f'(x)=2\mathrm{e}^{2x-1},f''(x)=4\mathrm{e}^{2x-1},f''(0)=4\mathrm{e}^{-1}=\dfrac{4}{\mathrm{e}}$.

课堂练习1

求下列函数的二阶导数:

(1) $y=4x^2-5x+1$;　　(2) $y=\sqrt[3]{x^2}$;　　(3) $y=\dfrac{2}{x}$;　　(4) $y=x+\cos x$.

*二、二阶导数的力学意义

设物体做变速直线运动,其运动方程为 $s=s(t)$,则它在时刻 t 的速度是路程 s 对时间 t 的导数,即 $v(t)=s'(t)=\dfrac{\mathrm{d}s}{\mathrm{d}t}$.

一般情况下速度 v 仍然是时间 t 的函数.在力学中,把速度 $v(t)$ 对时间 t 的变化率称为物

体运动的加速度,记作 $a(t)$.因此,加速度 $a(t)$ 是速度 $v(t)$ 对时间 t 的导数,即

$$a(t)=v'(t)=s''(t)=\frac{\mathrm{d}^2 s}{\mathrm{d}t^2}.$$

也就是说,运动物体的加速度 $a(t)$ 是路程 $s(t)$ 对时间 t 的二阶导数.这就是二阶导数的力学意义.

例 3 设某飞行器的运动方程为 $s(t)=\dfrac{t^3}{3}+\dfrac{t^2}{2}+t$(单位:m),求该飞行器在 $t=2$ s时的加速度.

解 因为 $s'(t)=t^2+t+1,a(t)=s''(t)=2t+1$,所以该飞行器在 $t=2$ s时的加速度为

$$a(2)=2\times 2+1=5\ (\mathrm{m/s}^2).$$

例 4 设简谐运动的方程为 $s(t)=A\sin(\omega t+\varphi)$(振幅 A、角频率 ω、初相角 φ 均为常数),求简谐运动的加速度.

解 因为 $s'(t)=A\omega\cos(\omega t+\varphi),s''(t)=-A\omega^2\sin(\omega t+\varphi)$,所以简谐运动的加速度为

$$a(t)=-A\omega^2\sin(\omega t+\varphi).$$

课堂练习 2

设质点的运动方程是 $s=t+\dfrac{1}{4}t^3$(s 的单位:m, t 的单位:s),当 $t=3$ s时,求:(1)质点的速度;(2)质点的加速度.

习题 8-5

1. 求下列函数的二阶导数:

(1) $y=(2x+3)^2$; (2) $y=x\sin x$; (3) $y=\mathrm{e}^x+\cos x$; (4) $y=\mathrm{e}^{3x-1}$.

2. 求下列函数在给定点处的二阶导数:

(1) $y=x^4+2x-1$,求 $y''\Big|_{x=1}$; (2) $y=\sin^2 x-\cos^2 x$,求 $y''\Big|_{x=\frac{\pi}{2}}$.

3. 验证函数 $y=C_1\mathrm{e}^x+C_2\mathrm{e}^{2x}$(其中 C_1、C_2 为常数)满足关系式

$$y''-3y'+2y=0.$$

复习题八

1. 填空题.

(1) 函数 $y=$ _____ 的导数等于它本身;

(2) $\mathrm{d}(\cos x)=$ _____ $\mathrm{d}x$;

(3) 若 $y=\log_2 x$,则 $\mathrm{d}y=$ _____;

(4) $y=x^3$ 在 $x=0$ 处的切线斜率为 _____;

(5) 若 $y=2x^3$,则 $f''(1)=$ _____.

2. 选择题.

(1) 若 $f(x)$ 可微,则 $\mathrm{d}(\mathrm{e}^{f(x)}) = ($ 　　$)$.

    A. $f'(x)\mathrm{d}x$ B. $\mathrm{e}^{f(x)}\mathrm{d}x$

    C. $f'(x)\mathrm{e}^{f(x)}\mathrm{d}x$ D. $f(x)\mathrm{e}^{f(x)}\mathrm{d}x$

(2) 设 $y = \sin^2 x + \dfrac{1}{\sin^2 x}$,则 $\dfrac{\mathrm{d}y}{\mathrm{d}x} = ($ 　　$)$.

    A. $\sin 2x + \dfrac{1}{\sin 2x}$ B. $\sin 2x - \dfrac{1}{\sin 2x}$

    C. $\sin 2x - \dfrac{2\cos x}{\sin^3 x}$ D. $\cos^2 x + \dfrac{1}{\sin 2x}$

(3) 设 $f(x) = 2^{-x} + x^{-2}$,则 $f'(0) = ($ 　　$)$.

    A. 无意义   B. $-\ln 2 - 2$ C. $\dfrac{-1}{\ln 2} - 2$ D. $\dfrac{-1}{\ln 2} - 1$

(4) 若等式 $\mathrm{d}($ 　　$) = \dfrac{\ln x}{x}\mathrm{d}x$ 成立,则括号里应填入的函数是(　　).

    A. $2\ln^2 x + C$ B. $\dfrac{\ln^2 x}{2} + C$ C. $\ln(\ln x) + C$ D. $x\ln x + C$

(6) 已知抛物线 $y = x^2$ 上过点 M 的切线平行于直线 $y = 4x - 5$,则点 M 的坐标为

    (　　).

    A. $(1,1)$ B. $(0,0)$ C. $(-2,4)$ D. $(2,4)$

3. 求下列函数的导数:

(1) $y = \sqrt{x}\sin x$;   (2) $y = \dfrac{x-1}{x+1}$;   (3) $y = (3x+1)^5$;

(4) $y = \sqrt{x^2 - 4}$;   (5) $y = \sin\left(5x + \dfrac{\pi}{4}\right)$;   (6) $y = \cos\sqrt{x}$;

(7) $y = \log_3(3 + 2x^2)$;   (8) $y = \ln\ln x$;   (9) $y = 4\cos^2\dfrac{x}{3}$;

(10) $y = \mathrm{e}^{-x}\sin 2x$;   (11) $y = (x-1)\sqrt{1-x^3}$;   (12) $y = \left(\dfrac{x}{1+x}\right)^5$.

4. 求下列函数的微分:

(1) $y = \sqrt{2 - 3x^2}$;   (2) $y = \ln(x - 1)$;

(3) $y = \mathrm{e}^{2x} + \sin\dfrac{x}{3}$;   (4) $y = \cos(2x - 5)$.

5. 求下列函数的高阶导数:

(1) $y = \ln(1 + x^2)$,求 y'';   (2) $y = x^3\ln x$,求 $y^{(4)}$.

6. 求曲线 $y = x^3 + x^2 - 1$ 在点 $P(-1,-1)$ 处的切线方程.

*7. 设物体的运动方程是 $s = -\dfrac{1}{6}t^3 + 3t^2 - 5$($s$ 的单位:m,t 的单位:s),求物体在 $t = 3$ s 时的速度.

*8. 设质点的运动方程是 $s = 5\sin t$(s 的单位:m,t 的单位:s),求质点在 $t = \dfrac{5\pi}{2}$ s 时的速度.

*9. 设物体的运动方程是 $s = \cos \dfrac{\pi t}{3}$($s$ 的单位:m,t 的单位:s),求物体在 $t = 1$ s 时的加速度.

*10. 设质点的运动方程是 $s = \dfrac{1}{3}t^3 - 2t^2 + 3$($s$ 的单位:m,t 的单位:s),当 $t = 5$ s 时,求:

(1) 质点的速度;(2) 质点的加速度.

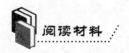 阅读材料

中国现代数学的奠基人之一 —— 华罗庚

华罗庚教授是中国现代数学的奠基人之一,著名数学家 A. SelBerg 曾说过:"很难想象,如果他未曾回国,中国数学会怎么样."华罗庚是中国一流的数学家,对现代数学的发展做出了很大的贡献."中国最早得到世界绝对第一流研究成果是在数学领域,华罗庚、陈景润先生就是证明."(杨振宁教授语) 他又是一位爱国者,在新中国建立之初的 1950 年就从美国回到祖国,走上了"不为个人而为人民服务"(毛泽东主席语) 的道路.

菲尔兹奖获得者、数学大师丘成桐教授在题为《中国的数学及其发展》演讲中指出:"中国近代数学能超越西方或与之并驾齐驱的主要原因有三个,当然我不是说其他工作不存在,主要是讲能够在数学史上很出名的有三个方面:一个是陈省身教授在示性类方面的工作;一个是华罗庚教授在多复变函数方面的工作;一个是冯康教授在有限元计算方面的工作.我为什么单讲华先生在多复变函数方面的工作,这是我个人的偏见,华先生在数论方面的贡献是很大的,可是华先生在数论方面的工作不能左右全世界在数论方面的发展,可是他在多复变函数方面的贡献比西方至少早了 10 年,海外的数学家都很尊重华先生在这方面的成就."华罗庚教授的研究工作,极大地丰富了数学的文库 —— 在 1939—1965 年间,他所发表的著作和论文被最有权威的《数学评论》评论过 105 次.为了了解中国对近代数学的贡献,人们必须熟悉华罗庚的一生.

1910 年华罗庚出生于江苏省金坛县,在家乡读完了初中二年级,然后进入上海中华职业学校,完成了两年制专业的前一年半的课程,迫于家境贫寒,在他 15 岁就辍学回到家乡金坛,协助他父亲经营家庭小店.华罗庚的父亲对儿子专心于学习很不高兴.关于华罗庚的一个小通俗传记上登载了一幅漫画:他父亲穿过店堂追赶他的儿子,小男孩恐惧地抓紧胸前的数学书,父亲威胁着要把他的书烧掉.

华罗庚年轻的时候开始自学现代数学并显露出他的数学才华.他 19 岁时,在上海《科学》杂志上发表论文《苏家驹之代数的五次方程式解法不能成立理由》等.华罗庚在 1931 年到清华大学数学系担任助教职务.到清华大学后,他更加勤奋,四年中打下了坚实的数学基础,并自学了英语、法语和德语,逐渐提升为教员.1936 年到 1938 年,华罗庚到英国跟随数学家哈代学习,发表了十多篇论文,1945 年访问苏联,1946 年去了美国,先在普林斯顿高等研究所工作,后来在伊利诺伊大学当教授.在新中国成立后,1950 年他放弃了美国优越的生活回国.这段时间,他在数论、代数、几何与多复变函数等各个方面写出了大量杰出的论文,因而名震国际数学界.

在外国数学家的眼中,华罗庚对自己祖国的献身是无条件的和坚定不移的,他一直是中华人民共和国第一流的科学巨人之一.

第九章　导数的应用

第一节　函数单调性的判定

我们知道,如果函数 $f(x)$ 在某个区间上是单调增函数或单调减函数,那么就说 $f(x)$ 在这一区间上具有单调性.怎样判断函数的单调性呢? 先看下面的例子.

函数 $f(x)=x^2$ 的图像如图 9-1 所示.

曲线 $y=f(x)$ 的切线的斜率就是函数 $f(x)$ 的导数,从图像可以看到:在区间 $(0,+\infty)$ 内,切线的斜率为正,即当 $f'(x)>0$ 时, $f(x)$ 为单调增函数;在区间 $(-\infty,0)$ 内,切线的斜率为负,即当 $f'(x)<0$ 时, $f(x)$ 为单调减函数.

那么能否用导数在某个区间上的符号来判断函数的单调性呢?

定理　设函数 $y=f(x)$ 在 $[a,b]$ 上连续,在 (a,b) 内可导.

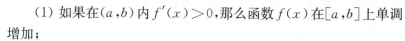

图 9-1

(1) 如果在 (a,b) 内 $f'(x)>0$,那么函数 $f(x)$ 在 $[a,b]$ 上单调增加;

(2) 如果在 (a,b) 内 $f'(x)<0$,那么函数 $f(x)$ 在 $[a,b]$ 上单调减少.

证明略.

应当指出,在区间 (a,b) 内如果恒有 $f'(x)\geqslant0$ (或 $f'(x)\leqslant0$),等号仅在有限多个点处成立,那么函数 $f(x)$ 在区间 $[a,b]$ 上仍然单调增加(或减少).例如,幂函数 $y=x^3$ 的导数 $y'=3x^2\geqslant0$,等号仅在 $x=0$ 时成立,由它的图像可知,函数在 $(-\infty,+\infty)$ 上仍然单调增加.

例 1　确定函数 $f(x)=x^2$ 的单调区间.

解　函数 $f(x)=x^2$ 的定义域为 $(-\infty,+\infty)$,求导数,得

$$f'(x)=2x.$$

在点 $x=0$ 处导数为零,以 $x=0$ 为界把定义域分成两个区间 $(-\infty,0]$ 和 $[0,+\infty)$,当 $x\in(-\infty,0)$ 时, $f'(x)<0$,因此,函数 $f(x)=x^2$ 在区间 $(-\infty,0]$ 上单调减少;当 $x\in(0,+\infty)$ 时, $f'(x)>0$,因此,函数 $f(x)=x^2$ 在区间 $(0,+\infty]$ 上单调增加.

表 9-1 更清楚地表明了这种情况.

在此例中,点 $x=0$ 是单调减少区间与单调增加区间的分界点,并且有 $f'(0)=0$,如图 9-1 所示.

一般地,我们把一阶导数等于 0 的点称为函数的**驻点**.

从例 1 可知,有些函数在其定义区间上并不是单调的,但是,我们可以用驻点来划分它

表 9-1

x	$(-\infty, 0)$	$(0, +\infty)$
$f'(x)$	$-$	$+$
$f'(x)$	↘	↗

的区间,使导数 $f'(x)$ 在各个区间上保持固定符号,因而可判定函数在各个区间上所具有的单调性,并由此确定函数的单调区间.

例 2　确定函数 $f(x) = 2x^3 - 9x^2 + 12x - 3$ 的单调区间.

解　函数 $f(x)$ 的定义域为 $(-\infty, +\infty)$,求导数,得

$$f'(x) = 6x^2 - 18x + 12 = 6(x-1)(x-2).$$

令 $f'(x) = 0$,得 $x_1 = 1, x_2 = 2$.这两个根把定义域 $(-\infty, +\infty)$ 分成三个部分区间 $(-\infty, 1]$、$[1, 2]$ 及 $[2, +\infty)$.

表 9-2

x	$(-\infty, 1)$	1	$(1, 2)$	2	$(2, +\infty)$
$f'(x)$	$+$	0	$-$	0	$+$
$f(x)$	↗		↘		↗

由表 9-2 可知:函数 $f(x)$ 在 $(-\infty, 1]$ 及 $[2, +\infty)$ 上单调增加,在 $[1, 2]$ 上单调减少.

例 3　讨论函数 $f(x) = \sqrt[3]{x^2}$ 的单调性.

解　函数 $f(x) = \sqrt[3]{x^2}$ 的定义域为 $(-\infty, +\infty)$,求导,得

$$f'(x) = \frac{2}{3\sqrt[3]{x}}.$$

当 $x = 0, f'(x)$ 不存在;

当 $x > 0$ 时,$f'(x) > 0$;

当 $x < 0$ 时,$f'(x) < 0$.

根据上面的讨论,可知函数 $f(x)$ 的单调性如下表所示:

表 9-3

x	$(-\infty, 0)$	0	$(0, +\infty)$
$f'(x)$	$-$	不存在	$+$
$f(x)$	↘		↗

即函数 $f(x)$ 在 $(-\infty, 0]$ 上单调减少,在 $(0, +\infty]$ 上单调增加.

由例 2 知,导数不存在的点也可能是函数单调区间的分界点.

判定函数单调性的具体步骤如下:

(1) 求函数的定义域;

(2) 求 $f'(x)$;

(3) 求方程 $f'(x) = 0$ 的根及 $f'(x)$ 不存在的点,设为 x_i;

(4) 以 x_i 为分界点把函数的定义域划分为若干个部分区间;

（5）判定 $f'(x)$ 在每个开区间内的符号，如果 $f'(x)>0$，那么函数在该区间上单调增加；如果 $f'(x)<0$，那么函数在该区间上单调减少.

课堂练习1

确定下列函数的单调区间：

(1) $y=-4x+2$;

(2) $y=x^2-2x+5$;

(3) $y=3x-x^3$;

(4) $y=x^3-x^2-x$.

习题 9-1

1. 确定下列函数的单调区间：

   (1) $f(x)=3x-x^3$;

   (2) $f(x)=2x^3-6x^2-18x-7$;

   (3) $y=(x-1)^2$;

   (4) $y=x^2(x-3)$.

2. 证明函数 $y=2x^3+3x^2-12x+1$ 在区间 $[-2,1]$ 上是单调减函数.

第二节　函数的极值

极值是函数的一种局部形态，它能帮助我们进一步把握函数的变化情况，为描绘函数图像提供不可缺少的信息，也是研究函数最大值、最小值问题的关键所在.

一、函数极值的定义

由图 9-2 可以看出，$y=f(x)$ 在点 x_1、x_4 的函数值 $f(x_1)$、$f(x_4)$ 比它们左右近旁各点的函数值都大，而在点 x_2、x_5 的函数值 $f(x_2)$、$f(x_5)$ 比它们左右近旁各点的函数值都小.对于这种性质的点和对应的函数值，我们给出如下定义.

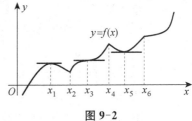

图 9-2

定义　设函数 $y=f(x)$ 在 $(x_0-\delta,x_0+\delta)$（其中 $\delta>0$）内有定义.如果对于 $x\in(x_0-\delta,x_0)$ 或 $x\in(x_0,x_0+\delta)$（其中 $\delta>0$），恒有：

（1）$f(x)<f(x_0)$，则称 $f(x_0)$ 为函数 $f(x)$ 的**极大值**，$x=x_0$ 称为 $f(x)$ 的**极大值点**；

（2）$f(x)>f(x_0)$，则称 $f(x_0)$ 为函数 $f(x)$ 的**极小值**，$x=x_0$ 称为 $f(x)$ 的**极小值点**.

函数的极大值、极小值统称为**极值**，极大值点、极小值点统称为**极值点**.

例如，在图 9-2 中，$f(x_1)$、$f(x_4)$ 是极大值，$x=x_1$、$x=x_4$ 是极大值点；$f(x_2)$、$f(x_5)$ 是极小值，$x=x_2$、$x=x_5$ 是极小值点.

关于函数极值应当注意以下几点：

（1）函数的极值是一个局部性概念，即极值只是函数在局部范围内的最大值与最小值，不能与函数在定义区间上的最大值、最小值这个整体性概念相混淆.

（2）函数的极大值不一定比极小值大，从图 9-2 中可以看出，极大值 $f(x_1)$ 就比极小值

$f(x_5)$ 小.

(3) 函数的极值一定在区间内部取得,在区间端点处不能取得极值,而函数的最大值、最小值则可能在区间内部取得,也可能在区间的端点处取得.

二、函数极值的判定及其求法

从图 9-2 可以看出,连续函数 $f(x)$ 的极值对应于曲线凸起部分的峰顶(或凹下部分的谷底),它是函数由增到减(或由减到增)的分界点.于是极值是连续函数单调区间的分界点,因此根据函数单调区间的判定方法我们知道极值点一定在导数不存在的点和驻点中产生,于是得到下面的定理.

定理 设函数 $f(x)$ 在 $(x_0-\delta, x_0+\delta)$(其中 $\delta>0$)内连续,且 x_0 是函数的驻点或导数不存在的点.

(1) 如果当 $x<x_0$ 时,$f'(x)>0$,而当 $x>x_0$ 时,$f'(x)<0$,那么 $f(x)$ 在 x_0 处取得极大值;

(2) 如果当 $x<x_0$ 时,$f'(x)<0$,而当 $x>x_0$ 时,$f'(x)>0$,那么 $f(x)$ 在 x_0 处取得极小值;

(3) 如果 $f'(x)$ 在 x_0 左、右两侧的符号不变,那么 $f(x)$ 在 x_0 处没有极值.

证明略.

从图 9-2 可以看出,定理的正确性是显然的.当 x 渐增地经过 x_1 时,如果 $f'(x)$ 的符号由 $f'(x)>0$ 到 $f'(x)=0$(或者 $f'(x)$ 不存在),再变为 $f'(x)<0$,则表示函数由单调增加变为单调减少,函数 $y=f(x)$ 对应的曲线也就由上升达到局部最高点后再变为下降.因此函数 $f(x)$ 在 x_1 处取得极大值;同理可说明 $f(x)$ 在 x_2 处取得极小值的情形.

对于连续函数,求得单调区间,也就得到了极值,因此求极值的步骤和求单调区间的步骤完全一样.

例 求函数 $f(x)=x^3-3x^2+2$ 的极值.

解 函数 $f(x)$ 的定义域是 $(-\infty, +\infty)$,求导,得

$$f'(x)=3x^2-6x.$$

令 $f'(x)=3x^2-6x=3x(x-2)=0$,得驻点 $x_1=0, x_2=2$.

列表讨论 $f'(x)$ 的符号如下:

表 9-4

x	$(-\infty, 0)$	0	$(0, 2)$	2	$(2, +\infty)$
$f'(x)$	+	0	−	0	+
$f(x)$	↗	极大值	↘	极小值	↗

由上表可知,函数的极大值为 $f(0)=2$,极小值为 $f(2)=-2$.

最后,值得指出的是,函数的导数不存在的点也可能是极值点.

课堂练习 1

求下列函数的极值:

(1) $y=x^2-7x+6$;   (2) $y=x^3-27x$.

习题 9-2

求下列函数的极值点和极值：

(1) $y = 2x^2 + 5x$；

(2) $y = 3x - x^3$；

(3) $y = 4x^3 - 3x^2 - 6x + 2$；

(4) $f(x) = x^3 - 9x^2 + 24x$.

第三节　函数的最大值与最小值

在实际应用中，常常会遇到求最大值和最小值的问题，如求容量最大、用料最省、效率最高、性能最好、进程最快等问题.这类问题在经济研究、工程技术乃至社会科学领域有广泛的应用价值.

一般地，在闭区间 $[a, b]$ 上连续的函数 $f(x)$ 在 $[a, b]$ 上必有最大值与最小值.最小值和最大值可能在闭区间的内部取得，也可能在区间的端点处取得.

注意　在开区间 (a, b) 内连续的函数 $f(x)$ 不一定有最大值与最小值.例如，函数 $f(x) = \dfrac{1}{x}$ 在 $(0, +\infty)$ 内连续，但没有最大值与最小值.

设函数 $f(x)$ 在 $[a, b]$ 上连续，在 (a, b) 内可导，求 $f(x)$ 在 $[a, b]$ 上的最大值与最小值的步骤如下：

(1) 求函数 $f(x)$ 的导数，并求出所有的驻点及函数连续但不可导的点；

(2) 求出驻点、不可导的点以及区间端点处的函数值；

(3) 比较上述函数值的大小，其中最大的便是 $f(x)$ 在 $[a, b]$ 上的最大值，最小的便是 $f(x)$ 在 $[a, b]$ 上的最小值.

例 1　求函数 $f(x) = x^4 - 2x^2 + 5$ 在 $[-2, 2]$ 上的最大值与最小值.

解　$f'(x) = 4x^3 - 4x$.

令 $f'(x) = 0$，即 $4x^3 - 4x = 0$，得驻点 $x_1 = -1, x_2 = 0, x_3 = 1$.

由于 $f(-2) = 13, f(2) = 13, f(-1) = 4, f(1) = 4, f(0) = 5$，比较可得 $f(x)$ 在 $x = -2$ 和 $x = 2$ 处取得它在 $[-2, 2]$ 上的最大值 13，在 $x = -1$ 和 $x = 1$ 处取得它在 $[-2, 2]$ 上的最小值 4.

课堂练习 1

求下列函数在所给区间上的最大值与最小值：

(1) $y = 3x - x^3, x \in [0, 2]$；

(2) $y = x^3 + x^2 - x, x \in [-2, 1]$.

在解决实际问题时，注意下述结论会使讨论更简捷方便.

若函数 $f(x)$ 在某区间内仅有一个驻点 x_0，且函数在此区间上一定有最值，则 $f(x_0)$ 必是该区间上的最值.

例 2　某单位计划建一堵矩形围墙，现有可筑墙的材料其总长度为 l，如果要使围墙的面积最大,问矩形的长、宽各为多少?

方法一

解 设矩形的长为 x,则宽为 $\frac{1}{2}(l-2x)$,因此得矩形的面积为

$$S = \frac{1}{2}x(l-2x)\left(0 < x < \frac{l}{2}\right)$$

$$= -x^2 + \frac{l}{2}x$$

$$= -\left[x^2 - \frac{l}{2}x + \left(\frac{l}{4}\right)^2 - \left(\frac{l}{4}\right)^2\right]$$

$$= -\left(x - \frac{l}{4}\right)^2 + \frac{l^2}{16}.$$

由此可得,该函数在 $x = \frac{l}{4}$ 时取得最大值,这时宽为 $\frac{l-2x}{2} = \frac{l}{4}$,即这个矩形为边长等于 $\frac{l}{4}$ 的正方形时,所围出的面积最大.

方法二

解 设矩形的长为 x,则宽为 $\frac{1}{2}(l-2x)$,因此得矩形的面积为

$$S = \frac{1}{2}x(l-2x) = -x^2 + \frac{1}{2}lx\left(0 < x < \frac{l}{2}\right).$$

求导,得

$$S' = -2x + \frac{1}{2}l.$$

由 $S' = -2x + \frac{1}{2}l = 0$,得 $x = \frac{l}{4}$.

因为 S' 只有一个驻点,所以该函数在 $x = \frac{l}{4}$ 时取最大值,这时宽为 $\frac{l-2x}{2} = \frac{l}{4}$,即这个矩形为边长等于 $\frac{l}{4}$ 的正方形时,所围出的面积最大.

例3 在一张边长为 60 cm 的正方形铁皮的四个角上各剪去一个相等的正方形,然后做成一个无盖的方底箱子,箱底边长为多少时,箱子的容积最大? 最大容积是多少?

解 设箱底边长为 x cm,则箱高为 $h = \frac{60-x}{2}$ cm,因此箱子的容积为

$$V(x) = x^2 h = \frac{60x^2 - x^3}{2}(0 < x < 60).$$

求导,得

$$V'(x) = 60x - \frac{3}{2}x^2.$$

令 $V'(x) = 60x - \frac{3}{2}x^2 = 0$，解得 $x = 0$（舍去），$x = 40$.

因为 V' 只有一个驻点，所以此点是最大值点，并求得 $V(40) = 16\ 000$.

即当 $x = 40$ cm 时，箱子的容积最大，最大容积是 $16\ 000$ cm^3.

通过前面的例子可知，解决与最值有关的实际应用问题时，可采用以下步骤：

（1）根据题意建立函数模型：一般是将问题中能取得最大（小）值的变量设为函数 y，而将与函数有关联的条件变量设为自变量 x，再利用变量之间的等量关系列出函数关系式 $y = f(x)$，并确定函数的定义域.

（2）求模型函数在定义域内的最大（小）值：先求出函数在定义域内的驻点，再判定函数是否在驻点处取得最大值或最小值.如果驻点只有一个，并且由题意可知函数在定义域内必定存在最大值或最小值，则该驻点对应的函数值就是问题所求的最大值或最小值；如果驻点不止一个，那么可根据前面求最大、最小值的一般方法去求解.

课堂练习 2

用一根 60 cm 长的铁丝围成一个矩形，当矩形的长、宽各为多少时，围成的矩形的面积最大？

习题 9-3

1. 求下列函数在所给区间上的最大值与最小值：
   (1) $y = x^3 - 12x + 16, x \in [-2, 3]$；
   (2) $y = 3x^3 - 9x + 5, x \in [-2, 2]$；
   (3) $y = 4x^3(x^2 - 2), x \in [-2, 2]$.

2. 用一根 64 cm 长的铁丝围成一个矩形.问当矩形的长和宽各为多少时，围成的矩形的面积最大？最大面积是多少？

3. 把一根 100 cm 长的铁丝分为两段，各围成一个正方形，怎样分，才能使两个正方形的面积最小？

4. 做一个容积为 256 升的方底无盖水箱，它的高为多少时最省材料？

*第四节　洛必达法则

如果当 $x \to x_0$（或 $x \to \infty, x \to -\infty, x \to +\infty$）时，两个函数 $f(x)$ 与 $g(x)$ 都趋于零或都趋于无穷大，那么极限 $\lim\limits_{x \to x_0} \dfrac{f(x)}{g(x)}$，$\lim\limits_{x \to \infty} \dfrac{f(x)}{g(x)}$ 可能存在，也可能不存在.通常把这种形式的极限叫做**未定式**，并分别简记为 $\dfrac{0}{0}$ 型和 $\dfrac{\infty}{\infty}$ 型.对于未定式，即使它的极限存在，也不能用"商的极限等于极限的商"这一法则.下面介绍一种在很多情况下都简捷而有效的方法 —— 洛必达法则.

一、$\dfrac{0}{0}$ 型未定式

定理 1 设

(1) $\lim\limits_{x \to x_0} f(x) = 0, \lim\limits_{x \to x_0} g(x) = 0$;

(2) $f(x)$ 和 $g(x)$ 在点 x_0 的左右近旁(点 x_0 可除外) 可导,且 $g'(x) \neq 0$;

(3) $\lim\limits_{x \to x_0} \dfrac{f'(x)}{g'(x)}$ 存在(或为无穷大),

则

$$\lim\limits_{x \to x_0} \frac{f(x)}{g(x)} = \lim\limits_{x \to x_0} \frac{f'(x)}{g'(x)}.$$

定理中的 $x \to x_0$ 改为任意的趋近方式都成立,例如改为 $x \to \infty, x \to -\infty, x \to +\infty$.

例 1 求 $\lim\limits_{x \to 0} \dfrac{e^x - 1}{x}$.

解 由洛必达法则,得

$$\lim\limits_{x \to 0} \frac{e^x - 1}{x} \xlongequal{\frac{0}{0}} \lim\limits_{x \to 0} \frac{(e^x - 1)'}{x'} = \lim\limits_{x \to 0} \frac{e^x}{1} = 1.$$

例 2 求 $\lim\limits_{x \to 0} \dfrac{\ln(1+x)}{x^2}$.

解 由洛必达法则,得

$$\lim\limits_{x \to 0} \frac{\ln(1+x)}{x^2} \xlongequal{\frac{0}{0}} \lim\limits_{x \to 0} \frac{[\ln(1+x)]'}{(x^2)'} = \lim\limits_{x \to 0} \frac{1}{2x(1+x)} = \infty.$$

如果 $\dfrac{f'(x)}{g'(x)}$ 当 $x \to x_0$ 时仍属 $\dfrac{0}{0}$ 型,且这时 $f'(x), g'(x)$ 能满足定理 1 中 $f(x), g(x)$ 所要满足的条件,那么可以继续应用洛必达法则进行计算,即

$$\lim\limits_{x \to x_0} \frac{f(x)}{g(x)} \xlongequal{\frac{0}{0}} \lim\limits_{x \to x_0} \frac{f'(x)}{g'(x)} \xlongequal{\frac{0}{0}} \lim\limits_{x \to x_0} \frac{f''(x)}{g''(x)}.$$

例 3 求 $\lim\limits_{x \to 1} \dfrac{x^3 - 3x + 2}{x^3 - x^2 - x + 1}$.

解
$$\lim\limits_{x \to 1} \frac{x^3 - 3x + 2}{x^3 - x^2 - x + 1} \xlongequal{\frac{0}{0}} \lim\limits_{x \to 1} \frac{(x^3 - 3x + 2)'}{(x^3 - x^2 - x + 1)'}$$

$$= \lim\limits_{x \to 1} \frac{3x^2 - 3}{3x^2 - 2x - 1} \xlongequal{\frac{0}{0}} \lim\limits_{x \to 1} \frac{(3x^2 - 3)'}{(3x^2 - 2x - 1)'}$$

$$= \lim\limits_{x \to 1} \frac{6x}{6x - 2} = \frac{3}{2}.$$

注意 若所求的极限已不是未定式,则不能再应用洛必达法则,否则要导致错误的结果.

课堂练习 1

用洛必达法则求下列极限:

(1) $\lim\limits_{x \to 0} \dfrac{\sin x}{3x}$; (2) $\lim\limits_{x \to 0} \dfrac{e^x - 1}{x^2 - x}$.

二、$\dfrac{\infty}{\infty}$ 型未定式

定理 2 设

(1) $\lim\limits_{x \to x_0} f(x) = \infty$, $\lim\limits_{x \to x_0} f(g) = \infty$;

(2) $f(x)$ 和 $g(x)$ 在点 x_0 的左右近旁(点 x_0 可除外)可导,且 $g'(x) \neq 0$;

(3) $\lim\limits_{x \to x_0} \dfrac{f'(x)}{g'(x)}$ 存在(或为无穷大),

则

$$\lim_{x \to x_0} \frac{f(x)}{g(x)} = \lim_{x \to x_0} \frac{f'(x)}{g'(x)}.$$

定理中的 $x \to x_0$ 改为任意的趋近方式都成立,例如改为 $x \to \infty$, $x \to -\infty$, $x \to +\infty$.

例 4 求 $\lim\limits_{x \to +\infty} \dfrac{x^2}{e^x}$.

解 $\lim\limits_{x \to +\infty} \dfrac{x^2}{e^x} = \lim\limits_{x \to +\infty} \dfrac{(x^2)'}{(e^x)'} = \lim\limits_{x \to +\infty} \dfrac{2x}{e^x} = \lim\limits_{x \to +\infty} \dfrac{(2x)'}{(e^x)'} = \lim\limits_{x \to +\infty} \dfrac{2}{e^x} = 0.$

课堂练习 2

用洛必达法则求 $\lim\limits_{x \to +\infty} \dfrac{x^3}{e^x}$.

习题 9-4

用洛必达法则求下列极限:

(1) $\lim\limits_{x \to 1} \dfrac{x^2 - 3x + 2}{x^3 - 1}$; (2) $\lim\limits_{x \to 0} \dfrac{\sin 2x}{\sin 3x}$;

(3) $\lim\limits_{x \to +\infty} \dfrac{x^n}{e^x}$; (4) $\lim\limits_{x \to 1} \dfrac{\sin x - \sin 1}{x - 1}$;

(5) $\lim\limits_{x \to \frac{\pi}{2}} \dfrac{\cos x}{x - \dfrac{\pi}{2}}$; (6) $\lim\limits_{x \to +\infty} \dfrac{\ln(1 + x)}{x}$.

*第五节 常用经济函数

在经济学中,人们为了能解释某种现实的现象,为了能预测对象的变化规律和发展趋

势,为了能及时有效地提供处理对象的最优决策,在研究实际问题中,对于纷杂多变的研究对象,常要建立起变量之间的关系,本节将重点介绍经济学中常用的函数.

一、需求、供给函数

(一)需求函数

我们知道,影响消费者的消费因素是多种多样的,如消费者的收入、商品的价格、消费者的偏好等等.如果不考虑价格以外的其他因素,那么需求量 Q 是商品价格 p 的函数,称为**需求函数**,并记作 $Q(p)=f(p)$.

需求函数 Q 是价格 p 的单调减函数,即商品的价格越低,则商品的需求量越大;反之,商品的价格越高,则需求量越小.

例1 某种型号的电冰箱,当每台价格为 1 000 元时,日需求量为 20 台,如果每台电冰箱打九折促销,即降价到 900 元时,则日需求量为 30 台.若日需求量与价格之间是线性关系,求电冰箱的日需求量 Q 与价格 p 的函数关系式.

解 设日需求量 Q 与价格 p 的函数关系式为 $Q(p)=-ap+b$.

根据题意,得

$$\begin{cases} -1\,000a+b=20, \\ -900a+b=30, \end{cases}$$

解方程组,得

$$\begin{cases} a=\dfrac{1}{10}, \\ b=120. \end{cases}$$

故所求的日需求量 Q 与价格 p 的函数关系式是 $Q(p)=-\dfrac{p}{10}+120$.

(二)供给函数

供给与需求是一组相对概念.需求是对消费者而言,而供给则是对生产者而言.同理,影响商品供给量的因素也很多.如果不考虑价格以外的其他因素,那么供给量 S 是商品价格 p 的函数,称为**供给函数**,记作 $S(p)=f(p)$.

从供给的特征来看,供给函数一般是增函数,即商品的价格越低,生产者不愿生产,供给量就越少;反之,商品的价格越高,则供给量就越多.

(三)供需均衡点

当市场上的需求量 Q 与供给量 S 相等时,即需求函数的图像与供给函数的图像有交点 $N(p_1, q_1)$,则称点 N 为**供需均衡点**,称 p_1 为**均衡价格**,q_1 为**均衡数量**.

当价格 $p<p_1$ 时,则供不应求;当价格 $p>p_1$ 时,则供大于求,所以在市场的调节下,商品价格总是在均衡价格附近上下波动.

例2 设某种商品的供给函数为 $Q(p)=12p-4$,而需求函数是 $S(p)=-3p+26$,试求出市场的供需均衡点.

解 为了找出市场的供需均衡点,需要解方程组

$$\begin{cases} Q = 12p - 4, \\ Q = -3p + 26, \end{cases}$$

解得

$$\begin{cases} Q = 20, \\ p = 2. \end{cases}$$

故市场的供需均衡点是 $(2, 20)$.

课堂练习 1

1. 当某商场的猪肉价格为 20 元 /kg 时,每月销售 8 000 kg;当价格提高到 21 元 /kg 时,每月销售 7 500kg,求猪肉的线性需求函数.

2. 已知某商品的需求函数和供给函数分别是 $Q = 168 - 8p$, $S = -92 + 5p$,求该商品的均衡价格 p_0.

二、成本函数

一般地,成本包含固定成本与可变成本两部分.固定成本与产量(或销售量)无关,即包括设备的固定费用和其他管理费用,而可变成本是随产量(或销售量)的不同而不同.

如果产量(或销售量)为 q,固定成本为 C_0,可变成本为 C_1,则成本函数是 $C(q) = C_0 + C_1(q)$,即总成本＝固定成本＋可变成本,平均单位成本函数 $\bar{C}(q) = \dfrac{C(q)}{q}$.

例 3 某粮油加工厂,加工大米日产能力是 40 t,固定成本为 2 000 元.每加工 1 t 大米,成本增加 100 元,试求出每日的成本与日产量的函数关系式,并分别求出当日产量是 20 t、25 t 时的总成本及平均单位成本.

解 设每日成本为 C,日产量为 q,则每日的成本与日产量的函数关系式为

$$C(q) = 2\ 000 + 100q (0 \leqslant q \leqslant 40). \tag{1}$$

当产量 $q = 20$ t 时,代入(1)式,得 $C(20) = 2\ 000 + 100 \times 20 = 4\ 000$(元),

平均单位成本 $\bar{C}(20) = \dfrac{C(20)}{20} = 200$(元).

当产量 $q = 25$ t 时,代入(1)式,得 $C(25) = 2\ 000 + 100 \times 25 = 4\ 500$(元),

平均单位成本 $\bar{C}(25) = \dfrac{C(25)}{25} = 180$(元).

课堂练习 2

某电子元件厂生产一台收音机的可变成本为 15 元,每天的固定成本为 2 000 元,求成本函数.

三、收入函数

收入函数是描述收入、单价和销售量之间的关系式,一般有两种表示法.

设 q 代表销售量、p 代表价格、R 表示收入,则 $R=p \cdot q$;当价格 p 是销售量的函数即 $P=P(q)$ 时,收入函数又可表示为 $R=p \cdot q=q \cdot P(q)$.

例 4 已知某种商品的需求函数是 $Q=200-5p$,试求该商品的收入函数,并求出销售 20 件该商品时的总收入和平均收入.

解 由需求函数可得 $5p=200-q$,解得 $p=40-\dfrac{q}{5}$.

因此可得收入函数和平均收入函数分别为

$$R=q\left(40-\frac{q}{5}\right)=40q-\frac{q^2}{5},$$

$$\bar{R}=\frac{R}{q}=40-\frac{q}{5}.$$

由此可以得到销售 20 件该商品时的总收入和平均收入分别为

$$R=40 \times 20-\frac{20^2}{5}=720,$$

$$\bar{R}=40-\frac{20}{5}=36.$$

对完全竞争条件下的市场,可以假定某种商品价格 p 是暂时不变的,那么该商品的收入函数就可以表示为 $R=pq$.

课堂练习 3

设某商品的需求函数为 $Q=1\,000-5p$,试求该商品的收入函数 $R(q)$,并求销量为 200 件时的总收入.

四、利润函数

在经济学中,收入与成本之差称为利润,当产量等于销售量时,利润 L 可表示为产量 q 的函数,即 $L(q)=R(q)-C(q)$.

例 5 已知生产某种商品 q 件时的总成本(单位:万元) 为 $C(q)=10+5q+0.2q^2$,如果每售出一件该商品的收入为 9 万元,试求:(1) 该商品的利润函数;(2) 生产 10 件该商品时的总利润和平均利润;(3) 生产 20 件该商品时的总利润.

解 (1) 由题意可知,该商品的收入函数是 $R(q)=9q$.又已知 $C(q)=10+5q+0.2q^2$,因此得利润函数为

$$L(q)=R(q)-C(q)=9q-(10+5q+0.2q^2)=4q-10-0.2q^2,$$

平均利润函数为

$$L(q)=\frac{L(q)}{q}=4-\frac{10}{q}-0.2q.$$

(2) 生产 10 件该商品时的总利润为 $L(10)=4 \times 10-10-0.2 \times 10^2=10$(万元),

平均利润为 $\bar{L} = 4 - \dfrac{10}{10} - 0.2 \times 10 = 1$(万元 / 件).

(3) 生产 20 件该商品的总利润为 $L(20) = 4 \times 20 - 10 - 0.2 \times 20^2 = -10$(万元).

课堂练习 4

设某种商品的成本函数和收入函数分别为 $C = 7 + 2q + q^2, R = 10q$,试求:(1) 该商品的利润函数;(2) 销售量为 4 件时的总利润及平均利润;(3) 销售量为 10 件时是盈利还是亏损?

习题 9–5

1. 某洗衣机厂生产某种型号的洗衣机,当每台售价 1 500 元时,每月可销售 2 000 台;当每台售价降低 50 元时,每月可增销 100 台.试求出该洗衣机的线性需求函数.

2. 某商品的需求量 Q 和供给量 S 与价格 p 分别满足以下关系式 $Q = p^2 - p + 4$ 和 $S = 2p^2 + p + 1$,试求市场的均衡价格与均衡数量各是多少?

3. 某品牌的照相机,当每台售价 240 元时,市场的供给量为 50 台;当每台售价 245 元时,市场的供给量为 55 台.若供给量和价格之间呈线性关系,求此照相机的供给量 S 与价格 p 的函数关系式.

4. 生产某产品时,其固定成本为 2 000 元,单位产品(每台)的变动费用为 300 元,单位产品的售价 p 为 500 元,试求:(1) 总成本函数 $C(q)$;(2) 平均单位成本 $\bar{C}(q)$;(3) 销售收入函数 $R(q)$;(4) 利润函数 $L(q)$.

5. 某工厂生产 q 件某种产品的成本为 C 元,其中固定成本为 300 元,每生产 1 件该产品,成本增加 15 元,设该产品的需求函数为 $Q = 150 - 3p$,且产品均可售出.试将该产品的利润 L 表示为产量 q 的函数.

*第六节　导数在经济分析中的应用

导数是经济管理理论研究中的常用工具之一,最典型的是"边际问题",它们是现代经济管理理论的基础.本节将重点研究导数在经济问题中的边际分析.

一、边际分析

在经济分析中,经常用变化率来描述函数的因变量 y 关于自变量 x 的变化情况,而瞬时变化率则表示在 x 的某一个值的"边缘"上 y 的变化情况,即当 x 的改变量趋于 0 时平均变化率的极限.显然,这个变化率就是函数的导数,我们将导函数 $y'(x)$ 称为**边际函数**.用边际函数来分析经济量的变化时,就称为**边际分析**.

(一)边际成本

设某产品的产量为 q 时的成本函数为 $C = C(q)$,则成本函数关于产量 q 的导数 $C'(q)$ 就是该产品的**边际成本**.

设某产品的产量为 q 时的总成本为 $C = C(q)$,由于

$$C(q + \Delta q) - C(q) = \Delta C(q) \approx d[C(q)] = C'(q)\Delta q,$$

当 $\Delta q = 1$ 时,$C(q+1) - C(q) \approx C'(q)$.

由上式可以看出,边际成本 $C'(q)$ 的经济含义就是在一定产量 q 的基础上,再生产一个单位的产品所增加的成本.例如生产某产品的边际成本 $C'(100) = 6$(元／件),表示当产量为 100 件时,生产第 101 件产品时增加的成本大约为 6 元.

设某产品的价格为 p,若 $C'(q_0) < p$,则可继续增加产量;若 $C'(q_0) > p$,则应停止生产,而在改进质量、提高价格或降低成本上下功夫.

由边际成本的意义知,边际成本仅与可变成本有关,而与固定成本无关.

例 1 已知某工厂生产某种产品,其成本函数为 $C(q) = 0.001q^3 - 0.3q^2 + 40q + 1\,000$,求它的边际成本函数及当 $q = 50$、100、150 时的边际成本,并解释它们的经济意义.

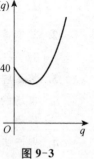

解 因为边际成本函数为 $C'(q) = 0.003q^2 - 0.6q + 40$,所以

$$C'(50) = 17.5, C'(100) = 10, C'(150) = 17.5.$$

$C'(50) = 17.5$ 表示生产第 51 个单位产品的成本为 17.5 个单位;$C'(100) = 10$ 表示生产第 101 个单位产品的成本为 10 个单位;$C'(150) = 17.5$ 表示生产第 151 个单位产品的成本为 17.5 个单位.

图 9-3

上题中的边际成本函数是二次函数(如图 9-3),其图形是开口向上的抛物线,它的下降部分表明在产量很小的情况下,增加生产时成本降低,这是因为大量生产可使生产能力得到充分利用;当产量达到某一确定值后,如上题中的 $q = 100$ 后,边际成本将增加,这是因为在生产能力充分利用后,再增加产量就必须加班加点或增加设备,甚至需扩建厂房,造成成本的迅速增加.

平均成本是 $\bar{C}(q) = \dfrac{C(q)}{q}$,边际平均成本就是产量增加一个单位时,平均成本的增加量.边际平均成本更能全面地了解成本的变化情况.

例 2 设生产某种产品 q 个单位的生产成本为 $C(q) = 900 + 20q + q^2$,求 $q = 20$、30、40 时的边际平均成本.

解 因为平均成本 $\bar{C}(q) = \dfrac{C(q)}{q} = \dfrac{900}{q} + 20 + q$,所以 $\bar{C}'(q) = 1 - \dfrac{900}{q^2}$,故

$$\bar{C}'(20) = 1 - \frac{900}{400} = -1.25, \bar{C}'(30) = 1 - \frac{900}{900} = 0, \bar{C}'(40) = 1 - \frac{900}{1\,600} = \frac{7}{16} \approx 0.44.$$

其经济意义分别是:当产量为 20 个单位时,再增产一个单位的产品将使平均成本下降 1.25 个单位;当产量为 30 个单位时,再增产一个单位的产品平均成本将不增加也不减少;当产量为 40 个单位时,再增产一个单位的产品将使平均成本增加 0.44 个单位.

(二)边际收入

类似边际成本的定义,边际收入为总收入关于产品销售量的变化率,即多销售一个单位产品时所增加的销售收入.

设某产品的销售量为 q 时的收入函数为 $R=R(q)$，则收入函数关于销售量 q 的导数 $R'(q)$ 就是该产品的**边际收入**.

例3　设某产品的需求函数为 $Q=100-5p$，求它的边际收入函数及当 $q=30$、50、80 时的边际收入，并解释它们的经济意义.

解　由 $q=100-5p$，得 $p=\dfrac{100-q}{5}$，因此收入函数为

$$R(q)=\frac{1}{5}q(100-q),$$

边际收入函数为

$$R'(q)=\frac{1}{5}(100-2q).$$

所以 $R'(30)=8$，$R'(50)=0$，$R'(80)=-12$.

其经济意义分别是：当销售量即需求量为 30 个单位时，再多销售一个单位产品，总收入约增加 8 个单位；当销售量为 50 个单位时，再增加销售总收入不会再增加；当销售量为 80 个单位时，再多销售一个单位产品，反而使总收入减少 12 个单位.

（三）边际利润

同样地，边际利润定义为多销售一个单位产品时所增加的利润.

设某产品的销售量为 q 时的利润函数为 $L=L(q)$，利润函数关于销售量 q 的导数 $L'(q)$ 就是该产品的**边际利润**.

由于利润函数等于收入函数与总成本函数之差，即 $L(q)=R(q)-C(q)$，因此 $L'(q)=R'(q)-C'(q)$，即边际利润就是边际收入与边际成本之差.

例4　已知某食品加工厂生产某种食品，设该食品产量为 q（单位：kg）时的总成本函数和总收入函数（单位：元）分别为 $C(q)=100+2q+0.02q^2$，$R(q)=7q+0.01q^2$，求边际利润函数及当日产量为 200 kg、250 kg、300 kg 时的边际利润，并说明其经济意义.

解　总利润函数为 $L(q)=R(q)-C(q)=-100+5q-0.01q^2$，故边际利润函数为

$$L'(q)=5-0.02q.$$

所以 $L'(200)=1$，$L'(250)=0$，$L'(300)=-1$.

其经济意义是：当日产量为 200 千克时，再多生产一千克总利润可增加 1 元；当日产量为 250 千克时，再多生产一千克总利润无增加；当日产量为 300 千克时，再多生产一千克反而亏损 1 元.

课堂练习1

1. 已知某工厂生产某种产品，其成本函数为 $C(q)=q^2-9q+10$，求它的边际成本函数和 $q=10$ 时的边际成本，并解释它的经济意义.

2. 已知某食品加工厂生产某种食品，设该食品产量为 q（单位：kg）时的利润函数（单位：元）为

$$L(q) = 100 + 2q + 0.02q^2,$$

求边际利润函数及当日产量为 100 kg、150 kg 时的边际利润，并说明其经济意义.

二、经济分析中的最大值与最小值问题

例5 已知固定成本 $C(0) = 1\,000$，可变成本 $C_1(q) = q + 0.01q^2$，单价 $p = 5$，求 q 的值使其利润 $L(q)$ 取最大.

解 根据题意，得收入函数为 $R(q) = 5q$，成本函数为 $C(q) = q + 0.01q^2 + 1\,000$，故利润函数为

$$L(q) = R(q) - C(q) = 4q - 0.01q^2 - 1\,000,$$

边际利润函数为

$$L'(q) = 4 - 0.02q.$$

令 $L'(q) = 0$，得唯一驻点 $q = 200$. 故当销售量 $q = 200$ 个单位时，利润最大.

课堂练习2

1. 设生产某商品的总成本为 $C(q) = 100 + 50q - q^2$（q 为产量），问产量为多少时，每件产品的平均成本最低？

2. 设某种商品的产量为 q 时的利润函数是 $L(q) = 5\,000 + q - 0.000\,01q^2$，问产量为多少时获得的利润最大.

习题9-6

1. 某商品的价格 P 关于需求量 q 的函数为 $P = 10 - \dfrac{1}{5}q$，求：(1) 总收入函数，平均收入函数和边际收入函数；(2) 当 $q = 20$ 时的总收入，平均收入和边际收入.

2. 某企业的利润函数为 $L(q) = 250q - 5q^2$（单位：千元），q 为日产量（单位：吨），确定每日生产 20 吨的边际利润，并说明其经济含义.

3. 设某企业的利润函数为 $L(q) = 10 + 2q - 0.1q^2$，求使利润最大的产量 q.

4. 有一个企业生产某种产品，每批生产 q 个单位该产品的总成本函数和总收入函数分别为 $C(q) = 3 + q$（单位：百元），$R(q) = 6q - q^2$（单位：百元）. 问每批生产多少个单位的该产品，才能使总利润最大？最大利润是多少？

5. 设某企业生产 q 个单位产品的成本函数和收益函数分别为 $C(q) = 3\,000 + 200q + 0.2q^2$，$R(q) = 350q - 0.05q^2$，求：
   (1) 边际成本、边际收入和边际利润；(2) 使边际利润为零时的生产量.

复习题九

1. 填空题.

   (1) $y = x^3 - 6x^2 + 9x$ 的极大值点是_____；

(2) 当 $x=2$ 时,若函数 $y=x^2-2px+q$ 取到极值,则 $p=$ _____ ;

(3) 曲线 $y=3+\sin x$ 的最大值是 _____ ;

(4) 设函数 $f(x)$ 在 (a,b) 内可导.如果 $f'(x)>0$,那么函数 $f(x)$ 在 (a,b) 内单调 _____ ;如果 $f'(x)<0$,那么 (x) 在 (a,b) 内单调 _____ ;

(5) 函数 $y=x^4-4x$ 的极值为 _____ .

2. 选择题.

(1) 若在 (a,b) 内恒有 $f'(x)>0$,则 $f(x)$ 在 (a,b) 内是( ).

  A. 递增的   B. 递减的   C. 没单调性

(2) 若 $y=x^2-x$,则函数在区间 $[0,1]$ 上的最大值是( ).

  A. 0   B. $-\dfrac{1}{4}$ C. $\dfrac{1}{2}$ D. $\dfrac{1}{4}$

(3) 若点 $(1,3)$ 是曲线 $y=ax^3+bx^2$ 的拐点,则 a 、 b 的值为( ).

  A. $\dfrac{9}{2}$, $-\dfrac{3}{2}$ B. $-\dfrac{3}{2}$, $\dfrac{9}{2}$ C. -6 , 9 D. 9 , -6

(4) 函数 $y=x-\ln(1+x)$ 的单调递减区间是( ).

  A. $(-1,+\infty)$ B. $(-1,0)$

  C. $(0,+\infty)$ D. $(-\infty,+1)\bigcup(-1,+\infty)$

(5) 点 $x=0$ 是 $y=x^4$ 的( ).

  A. 驻点但非极值点   B. 导数不存在的点且是极小值点

  C. 驻点且是极大值点   D. 驻点且是极小值点

* 3. 用洛必达法则求下列函数的极限:

(1) $\lim\limits_{x\to 0}\dfrac{e^x-e^x}{x}$;   (2) $\lim\limits_{x\to 0}\dfrac{\sin 5x}{x}$;

(3) $\lim\limits_{x\to 0}\dfrac{\ln(1+x)}{x}$;   (4) $\lim\limits_{x\to 1}\dfrac{x^3-3x^2+2}{x^3-x^2-x+1}$;

(5) $\lim\limits_{x\to a}\dfrac{\sin x-\sin a}{x-a}$;   (6) $\lim\limits_{x\to \pi}\dfrac{\sin 5x}{\sin 3x}$;

(7) $\lim\limits_{x\to 0}\dfrac{\ln(1+2x)}{\sin x}$.

4. 求下列函数的单调区间和极值:

(1) $y=x^2-2x+3$;   (2) $y=x^3-3x^2+7$;

(3) $y=x^4-2x^2+2$;   (4) $y=\dfrac{2x}{1+x^2}$.

5. 已知函数 $f(x)=ax^3+bx^2+cx+d$,当 $x=-3$ 时,取得极小值 $f(-3)=2$,当 $x=3$ 时,取得最大值 $f(3)=6$.试确定 a 、 b 、 c 、 d 的值.

6. 当某商品定价为 20 元/件时,每月预测可卖出 300 件;当定价降低 25% 时,每月预测可卖出 500 件.求:(1) 需求量 Q 对价格 p 的函数;(2) 收入 R 对价格 p 的函数;(3) 收入 R 对产量 q 的函数.

7. 用长 8 m 的铝合金材料加工一日字形窗框,问此窗框的长、宽各为多少时,面积最大? 最大面积是多少?

8. 用铁皮做一个容积为 $16\pi \text{ m}^3$ 的圆柱形罐头筒,怎样设计才能使其用料最省?

9. 已知某食品加工厂生产某种食品,设该食品产量为 q(单位:kg)时的总成本函数和总收入函数(单位:元)分别为 $C(q)=200+3q+0.01q^2$,$R(q)=5q+0.02q^2$,求边际利润函数及当日产量为 100 kg、150 kg、200 kg 时的边际利润.

10. 某商品的需求量 Q 是单价 p 的函数即 $Q=12\,000-80p$,成本函数 $C=25\,000+50q$,试求使销售利润最大的商品价格和最大利润.

数学思想方法选讲 —— 特殊化与一般化

一、特殊化与一般化的概念

(一)特殊化思想

对于某个一般性的数学问题,如果一时难以解决,那么可以先解决它的特殊情况,即从研究对象的全体转变为研究属于这个全体中的一个对象或部分对象,然后再把解决特殊情况的方法或结论应用或者推广到一般问题上,从而获得一般性问题的解答,这种用来指导解决问题的思想称为**特殊化思想**.

著名数学家波利亚在其名著《数学与猜想》中曾经说过:"特殊化是从考虑一组给定的对象集合过渡到该集合的一个较小的子集,或仅仅一个对象."特殊化常表现为范围的收缩或限制,即从较大范围的问题向较小范围的问题过渡,或从某类问题向其某子类问题的过渡.

特殊化方法不论在科学研究,还是在数学教学中,都有着非常重要的作用,特殊化方法的关键是能否找到一个最佳的特殊化问题.

例如,我们看看"摆硬币"这个古老而著名的难题,题目大意是:两人相继往一张长方形桌子上平放一枚同样大小的硬币(两人拥有同样多的硬币,且两人的硬币合起来足够摆满桌子),谁放下最后一枚而使对方没有位置再放,谁就获胜,试问是先放者获胜还是后放者获胜?怎样才能稳操胜券?

分析:如果桌子大小只能容纳一枚硬币,那么先放的人当然能够取胜.然后设想桌面变大,注意到长方形有一个对称中心,先放者将第一枚硬币放在桌子的中心,继而把硬币放在后放者所放位置的对称位置上,这样进行下去,必然轮到先放者放最后一枚硬币.

上面问题的解法,从一般性问题一下子找到一个极易求解的特殊情形,并能将该特殊情形下的解法推向一般,从而轻而易举地解决了上述难题.

需要特别指出的是,将一个一般性的问题特殊化,通常并不难,而且经特殊化处理后会得到若干个不同的特殊问题,我们应该注意从中选择出其解法对一般解法有启迪的,或一般情况易于化归为该特殊情况来求解的问题.如在本例中任取圆桌直径为 1 m,硬币直径为 2 m,得到另一特殊问题,但其解法难以利用和推广.

从上面问题的解决过程我们可以看到:在解决数学问题时,对于一些较复杂、较一般的问题,如果一时找不到解题的思路而难以入手时,不妨先考虑某些简单的、特殊的情形,通过它们摸索出一些经验,或对答案做出一些估计,然后再设法解决问题本身.

但是有些数学问题,由于特殊的数量关系或位置关系,反而妨碍对隐含的一般性质的探究.构造一般原型,通过对一般原型的分析,然后经特殊化而获得给定问题的解的方法,也是数学中常用的方法.

（二）一般化思想

当我们遇到某些特殊问题很难解决时,不妨适当放宽条件,把待处理的特殊问题放在一个更为广泛、更为一般的问题中加以研究,先解决一般情形,再把解决一般情形的方法或结果应用到特殊问题上,最后获得特殊问题的解答,这种用来指导解决问题的思想称为**一般化思想**.

波利亚在其名著《怎样解题》中是这样阐述一般化方法的:"一般化就是从考虑一个对象,过渡到考虑包含该对象的一个集合,或者从考虑一个较小的集合过渡到考虑一个包含该较小集合的更大集合."运用一般化方法的基本思想是:为了解决问题 P,我们先解比 P 更一般的问题 Q,然后,将之特殊化,便得到问题 P 的解.

运用一般化方法解决问题的关键是仔细观察,分析问题的特征,从中找出能使命题一般化的因素,以便把特殊命题拓展为包含这一特殊情况的一般问题,以选择最佳的一般命题,它的解决应包含着特殊问题的解决.

一般化方法是数学概念形成与深化的重要手段,也是推广数学命题的重要方法.

（三）特殊化与一般化的关系

关于一般化与特殊化,德国数学家希尔伯特有两段精彩的论述:"在解决一个数学问题时,如果我们没有获得成功,原因常常在于我们没有认识到更一般的观点,即眼下要解决的问题不过是一连串有关问题中的一个环节.采取这样的观点以后,不仅我们研究的问题会容易地得到解决,同时还会获得一种能应用于有关问题的普遍方法."

"在讨论数学问题时,我们相信特殊化比一般化起着更为重要的作用.可能在大多数场合,我们寻求一个问题的答案而未能成功的原因是,有一些比手头的问题更简单、更容易的问题还没有完全解决或完全没有解决.这时,一切都有赖于找出这些比较容易的问题,并使用尽可能完善的方法和能够推广的概念来解决它们."

人们对一类新事物的认识往往都是从这事物中的个体开始的.通过对某些个体的认识与研究,逐渐积累对这类事物的了解,进而慢慢形成对这类事物总体的认识,这种认识事物的过程是由特殊到一般的认识过程,但这并不是目的,还需要用理论指导实践,用所得到的特点和规律解决这类事物中的新问题,这种认识事物的过程是由一般到特殊的认识过程.这种由特殊到一般,再由一般到特殊反复认识的过程,就是人们认识世界的基本过程之一.

数学研究也不例外,这种由特殊到一般、由一般到特殊的研究数学问题的基本认识过程,就是数学研究中的特殊化与一般化的思想.在高等数学的学习中,对公式、定理、法则的学习往往都是从特殊开始,通过总结归纳得出,证明后,又使用它们来解决相关的数学问题,在数学中经常使用的归纳法就是特殊化与一般化思想方法的集中体现.

二、特殊化与一般化思想的应用

由特殊到一般、由一般到特殊是两个方向相反的思维过程,但这两者在解决数学问题时往往又是相辅相成、互相依赖的.

例　计算 $\sqrt{2\,003\times2\,004\times2\,005\times2\,006+1}$ 的值.

解　本题若直接用计算器计算,也可以很快得到结果,但计算量较大,因此,可将问题进

行一般化:

$$\sqrt{(x+1) \cdot x \cdot (x-1) \cdot (x-2)+1}$$
$$=\sqrt{(x^2-x-1)^2}=x^2-x-1 \qquad (x \geqslant 2).$$

代入 $x=2\,005$,可得 $\sqrt{2\,003 \times 2\,005 \times 2\,004 \times 2\,003+1}=4\,018\,019.$

本题的解题过程是:特殊问题先采用一般化方法探究出其一般的结论,再还原到特殊问题.两者的结合起到了化繁为简、化难为易的目的,其效果是立竿见影的.

第十章 不定积分

在微积分学中,我们讨论了求已知函数的导数(或微分)的问题.这一章将要讨论与其相反的问题,即已知一个函数的导数(或微分),求出这个函数,这种由函数的导数(或微分)求原函数的问题是微积分学的另一个基本问题 —— 不定积分,本章我们研究的中心是不定积分法.

第一节 不 定 积 分

一、原函数

我们前面已经学过,物体运动的路程函数 $s=s(t)$ 对时间的导数就是这一物体的速度函数 $v=v(t)$,即 $s'(t)=v(t)$.在实际中,也需要解决相反的问题:已知物体的速度函数 $v(t)$,如何求路程函数 $s(t)$?

一般地,已知某个函数的导数,如何求这个函数? 这就是我们这章要研究的问题.

设 $f(t)$ 是定义在区间 I 上的一个函数,如果存在函数 $F(x)$,对区间 I 上的任意一点 x 都有

$$F'(x)=f(x),$$

那么 $F(x)$ 就叫做函数 $f(x)$ 在区间 I 上的一个原函数.

根据定义,求函数 $f(x)$ 的原函数,就是要求一个函数 $F(x)$,使它的导数 $F'(x)$ 等于 $f(x)$.

例1 求下列函数的一个原函数:

(1) $f(x)=3x^2$;　　　　　　　　　　　　(2) $f(x)=x^3$.

解 (1) 因为 $(x^3)'=3x^2$,所以 $3x^2$ 的一个原函数为 x^3.

(2) 因为 $\left(\dfrac{1}{4}x^4\right)'=x^3$,所以 x^3 的一个原函数为 $\dfrac{1}{4}x^4$.

现在讨论这样一个问题:已知函数 $f(x)$ 的一个原函数为 $F(x)$,那么函数 $f(x)$ 是否还有其他原函数?

我们看下面的例子.

因为 $(x^2)'=2x$,$(x^2+1)'=2x$,$(x^2-1)'=2x$,所以 x^2,x^2+1,x^2-1 都是函数 $f(x)=2x$ 的原函数.

设 C 为任意常数,因为 $(x^2+C)'=2x$,所以 x^2+C 也是函数 $f(x)=2x$ 的原函数.

一般地,原函数有下面的性质:

设 $F(x)$ 是函数 $f(x)$ 在区间 I 上的一个原函数,对于任意常数 C,$F(x)+C$ 也是 $f(x)$ 的原函数;并且 $f(x)$ 在区间 I 上任何一个原函数都可以表示成 $F(x)+C$ 的形式.

课堂练习 1

写出下列函数的一个原函数:

(1) $6x^5$;　　　　　(2) $5x^4$;　　　　　(3) $\dfrac{1}{x^2}$;　　　　　(4) $\dfrac{1}{x^3}$.

二、不定积分

由上述原函数的性质,我们引入不定积分的概念.

设 $F(x)$ 是函数 $f(x)$ 的一个原函数,我们把函数 $f(x)$ 的所有原函数叫做函数 $f(x)$ 的**不定积分**,记作 $\int f(x)\mathrm{d}x$,即

$$\int f(x)\mathrm{d}x = F(x)+C \ (C \text{ 为任意常数}).$$

其中 $\int$ 叫做**积分号**,$f(x)$ 叫做**被积函数**,x 叫做**积分变量**,$f(x)\mathrm{d}x$ 叫做**被积表达式**,C 叫做**积分常数**.求已知函数不定积分的过程叫做这个函数进行不定积分.

求函数 $f(x)$ 的不定积分,就是要求出 $f(x)$ 所有的原函数.由原函数的性质可知,只要求出函数 $f(x)$ 的一个原函数,再加上任意常数 C,就得到函数 $f(x)$ 的不定积分.

例2 求下列不定积分:

(1) $\int x\,\mathrm{d}x$;　　　　　(2) $\int \cos x\,\mathrm{d}x$.

解:(1) 因为 $\left(\dfrac{1}{2}x^2\right)' = x$,即 $\dfrac{1}{2}x^2$ 是 x 的一个原函数,所以

$$\int x\,\mathrm{d}x = \dfrac{1}{2}x^2 + C.$$

(2) 因为 $(\sin x)' = \cos x$,即 $\sin x$ 是 $\cos x$ 的一个原函数,所以

$$\int \cos x\,\mathrm{d}x = \sin x + C.$$

注意 在求不定积分时,都要写上任意常数 C.本章中凡没有特别说明时,所加的 C 均代表任意常数.

根据不定积分的定义,可以推出下面两个性质:

(1) $\left(\int f(x)\mathrm{d}x\right)' = f(x)$;

(2) $\int F'(x)\mathrm{d}x = F(x)+C$.

上面的性质表明:如果对函数 $f(x)$ 先求不定积分再求导数,那么结果仍为 $f(x)$,例如

$\left(\int \cos x \, \mathrm{d}x\right)' = \cos x$；如果对函数 $F(x)$ 先求导数再求不定积分，那么结果与它的原函数 $F(x)$ 只差一个任意常数，例如 $\int \left(\dfrac{1}{2}x^2\right)' \mathrm{d}x = \dfrac{1}{2}x^2 + C$. 从这里我们可以看出，求导数与求不定积分（在不计所加的任意常数时）互为逆运算．求不定积分时，常常利用导数与不定积分的这种互逆关系，验证所求的不定积分是否正确．

课堂练习2

根据不定积分的定义，验证下列等式：

(1) $\displaystyle\int x^4 \, \mathrm{d}x = \dfrac{1}{5}x^5 + C$；

(2) $\displaystyle\int x^5 \, \mathrm{d}x = \dfrac{1}{6}x^6 + C$；

(3) $\displaystyle\int \dfrac{1}{x^4} \, \mathrm{d}x = -\dfrac{1}{3}x^{-3} + C$；

(4) $\displaystyle\int \dfrac{1}{x^5} \, \mathrm{d}x = -\dfrac{1}{4}x^{-4} + C$.

习题 10-1

1. 填表：

函数 $f(x)$	$f(x)$ 的一个原函数	理由
k（常数）	kx	$(kx)' = k$
$4x^3$		
$3x^2$		
$\sin x$		
e^x		

2. 写出下列函数的一个原函数：

(1) $-2x^{-3}$；　　(2) $-3x^{-4}$；　　(3) $2\mathrm{e}^x$；　　(4) $3\sin x$.

3. 在下列各题的括号内填入一个适当的函数，然后求出相应的不定积分，填到横线上：

(1) $(\quad)' = 5, \displaystyle\int 5 \, \mathrm{d}x = \underline{\qquad}$；　　(2) $(\quad)' = 7x, \displaystyle\int 7x \, \mathrm{d}x = \underline{\qquad}$；

(3) $(\quad)' = 3x^2, \displaystyle\int 3x^2 \, \mathrm{d}x = \underline{\qquad}$.

4. 求下列不定积分：

(1) $\displaystyle\int x^6 \, \mathrm{d}x$；　　(2) $\displaystyle\int x^7 \, \mathrm{d}x$；　　(3) $\displaystyle\int \mathrm{e}^x \, \mathrm{d}x$；　　(4) $\displaystyle\int (-\sin x) \, \mathrm{d}x$.

5. 根据不定积分的定义，验证下列等式：

(1) $\displaystyle\int (3x^2 + 2x + 1) \, \mathrm{d}x = x^3 + x^2 + x + C$；

(2) $\displaystyle\int \left(\dfrac{1}{x^2} + \dfrac{1}{x^3}\right) \mathrm{d}x = -\dfrac{1}{x} - \dfrac{1}{2x^2} + C$；

(3) $\int \cos 2x \, \mathrm{d}x = \dfrac{1}{2}\sin 2x + C$;

(4) $\int \sin x \cos x \, \mathrm{d}x = -\dfrac{1}{4}\cos 2x + C$.

第二节　不定积分的运算法则

一、基本积分公式

我们已经知道,求不定积分与求导数互为逆运算.因此,我们可以从导数公式得到相应的不定积分公式.

例如 $\int x^m \, \mathrm{d}x = \dfrac{1}{m+1}x^{m+1} + C\,(m \neq -1, m \neq 0)$.

这个公式可以这样求得:

$$\text{由于} \quad \left(\dfrac{1}{m+1}x^{m+1}\right)' = \dfrac{1}{m+1}(x^{m+1})' = x^m,$$

$$\text{所以} \quad \int x^m \, \mathrm{d}x = \dfrac{1}{m+1}x^{m+1} + C\,(m \neq -1, m \neq 0).$$

用同样的方法可以得到其他不定积分公式.下表为基本积分公式表.

基本积分公式表

(1) $\int k \, \mathrm{d}x = kx + C\,(k$ 是常数$)$;

(2) $\int x^m \, \mathrm{d}x = \dfrac{1}{m+1}x^{m+1} + C\,(m \neq -1, m \neq 0)$;

(3) $\int \dfrac{1}{x} \, \mathrm{d}x = \ln|x| + C$;

(4) $\int \mathrm{e}^x \, \mathrm{d}x = \mathrm{e}^x + C$;

(5) $\int a^x \, \mathrm{d}x = \dfrac{a^x}{\ln a} + C\,(a > 0, a \neq 1)$;

(6) $\int \cos x \, \mathrm{d}x = \sin x + C$;

(7) $\int \sin x \, \mathrm{d}x = -\cos x + C$.

例1　求下列不定积分:

(1) $\int \dfrac{1}{x^4} \, \mathrm{d}x$;

(2) $\int \sin \theta \, \mathrm{d}\theta$.

解　(1)　$\displaystyle\int \dfrac{1}{x^4}\mathrm{d}x$

$$=\int x^{-4}\mathrm{d}x$$

$$=\dfrac{1}{-4+1}x^{-4+1}+C$$

$$=-\dfrac{1}{3x^3}+C;$$

(2)　$\displaystyle\int \sin\theta\,\mathrm{d}\theta=-\cos\theta+C.$

注意　例1(2)小题表明,求不定积分与积分变量用什么字母表示无关.

课堂练习 1

(口答) 求下列不定积分:

(1)　$\displaystyle\int x^4\mathrm{d}x$;　　(2)　$\displaystyle\int \dfrac{1}{x}\mathrm{d}x$;　　(3)　$\displaystyle\int \cos x\,\mathrm{d}x$;

(4)　$\displaystyle\int m\,\mathrm{d}x(m$ 为常数$)$;　　(5)　$\displaystyle\int 10^x\mathrm{d}x$;　　(6)　$\displaystyle\int \mathrm{e}^x\mathrm{d}x$.

二、不定积分的运算法则

我们在前面学习了导数的运算法则,设函数 $f(x),g(x)$ 可导,k 为常数,那么

$$(kf(x))'=kf'(x),$$

$$(f(x)+g(x))'=f'(x)+g'(x).$$

根据导数的上述两个运算法则,可以得到如下两个不定积分的运算法则.

法则 1　$\displaystyle\int kf(x)\mathrm{d}x=k\int f(x)\mathrm{d}x(k\neq 0).$

事实上,由于

$$\left[k\int f(x\mathrm{d}x)\right]'=k\left[\int f(x)\mathrm{d}x\right]'=kf(x),$$

即 $k\displaystyle\int f(x)\mathrm{d}x$ 是 $kf(x)$ 的原函数,所以

$$\int kf(x)\mathrm{d}x=k\int f(x)\mathrm{d}x.$$

法则 2　$\displaystyle\int [f(x)+g(x)]\mathrm{d}x=\int f(x)\mathrm{d}x+\int g(x)\mathrm{d}x.$

请同学们自己验证法则 2.

例 2 求 $\int(2x^2+5x+3)\mathrm{d}x$.

解 $\int(2x^2+5x+3)\mathrm{d}x$

$$=2\int x^2\mathrm{d}x+5\int x\mathrm{d}x+3\int\mathrm{d}x$$

$$=\frac{2}{3}x^3+\frac{5}{2}x^2+3x+C.$$

注意 在各项积分后,每个不定积分的结果都含有一个任意常数,但因任意常数的和仍然是任意常数,所以只要写一个任意常数就可以了.

例 3 求 $\int\left(\frac{1}{x}-\cos x\right)\mathrm{d}x$.

解 $\int\left(\frac{1}{x}-\cos x\right)\mathrm{d}x$

$$=\int\frac{1}{x}\mathrm{d}x-\int\cos x\,\mathrm{d}x$$

$$=\ln|x|-\sin x+C.$$

课堂练习 2

求下列不定积分:

(1) $\int(3x^3-2x^2+x-1)\mathrm{d}x$；   (2) $\int(2^x+x^2)\mathrm{d}x$.

习题 10-2

1. 求下列不定积分:

(1) $\int\sqrt[3]{x}\,\mathrm{d}x$；   (2) $\int\frac{1}{\sqrt[3]{x}}\mathrm{d}x$；   (3) $\int\frac{\mathrm{d}x}{x^6}$；   (4) $\int\sqrt[3]{x^2}\,\mathrm{d}x$.

2. 求下列不定积分:

(1) $\int(x^3-2x+5)\mathrm{d}x$；   (2) $\int(4x^3-3x^2)\mathrm{d}x$；

(3) $\int(6x^5+3x^2)\mathrm{d}x$；   (4) $\int\left(\frac{x^3}{3}-\frac{3}{x^3}\right)\mathrm{d}x$.

3. 求下列不定积分:

(1) $\int(\sin x+\cos x)\mathrm{d}x$；   (2) $\int\left(\frac{4}{x}+3\mathrm{e}^x\right)\mathrm{d}x$.

第三节 直接积分法

在求不定积分时,有很多被积函数可以套用基本积分公式或先用积分运算的线性法则然后套用基本积分公式;还有一些被积函数必须先经过适当的恒等变形,然后再用上述方法积分,我们称这种积分叫做直接积分法.

例1　求 $\int (x+3)(x-2)\mathrm{d}x$.

解　$\int (x+3)(x-2)\mathrm{d}x$

$$=\int (x^2+x-6)\mathrm{d}x$$

$$=\int x^2\mathrm{d}x+\int x\mathrm{d}x-\int 6\mathrm{d}x$$

$$=\frac{x^3}{3}+\frac{x^2}{2}-6x+C.$$

例2　求 $\int \dfrac{(x-1)(x-2)}{x}\mathrm{d}x$.

解　$\int \dfrac{(x-1)(x-2)}{x}\mathrm{d}x$

$$=\int \left(x-3+\frac{2}{x}\right)\mathrm{d}x$$

$$=\int x\mathrm{d}x-\int 3\mathrm{d}x+\int \frac{2}{x}\mathrm{d}x$$

$$=\frac{x^2}{2}-3x+2\ln|x|+C.$$

例3　求 $\int (1-\sqrt{x})\left(\dfrac{1}{\sqrt{x}}+x\right)\mathrm{d}x$.

解　可以将被积函数展开再积分.

$$原式=\int \left(\frac{1}{\sqrt{x}}-1+x-x\sqrt{x}\right)\mathrm{d}x$$

$$=\int x^{-\frac{1}{2}}\mathrm{d}x-\int \mathrm{d}x+\int x\mathrm{d}x-\int x^{\frac{3}{2}}\mathrm{d}x$$

$$=2x^{\frac{1}{2}}-x+\frac{1}{2}x^2-\frac{2}{5}x^{\frac{5}{2}}+C.$$

例4　求 $\int \dfrac{\cos 2x}{\cos x-\sin x}\mathrm{d}x$.

解　$\int \dfrac{\cos 2x}{\cos x-\sin x}\mathrm{d}x$

$$=\int \frac{\cos^2 x-\sin^2 x}{\cos x-\sin x}\mathrm{d}x$$

$$=\int (\cos x+\sin x)\mathrm{d}x$$

$$=\int \cos x\mathrm{d}x+\int \sin x\mathrm{d}x$$

$$=\sin x-\cos x+C.$$

课堂练习1

求下列不定积分:

(1) $\int (x^2 + 2)(x^2 - 2)\mathrm{d}x$;　　(2) $\int (x - 5)^2 \mathrm{d}x$;

(3) $\int \dfrac{x^4 - x - 5}{x^2}\mathrm{d}x$;　　(4) $\int \dfrac{1}{x\sqrt{x}}\mathrm{d}x$;

(5) $\int x^{-2}\sqrt[4]{x}\,\mathrm{d}x$;　　(6) $\int (x^2 + 2)\sqrt{x}\,\mathrm{d}x$;

(7) $\int (x - 1)^2\sqrt[3]{x}\,\mathrm{d}x$;　　(8) $\int \dfrac{x - x^3 \mathrm{e}^x}{x^3}\mathrm{d}x$.

习题 10-3

求下列不定积分:

(1) $\int (a + bx)^2 \mathrm{d}x$;　　(2) $\int (x + 5)(x - 5)\mathrm{d}x$;

(3) $\int (3x + 1)(2x - 1)\mathrm{d}x$;　　(4) $\int x(4x^2 - 4x - 1)\mathrm{d}x$;

(5) $\int (x + 1)^2 \mathrm{d}x$;　　(6) $\int \dfrac{x^2 + x + 1}{x^2}\mathrm{d}x$;

(7) $\int \dfrac{x + 5}{\sqrt{x}}\mathrm{d}x$;　　(8) $\int \sqrt{x\sqrt{x}}\,\mathrm{d}x$;

(9) $\int (\cos\dfrac{x}{2} + \sin\dfrac{x}{2})^2 \mathrm{d}x$;　　(10) $\int \dfrac{1 - 2^x}{3^x}\mathrm{d}x$;

(11) $\int \dfrac{3^x}{\mathrm{e}^x}\mathrm{d}x$;　　(12) $\int 5^t \mathrm{e}^{-t}\mathrm{d}t$.

第四节　换元积分法

通过上节的讨论我们知道,直接积分法可以帮助我们求解许多函数的积分问题,但是还有大量函数,无法用直接积分法进行积分.

例如,在求不定积分 $\int \sin 2x\,\mathrm{d}x$ 时,如果由公式 $\int \sin x\,\mathrm{d}x = -\cos x + C$,立即得 $\int \sin 2x\,\mathrm{d}x = -\cos 2x + C$ 则是错误的,因为 $(-\cos 2x + C)' = 2\sin 2x \neq \sin 2x$.

要解决此类问题,必须用下面介绍的方法.

我们以上面的不定积分为例,因为 $(-\cos u)' = \sin u$,从而 $\int \sin u\,\mathrm{d}u = -\cos u + C$.令 $u = 2x$,则

$$\int \sin 2x \, \mathrm{d}(2x) = -\cos 2x + C,$$

从而

$$\int \sin 2x \, \mathrm{d}x = \frac{1}{2} \int \sin 2x \, \mathrm{d}(2x)$$

$$\xlongequal{\text{令} 2x=u} \frac{1}{2} \int \sin u \, \mathrm{d}u = -\frac{1}{2} \cos u + C_1$$

$$\xlongequal{\text{回代} u=2x} -\frac{1}{2} \cos 2x + C_1 \left(C_1 = \frac{1}{2}C\right).$$

一般地,当被积表达式能表示为如下形式:

$$f[\varphi(x)]\varphi'(x)\mathrm{d}x = f[\varphi(x)]\mathrm{d}[\varphi(x)],$$

则令 $\varphi(x) = u$. 当积分 $\int f(u)\mathrm{d}u = F(u) + C$ 容易求得时,可按下述方法计算不定积分:

$$\int f[\varphi(x)]\varphi'(x)\mathrm{d}x = \int f[\varphi(x)]\mathrm{d}[\varphi(x)]$$

$$\xlongequal{\text{令}\varphi(x)=u} \int f(u)\mathrm{d}u = F(u) + C$$

$$\xlongequal{\text{回代} u=\varphi(u)} F[\varphi(x)] + C.$$

通常把这种积分方法称为**第一类换元积分法**,因为这种积分方法的关键是把被积表达式凑成 $f[\varphi(x)][\mathrm{d}\varphi(x)]$,所以常常把它通俗地叫做**凑微分法**.

例 1 求 $\int \cos(x+1)\mathrm{d}x$.

解 注意到积分基本公式 $\int \cos u \, \mathrm{d}u = \sin u + C$.

$$\int \cos(x+1)\mathrm{d}x = \int \cos(x+1)\mathrm{d}(x+1) \xlongequal{\text{令} x+1=u} \int \cos u \, \mathrm{d}u = \sin u + C$$

$$\xlongequal{\text{回代} u=1+x} \sin(x+1) + C.$$

例 2 求 $\int \dfrac{1}{3x-1}\mathrm{d}x$.

解 注意到积分基本公式 $\int \dfrac{1}{u}\mathrm{d}u = \ln|u| + C$.

$$\int \frac{1}{3x-1}\mathrm{d}x = \int \frac{1}{3x-1} \cdot \frac{1}{3}\mathrm{d}(3x-1) = \frac{1}{3}\int \frac{1}{3x-1}\mathrm{d}(3x-1)$$

$$\xlongequal{\text{令} 3x-1=u} \frac{1}{3}\int \frac{1}{u}\mathrm{d}u = \frac{1}{3}\ln|u| + C$$

$$\xlongequal{\text{回代} u=3x-1} \frac{1}{3}\ln|3x-1| + C.$$

课堂练习 1

1. 填空：

(1) $\mathrm{d}x = ($ $)\mathrm{d}(2x)$；

(2) $\mathrm{d}x = ($ $)\mathrm{d}\left(\dfrac{1}{2}x\right)$；

(3) $\mathrm{d}x = ($ $)\mathrm{d}(3x+5)$；

(4) $\mathrm{d}x = ($ $)\mathrm{d}(1-x)$；

(5) $\mathrm{d}x = ($ $)\mathrm{d}(1-3x)$.

2. 用第一换元法求下列不定积分：

(1) $\displaystyle\int \frac{1}{2x-1}\mathrm{d}x$；

(2) $\displaystyle\int \sqrt{2x-1}\,\mathrm{d}x$；

(3) $\displaystyle\int \sqrt{1-x}\,\mathrm{d}x$；

(4) $\displaystyle\int \frac{1}{\sqrt{4x-1}}\mathrm{d}x$；

(5) $\displaystyle\int \mathrm{e}^{-3x}\mathrm{d}x$；

(6) $\displaystyle\int \cos 3x\,\mathrm{d}x$；

(7) $\displaystyle\int \sin(3x-1)\mathrm{d}x$；

(8) $\displaystyle\int 2^{-2x}\mathrm{d}x$.

例3 求 $\displaystyle\int \mathrm{e}^x(1+\mathrm{e}^x)^4\mathrm{d}x$.

解 注意到积分基本公式 $\displaystyle\int u^4\mathrm{d}u = \frac{1}{5}u^5 + C$.

$$\int \mathrm{e}^x(1+\mathrm{e}^x)^4\mathrm{d}x = \int (1+\mathrm{e}^x)^4(1+\mathrm{e}^x)'\mathrm{d}x = \int (1+\mathrm{e}^x)^4\mathrm{d}(1+\mathrm{e}^x)$$

$$\xrightarrow{\ \text{令}\,u=1+\mathrm{e}^x\ } \int u^4\mathrm{d}u = \frac{1}{5}u^5 + C$$

$$\xrightarrow{\ \text{回代}\,u=(1+\mathrm{e}^x)\ } \frac{1}{5}(1+\mathrm{e}^x)^5 + C.$$

例4 求 $\displaystyle\int \frac{(\ln x)^2}{x}\mathrm{d}x$.

解 注意到积分基本公式 $\displaystyle\int u^2\mathrm{d}u = \frac{1}{3}u^3 + C$.

$$\int \frac{(\ln x)^2}{x}\mathrm{d}x = \int (\ln x)^2\mathrm{d}(\ln x) \xrightarrow{\ \text{令}\,\ln x=u\ } \int u^2\mathrm{d}u = \frac{1}{3}u^3 + C \xrightarrow{\ \text{回代}\,u=\ln x\ } \frac{1}{3}\ln^3 x + C.$$

例5 求 $\displaystyle\int \frac{x\,\mathrm{d}x}{\sqrt{1-x^2}}$.

解 注意到积分基本公式 $\displaystyle\int u^{-\frac{1}{2}}\mathrm{d}u = 2u^{\frac{1}{2}} + C$.

$$\int \frac{x\,\mathrm{d}x}{\sqrt{1-x^2}} = -\frac{1}{2}\int \frac{\mathrm{d}(1-x^2)}{\sqrt{1-x^2}} \xrightarrow{\ \text{令}\,1-x^2=u\ } -\frac{1}{2}\int \frac{\mathrm{d}u}{\sqrt{u}} = -u^{\frac{1}{2}} + C$$

$$\xrightarrow{\ \text{回代}\,u=1-x^2\ } -\sqrt{1-x^2} + C.$$

需要说明的是,在我们熟练掌握凑微分方法后,可以省去以上"令 $u(x)=u$"和"回代 $u=u(x)$"的过程,直接利用积分基本公式求得结果.

例6　求 $\int \dfrac{\sin\dfrac{1}{x}}{x^2}\mathrm{d}x$.

解　$\displaystyle\int \dfrac{\sin\dfrac{1}{x}}{x^2}\mathrm{d}x = \int \sin\left(\dfrac{1}{x}\right)\cdot\left(-\dfrac{1}{x}\right)'\mathrm{d}x = -\int\sin\left(\dfrac{1}{x}\right)\mathrm{d}\left(\dfrac{1}{x}\right) = \cos\left(\dfrac{1}{x}\right)+C$.

例7　求 $\int x\sqrt{1-x^2}\,\mathrm{d}x$.

解　$\displaystyle\int x\sqrt{1-x^2}\,\mathrm{d}x = \int (1-x^2)^{\frac{1}{2}}\left[-\dfrac{1}{2}(1-x^2)\right]'\mathrm{d}x = -\dfrac{1}{2}\int(1-x^2)^{\frac{1}{2}}\mathrm{d}(1-x^2)$

$$= -\dfrac{1}{3}(1-x^2)^{\frac{3}{2}}+C.$$

例8　求 $\int \dfrac{1}{x^2}\mathrm{e}^{\frac{1}{x}}\mathrm{d}x$.

解　$\displaystyle\int \dfrac{1}{x^2}\mathrm{e}^{\frac{1}{x}}\mathrm{d}x = -\int \mathrm{e}^{\frac{1}{x}}\mathrm{d}\left(\dfrac{1}{x}\right) = -\mathrm{e}^{\frac{1}{x}}+C$.

在凑微分时,根据需要,常用到一些"凑法",现列举如下,以便读者熟记后灵活运用.

(1) $\mathrm{d}x = \dfrac{1}{a}\mathrm{d}(ax+b)$；　(2) $\dfrac{1}{x}\mathrm{d}x = \mathrm{d}(\ln x)$；　(3) $x^a\mathrm{d}x = \dfrac{1}{a+1}\mathrm{d}(x^{a+1})(a\neq-1)$；

(4) $x\,\mathrm{d}x = \dfrac{1}{2}\mathrm{d}(x^2)$；　　(5) $\dfrac{1}{\sqrt{x}}\mathrm{d}x = 2\mathrm{d}(\sqrt{x})$；　(6) $\dfrac{1}{x^2}\mathrm{d}x = -\mathrm{d}\left(\dfrac{1}{x}\right)$；

(7) $\mathrm{e}^x\mathrm{d}x = \mathrm{d}(\mathrm{e}^x)$；　　(8) $\sin x\,\mathrm{d}x = -\mathrm{d}(\cos x)$；　(9) $\cos x\,\mathrm{d}x = \mathrm{d}(\sin x)$.

课堂练习2

1. 填空：

(1) $\sin x\,\mathrm{d}x = (\quad)\mathrm{d}(\cos x)$；　　　　(2) $x\,\mathrm{d}x = (\quad)\mathrm{d}(1-x^2)$；

(3) $\dfrac{1}{\sqrt{x}}\mathrm{d}x = (\quad)\mathrm{d}(\sqrt{x})$；　　　(4) $\dfrac{1}{x^2}\mathrm{d}x = (\quad)\mathrm{d}\left(\dfrac{1}{x}\right)$；

(5) $\dfrac{1}{x}\mathrm{d}x = (\quad)\mathrm{d}(3-5\ln x)$；　　(6) $\sin 3x\,\mathrm{d}x = (\quad)\mathrm{d}(\cos 3x)$.

2. 用第一换元法求下列不定积分：

(1) $\displaystyle\int x(1+x^2)\mathrm{d}x$；　　　　　　(2) $\displaystyle\int x(1-x^2)\mathrm{d}x$；

(3) $\displaystyle\int \sqrt{1+x^2}\cdot x\,\mathrm{d}x$；　　　　(4) $\displaystyle\int \dfrac{2x}{1+x^2}\mathrm{d}x$；

(5) $\displaystyle\int \sin x\cos x\,\mathrm{d}x$.

习题 10-4

用第一换元法求下列不定积分：

(1) $\int \dfrac{1}{3x+1}\mathrm{d}x$;

(2) $\int \sqrt{1+4x}\,\mathrm{d}x$;

(3) $\int \sqrt{2x-1}\,\mathrm{d}x$;

(4) $\int \dfrac{1}{\sqrt{2x-3}}\mathrm{d}x$;

(5) $\int \mathrm{e}^{-3x}\mathrm{d}x$;

(6) $\int \sin 3x\,\mathrm{d}x$;

(7) $\int x(2+x^2)^2\mathrm{d}x$;

(8) $\int x(3-x^2)^3\mathrm{d}x$;

(9) $\int x\sqrt{1-x^2}\,\mathrm{d}x$;

(10) $\int \dfrac{x}{1+x^2}\mathrm{d}x$;

(11) $\int \dfrac{\cos\dfrac{1}{x}}{x^2}\mathrm{d}x$;

(12) $\int \sin^5 x\cos x\,\mathrm{d}x$;

(13) $\int \mathrm{e}^x\sin(\mathrm{e}^x)\mathrm{d}x$

(14) $\int \dfrac{\mathrm{e}^x}{1+\mathrm{e}^x}\mathrm{d}x$.

*第五节　分部积分法

分部积分法是建立在乘积的导数（或微分）法则的基础之上，将乘积的导数公式 $(uv)' = u'v + uv'$ 变形，得

$$uv' = (uv)' - u'v.$$

若 u', v' 连续，则对上式两端积分，得

$$\int uv'\mathrm{d}x = uv - \int u'v\mathrm{d}x, \tag{1}$$

或

$$\int u\,\mathrm{d}v = uv - \int u'v\mathrm{d}x. \tag{2}$$

公式(1)或(2)称为分部积分公式.由公式可知，当 $\int u'v\mathrm{d}x$ 比 $\int u\,\mathrm{d}v$ 容易积分时，用分部积分公式(2)就可以化难为易了.

具体地说，用分部积分公式(2)求不定分时，必须满足下面两个条件：

1. 被积函数可化为 u 和 $\mathrm{d}v$ 的乘积形式.

2. $\mathrm{d}v$ 的选取要满足：(1) $\int u'v\mathrm{d}x$ 比 $\int u\,\mathrm{d}v$ 容易积分；(2) v 要易于求得.

下面通过例题加以说明.

例 1　求 $\int x \cos x \, \mathrm{d}x$.

解　令 $u = x$，$\mathrm{d}v = \cos x \, \mathrm{d}x = \mathrm{d}(\sin x)$，则 $v = \sin v$，因此

$$\int x \cos x \, \mathrm{d}x = \int x \, \mathrm{d}(\sin x) = x \sin x - \int \sin x \, \mathrm{d}x = x \sin x + \cos x + C.$$

例 2　求 $\int x \, \mathrm{e}^{2x} \, \mathrm{d}x$.

解　令 $u = x$，$\mathrm{d}v = \mathrm{e}^{2x} \, \mathrm{d}x = \mathrm{d}\left(\dfrac{1}{2} \mathrm{e}^{2x}\right)$，则

$$\int x \, \mathrm{e}^{2x} \, \mathrm{d}x = \int x \, \mathrm{d}\left(\frac{1}{2} \mathrm{e}^{2x}\right) = \frac{1}{2} x \, \mathrm{e}^{2x} - \frac{1}{2} \int \mathrm{e}^{2x} \, \mathrm{d}x = \frac{1}{2} x \, \mathrm{e}^{2x} - \frac{1}{4} \int \mathrm{e}^{2x} \, \mathrm{d}(2x)$$

$$= \frac{1}{2} x \, \mathrm{e}^{2x} - \frac{1}{4} \mathrm{e}^{2x} + C.$$

由上面两例可知，如果被积函数是幂指数为正整数的幂函数与指数函数或与正（余）弦三角函数的乘积，选取幂函数为 u，其余部分为 $\mathrm{d}v$，就能化难为易.

例 3　求 $\int \ln x \, \mathrm{d}x$.

解　令 $u = \ln x$，$\mathrm{d}v = \mathrm{d}x$，则 $\mathrm{d}u = \dfrac{1}{x} \mathrm{d}x$，$v = x$，因此

$$\int \ln x \, \mathrm{d}x = x \ln x - \int x \, \mathrm{d}(\ln x) = x \ln x - \int \mathrm{d}x = x \ln x - x + C.$$

在熟悉了分部积分公式以后，可以不明确写出 u 和 $\mathrm{d}v$，而直接用分部积分公式，其过程较为简单.

例 4　求 $\int \dfrac{\ln x}{x^2} \mathrm{d}x$.

解　$\displaystyle \int \frac{\ln x}{x^2} \mathrm{d}x = \int \ln x \, \mathrm{d}\left(-\frac{1}{x}\right) = -\frac{1}{x} \ln x + \int \frac{1}{x} \mathrm{d}(\ln x) = -\frac{1}{x} \ln x + \int \frac{1}{x^2} \mathrm{d}x$

$$= -\frac{1}{x} \ln x - \frac{1}{x} + C = -\frac{1}{x}(1 + \ln x) + C.$$

由例 3、例 4 可知，如果被积函数是幂函数与对数函数的乘积，选取对数函数为 u，其余部分为 $\mathrm{d}v$，就能化难为易.

课堂练习 1

求下列不定积分：

(1) $\int x \sin x \, \mathrm{d}x$；　　　　　　　　(2) $\int x \, \mathrm{e}^x \, \mathrm{d}x$.

习题 10-5

求下列不定积分：

(1) $\int x \cos 3x \, dx$;　　　　　　　　(2) $\int x \, e^{-2x} \, dx$;

(3) $\int \dfrac{\ln x}{x^2} \, dx$;　　　　　　　(4) $\int x \sin 2x \, dx$.

复习题十

1. 填空题.

(1) 如果 $F'(x) = f(x)$, 那么 $f(x)$ 的积分曲线就是函数_____的图像;

(2) 若函数 $f(x) = x^2$ 的积分曲线过点 $(-1, 2)$, 则这条积分曲线在该点的切线方程为_____;

(3) 若 $F'(x) = f(x)$, 且 A 是常数, 则 $\int [f(x) + A] \, dx = $_____;

(4) $\left(\int e^{x^2} \, dx \right)' = $_____, $\int d(e^{x^2}) = $_____, $d\left(\int e^{x^2} \, dx \right) = $_____;

(5) 设 $F(x), G(x)$ 都是函数 $f(x)$ 在区间 I 上的原函数, 若 $F(x) = x^2$, 则 $G(x) = $_____.

2. 选择题.

(1) 下列各组函数是同一个函数的原函数的是(　　).

　　A. $F(x) = 4x^3, G(x) = 4(1 - x^3)$

　　B. $F(x) = \ln x^2, G(x) = \ln 2x$

　　C. $F(x) = \dfrac{1}{2} \sin^2 x + C, G(x) = \dfrac{1}{4} \cos 2x + C$;

　　D. $F(x) = e^{-x} + C, G(x) = -e^x + C$

(2) 不定积分 $\int x^{-2} e^{\frac{1}{x}} \, dx = $(　　).

　　A. $-\dfrac{1}{x} e^{-\frac{1}{x}} + C$　　B. $-e^{\frac{1}{x}} + C$;　　C. $e^{-\frac{1}{x}} + C$　　D. $\dfrac{1}{x} e^{-\frac{1}{x}} + C$

(3) 下列等式成立的是(　　).

　　A. $\int x^a \, dx = \dfrac{1}{a+1} x^{a-1} + C$　　　　B. $\int \tan x \, dx = \dfrac{1}{1+x^2} + C$

　　C. $\int \sin x \, dx = -\cos x + C$　　　　　　D. $\int a^x \, dx = a^x \ln a + C$

(4) 设 $f(x)$ 为可导函数, 则下列式子中正确的是(　　).

　　A. $\left[\int f'(x) \, dx \right]' = f(x)$　　　　　B. $\int f'(x) \, dx = f(x)$

　　C. $\left[\int f(x) \, dx \right]' = f(x)$　　　　　D. $\left[\int f(x) \, dx \right]' = f(x) + C$

(5) 如果 $F_1(x)$ 和 $F_2(x)$ 是 $f(x)$ 的两个不同的原函数, 那么 $\int [F_1(x) - F_2(x)] \, dx$ = (　　).

　　A. $f(x) + C$　　　　B. 0　　　　　C. 一次函数　　　　D. 常数

3. 求下列不定积分:

(1) $\int e^{5x} dx$;

(2) $\int (2-3x)^4 dx$;

(3) $\int \dfrac{dx}{1+3x}$;

(4) $\int \dfrac{x\,dx}{1+x^2}$;

(5) $\int x\sqrt{x^2-3}\,dx$;

(6) $\int \dfrac{\ln x}{x} dx$;

(7) $\int \sin x \cos x\,dx$;

(8) $\int e^{\sin x}\cos x\,dx$;

(9) $\int \dfrac{1}{x^2} e^{\frac{1}{x}} dx$;

(10) $\int e^x \cos(e^x) dx$;

(11) $\int \dfrac{\sin\sqrt{t}}{\sqrt{t}} dt$;

(12) $\int x\,e^{-5x} dx$;

*(13) $\int x^2 \ln 3x\,dx$.

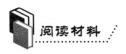

数学思想方法选讲 —— 化归法

回顾处理数学问题的过程和经验发现,我们常常将待解决的陌生问题通过转化,归结为一个比较熟悉的问题;将一个复杂问题通过转化,归结为一个或几个简单的问题等等.这些方法的科学概括就是数学上解决问题的基本思想方法 —— 化归法.

一、化归的基本思想

化归法是转化思想这一重要的数学思想在数学方法论上的体现,是数学中普遍使用的重要方法.

人们在认识一个新事物或解决一个新问题时,往往会设法将对新事物或新问题的分析研究纳入已有的认识结构或模式中来.例如,我们在解决数学问题的过程中,常常将待解决的问题通过转化,归结为较熟悉的问题来解决,因为这样就可以充分运用我们已有的知识、经验和方法解决问题.这种问题之间的转化就是化归法.

"化归"是转化和归结的简称.化归法是数学中解决问题的一般方法,其基本思想是:我们在解决数学问题时,常常将待解决的问题A,通过某种转化手段归结为另一个问题B,问题B是相对较易解决或已有固定解决模式的问题,且通过对问题B的解决而得到原问题的解答.其中问题B常称为化归目标,转化的手段称为化归途径或化归策略.

匈牙利数学家路莎用以下比喻,十分生动地说明了化归思维的实质."假设在你面前有煤气灶、水龙头、水壶和火柴,你想烧些开水,应当怎么去做?"正确的回答是:"在水壶中放上水,点燃煤气,再把水壶放到煤气灶上."接着路莎又提出第二个问题:"如果其他的条件都没有变化,只是水壶中已经放了足够的水,那么这时你又应当如何去做?"这时,人们往往会很有信心地回答说:"点燃煤气,再把水壶放到煤气灶上."但路莎认为这并不是最好的回答,因为更好的回答应该是这样的:"只有物理学家才会这样做,而数学家则会倒去壶中的水,并声称我已经把后一个问题化归成先前已经得到解决的问题了."

在数学中,几乎所有数学问题的解决都离不开化归,只是体现的化归形式不同而已.计算题是利用规定的计算法则进行归纳;证明题是利用定理、公理或已解决了的命题进行化归;应用题是利用数学模型进行化归.数学问题的化归方法也是多样的,如把高次的化为低次的;把多元的化为少元的;把高维的化为低维的;把指数运算化为乘法运算;把乘法运算化为加法运算;把几何问题化为代数问题;把微分方程问题化为代数方程问题;化离散为连续;化一般为特殊;化特殊为一般,等等.总之,数学中化归法的目的就是化难为易、化繁为简.

例如,在微积分中,不定积分的计算方法中就有所谓的分部积分法:

设函数 $u(x),v(x)$ 具有连续的导数,则

$$\int u(x)v'(x)\mathrm{d}x = u(x)v(x) - \int u'(x)v(x)\mathrm{d}x,$$

或

$$\int u(x)\mathrm{d}[v(x)] = u(x)v(x) - \int v(x)\mathrm{d}[u(x)].$$

利用上述公式有时可以使难求的不定积分 $\int u(x)v'(x)\mathrm{d}x$ 转化为易求的不定积分 $\int u'(x)v(x)\mathrm{d}x$,从而得到所要求的结果.

二、化归的基本原则

化归中常用化归目标简单化原则,化归目标简单化原则是指化归应朝目标简单的方向进行,即复杂的待解决问题应向简单的较易解决的问题化归.这里的简单不仅是指问题结构形式表示上的简单,而且还指问题处理方法的简单.

例 已知 $af(2x^2-1)+bf(1-2x^2)=4x^2,a^2-b^2\neq 0$,求 $f(x)$.

分析 根据题设等式结构的特点,遵循简单化原则,予以简化.只需令 $2x^2-1=y$,条件等式就可以化为 $af(y)+bf(-y)=2y+2$,在此条件下求 f,关系就明朗许多.由新条件等式中 $f(y)$ 与 $f(-y)$ 的特殊关系,我们可想到在等式中用 $-y$ 代替 y,仍会得到一个关于 $f(y),f(-y)$ 的等式,这样,问题就归化为求解这两个等式组成的关于 $f(y),f(-y)$ 的方程组

$$\begin{cases} af(y)+bf(-y)=2y+2, \\ af(-y)+bf(y)=-2y+2. \end{cases}$$

解出 $f(y)$ 即可.

第十一章 定 积 分

定积分的概念及其应用是微积分学重要而又基础的内容.通过对曲边梯形的面积、变速直线运动的路程等实际问题的研究,运用极限方法、分割整体、局部线性化、以直代曲、化有限为无限、变连续为离散等过程,使定积分的概念逐步发展建立起来.

定积分的概念及微积分基本公式,不仅是数学史上,而且是科学思想史上的重要里程碑.现在定积分已广泛应用于自然科学、技术科学、社会科学、经济科学等领域.本章主要介绍定积分的概念、定积分的运算及其在几何、物理、经济学上的简单应用.

第一节 定积分的概念及其运算

一、定积分的定义

设函数 $f(x)$ 在 $[a,b]$ 上连续,$F(x)$ 是 $f(x)$ 的一个原函数,数值 $F(b)-F(a)$ 称为函数 $f(x)$ 在 $[a,b]$ 上的定积分,记作 $\int_b^a f(x)\mathrm{d}x$,即

$$\int_a^b f(x)\mathrm{d}x = F(b)-F(a) \xlongequal{\text{记作}} F(x)\Big|_a^b,$$

其中 $f(x)$ 称为被积函数,x 称为积分变量,$f(x)\mathrm{d}x$ 称为被积表达式,$[a,b]$ 称为积分区间,a 称为积分下限,b 称为积分上限,"$\int$" 称为积分号.

此公式也称为牛顿-莱布尼茨公式,还称为微积分基本公式.

二、定积分的基本性质

规定:

(1) 当 $a=b$ 时,$\int_b^a f(x)\mathrm{d}x = 0$;

(2) 当 $a>b$ 时,$\int_b^a f(x)\mathrm{d}x = -\int_a^b f(x)\mathrm{d}x$.

性质 1 $\int_a^b \mathrm{d}x = b-a$.

性质 2 函数代数和的定积分等于它们定积分的代数和,即

$$\int_a^b [f(x)\pm g(x)\mathrm{d}x] = \int_a^b f(x)\mathrm{d}x \pm \int_a^b g(x)\mathrm{d}x.$$

此性质可推广到有限个函数代数和的情形.

性质3 非零常数因子可以提到积分号外边,即

$$\int_b^a k f(x)\,\mathrm{d}x = k\int_a^b f(x)\,\mathrm{d}x.$$

例 计算下列定积分:

(1) $\displaystyle\int_0^1 x^2\,\mathrm{d}x$; (2) $\displaystyle\int_{\frac{1}{\pi}}^{\frac{2}{\pi}} \frac{\sin\dfrac{1}{x}}{x^2}\,\mathrm{d}x$; (3) $\displaystyle\int_1^2\left(2x+\frac{1}{x}\right)\mathrm{d}x$.

解 (1) 因为 $\dfrac{x^3}{3}$ 是 x^2 的一个原函数,由微积分基本公式,得

$$\int_0^1 x^2\,\mathrm{d}x = \frac{x^3}{3}\Big|_0^1 = \frac{1}{3}.$$

(2) 因为 $\displaystyle\int \frac{\sin\dfrac{1}{x}}{x^2}\,\mathrm{d}x = \int \sin\left(\frac{1}{x}\right)\cdot\left(-\frac{1}{x}\right)'\,\mathrm{d}x = -\int \sin\left(\frac{1}{x}\right)\cdot\mathrm{d}\left(\frac{1}{x}\right) = \cos\left(\frac{1}{x}\right)+C$,所以

$\cos\left(\dfrac{1}{x}\right)$ 是 $\dfrac{\sin\dfrac{1}{x}}{x^2}$ 的一个原函数.由微积分基本公式,得

$$\int_{\frac{1}{\pi}}^{\frac{2}{\pi}} \frac{\sin\dfrac{1}{x}}{x^2}\,\mathrm{d}x = \cos\frac{1}{x}\Big|_{\frac{1}{\pi}}^{\frac{2}{\pi}} = \cos\frac{\pi}{2} - \cos\pi = 1.$$

(3) $\displaystyle\int_1^2\left(2x+\frac{1}{x}\right)\mathrm{d}x = \int_1^2 2x\,\mathrm{d}x + \int_1^2 \frac{1}{x}\,\mathrm{d}x = x^2\Big|_1^2 + \ln x\Big|_1^2$

$$= (4-1)+(\ln 2 - \ln 1) = 3 + \ln 2.$$

课堂练习1

计算下列定积分:

(1) $\displaystyle\int_0^5 2x\,\mathrm{d}x$;

(2) $\displaystyle\int_0^2 (x^2-2x)\,\mathrm{d}x$;

(3) $\displaystyle\int_1^2 (\sqrt{x}-1)\,\mathrm{d}x$;

(4) $\displaystyle\int_0^2 (4-2x)(4-x^2)\,\mathrm{d}x$;

(5) $\displaystyle\int_1^2 \left(x-\frac{1}{x}\right)^2\,\mathrm{d}x$;

(6) $\displaystyle\int_1^2 \frac{x^2+2x-3}{x}\,\mathrm{d}x$;

(7) $\displaystyle\int_0^\pi \cos x\,\mathrm{d}x$;

(8) $\displaystyle\int_0^{\frac{\pi}{2}} \sin x\,\mathrm{d}x$.

习题 11-1

利用牛顿-莱布尼茨公式计算下列定积分:

(1) $\int_{-1}^{3} (3x^2 - 2x - 1)\mathrm{d}x$;

(2) $\int_{1}^{2} \frac{1}{x^2}\mathrm{d}x$;

(3) $\int_{2}^{3} \left(\sqrt{x} + \frac{1}{\sqrt{x}}\right)^2 \mathrm{d}x$;

(4) $\int_{0}^{\frac{\pi}{2}} (3x + \sin x)\mathrm{d}x$;

(5) $\int_{0}^{\frac{\pi}{2}} \cos x\, \mathrm{d}x$;

(6) $\int_{\frac{\pi}{6}}^{\frac{\pi}{4}} \cos 2x\, \mathrm{d}x$;

(7) $\int_{0}^{1} \frac{x}{1+x^2}\mathrm{d}x$;

(8) $\int_{-1}^{1} \frac{1}{\sqrt{5-4x}}\mathrm{d}x$;

(9) $\int_{0}^{1} \frac{x}{(1+x^2)^3}\mathrm{d}x$;

(10) $\int_{1}^{e} \frac{2+\ln x}{x}\mathrm{d}x$.

*第二节　再谈定积分的概念

一、引例　曲边梯形的面积

考察图 11-1 中阴影部分的面积,此图形由曲线 $y = f(x)$ 及直线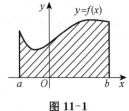
$x = a$、$x = b$、$y = 0$ 所围成,我们把这样的图形称为曲边梯形,区间
$[a, b]$ 称为曲边梯形的底,曲线 $y = f(x)$ 称为曲边梯形的曲边.描述
一个曲边梯形,只要指出曲边梯形的底和曲边即可.

图 11-1

一个由任意曲线围成的平面图形,可以分解成若干个曲边梯形.
因此,要计算一个由任意曲线围成的平面图形的面积,其关键就是如
何求曲边梯形的面积.

现假定 $f(x) \geqslant 0, x \in [a, b]$,求此曲边梯形面积的思想方法是:先将曲边梯形分成有
限个细长条(如图 11-2),每个细长条可以近似地看成一个小矩形,那么这所有小矩形面积的
和就是曲边梯形面积的近似值,分得越细,这个值就越接近于曲边梯形面积的真值.于是,只
要取极限,就可得到曲边梯形面积的真值.这种方法称为**微元法**或**微元分析法**.下面叙述其具
体步骤.

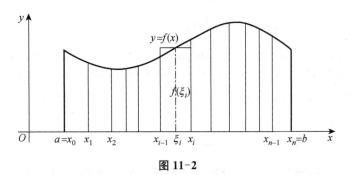

图 11-2

(1) 分割

在区间 $[a, b]$ 中任意插入若干个分点

$$a = x_0 < x_1 < x_2 < \cdots < x_{i-1} < x_i < \cdots < x_{n-1} < x_n = b,$$

将区间 $[a,b]$ 分成 n 个小区间 $[x_{i-1},x_i](i=1,2,\cdots,n)$，其长度记为 $\Delta x = x_i - x_{i-1}$，过各分点作垂直于 x 轴的垂线，把整个曲边梯形分成 n 个小曲边梯形，其中第 i 个小曲边梯形的面积记为 $\Delta A_i(i=1,2,\cdots,n)$.

（2）近似代替

在第 i 个小曲边梯形的底 $[x_{i-1},x_1]$ 上任取一点 $\xi_i(x_{i-1} \leqslant \xi_i \leqslant x_i)$，用 Δx_i 为底、$f(\xi_i)$ 为高的小矩形面积来近似代替这个小曲边梯形的面积，即

$$\Delta A_i \approx f(\xi_i)\Delta x_i (i=1,2,\cdots,n).$$

（3）求和

将 n 个小矩形面积相加就得到曲边梯形面积 A 的近似值，即

$$A \approx \sum_{i=1}^{n} f(\xi_i)\Delta x_i.$$

（4）取极限

如果分点的数目无限增多，且每个小区间的长度都趋近于零时，和式 $\sum_{i=1}^{n} f(\xi_i)\Delta x_i$ 的极限就是所求曲边梯形的面积 A，记 $\lambda = \max\limits_{1 \leqslant i \leqslant n}\{\Delta x_i\}$，当 $\lambda \to 0$ 时，就有

$$A = \lim_{\lambda \to 0}\sum_{i=1}^{n} f(\xi_i)\Delta x_i.$$

这样，计算曲边梯形面积的问题，就归结为求"和式 $\sum_{i=1}^{n} f(\xi_i)\Delta x_i$ 的极限"问题.

二、定积分的概念及几何意义

除曲边梯形的面积可归结为求一个和式的极限外，变力作功、变速直线运动的路程、非均匀物体对质点的引力等等，都可归结为求一个和式的极限问题. 抛开它们的实际意义，只从数量关系上的共同特性 —— 和式的极限，抽象出定积分的概念.

定义 设函数 $f(x)$ 在 $[a,b]$ 上有界，在 $[a,b]$ 中任意插入若干个分点

$$a = x_0 < x_1 < x_2 < \cdots < x_{i-1} < x_i < \cdots < x_{n-1} < x_n = b,$$

把区间 $[a,b]$ 分成 n 个小区间 $[x_{i-1},x_i]$，记 $\Delta x_i = x_i - x_{i-1}(i=1,2,\cdots,n)$ 为第 i 个小区间的长度，在第 i 个小区间 $[x_{i-1},x_i](i=1,2,\cdots,n)$ 上任取一点 $\xi_i(x_{i-1} \leqslant \xi_i \leqslant x_i)$ 作函数值 $f(\xi_i)$ 与小区间长度 Δx_i 的乘积 $f(\xi_i)\Delta x_i(i=1,2,\cdots,n)$，并作出和

$$\sum_{i=1}^{n} f(\xi_i)\Delta x_i.$$

记 $\lambda = \max\limits_{1 \leqslant i \leqslant n}\{\Delta x_i\}$，如果当 $\lambda \to 0$ 时，这和的极限总存在，且与闭区间 $[a,b]$ 的分法及点 ξ_i 的取法无关，那么称极限 $\lim\limits_{\lambda \to 0}\sum_{i=1}^{n} f(\xi_i)\Delta x_i$ 为函数 $f(x)$ 在区间 $[a,b]$ 上的定积分，记作

$\int_a^b f(x)\mathrm{d}x$,即

$$\int_a^b f(x)\mathrm{d}x = \lim_{\lambda \to 0}\sum_{i=1}^n f(\xi_i)\Delta x_i,$$

其中 $f(x)$ 称为被积函数,x 称为积分变量,$f(x)\mathrm{d}x$ 称为被积表达式,$[a,b]$ 称为积分区间,a 称为积分下限,b 称为积分上限,"$\int$" 称为积分号,$\sum_{i=1}^n f(\xi_i)\Delta x_i$ 称为 $f(x)$ 在 $[a,b]$ 上的积分和.

当极限 $\lim_{\lambda \to 0}\sum_{i=1}^n f(\xi_i)\Delta x_i$ 存在时,称函数 $f(x)$ 在区间 $[a,b]$ 上可积或定积分存在,否则称函数 $f(x)$ 在区间 $[a,b]$ 上不可积或定积分不存在.

关于定积分的定义,有如下几点说明:

1. 定义中 a 总是小于 b 的,为了以后计算方便起见,对 $a>b$ 及 $a=b$ 的情况,作出以下补充定义:

$$\int_a^b f(x)\mathrm{d}x = -\int_b^a f(x)\mathrm{d}x,$$

$$\int_a^a f(x)\mathrm{d}x = 0.$$

2. 当定义中的和式的极限存在时,通常也称 $f(x)$ 在 $[a,b]$ 上可积.那么,函数满足什么条件才是可积的呢? 这个问题我们不做深入讨论,而只给出一个充分条件:如果函数 $y=f(x)$ 在闭区间 $[a,b]$ 上连续,那么此函数在 $[a,b]$ 上一定可积.

前面已经指出,当 $f(x)\geqslant 0$ 时,定积分 $\int_a^b f(x)\mathrm{d}x$ 表示以曲线 $y=f(x)\,(a\leqslant x\leqslant b)$ 为曲边,以 $[a,b]$ 为底的曲边梯形的面积;当 $f(x)\leqslant 0$ 时,即曲边梯形在 x 轴的下方时(如图 11-3),定积分 $\int_a^b f(x)\mathrm{d}x$ 在几何上表示这个曲边梯形面积的负值;当 $f(x)$ 在 $[a,b]$ 上有正有负时(如图 11-4),则定积分的几何意义是 x 轴上、下方有符号的曲边梯形面积的代数和,例如,对于图 11-4 有 $\int_a^b f(x)\mathrm{d}x = A_1 - A_2 + A_3 - A_4$.

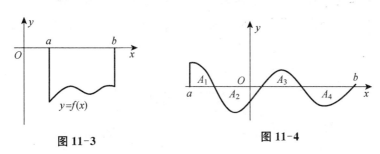

图 11-3　　　　　　　　图 11-4

例 1　利用定积分的定义表示图 11-5 中两个阴影部分的面积和 A.

解　如图 11-5,

$$A = \int_0^\pi \sin x\,\mathrm{d}x - \int_\pi^{\frac{3}{2}\pi} \sin x\,\mathrm{d}x.$$

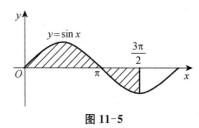

图 11-5

例2 利用定积分的几何意义,求下列各定积分的值:

(1) $\int_a^b \mathrm{d}x$;　　　　(2) $\int_0^2 x\,\mathrm{d}x$;　　　　(3) $\int_{-R}^R \sqrt{R^2-x^2}\,\mathrm{d}x$.

解 (1) 如图11-6,定积分 $\int_a^b \mathrm{d}x$ 表示的是由直线 $y=0$、$y=1$、$x=a$ 和 $x=b$ 所围成的矩形面积,即

$$\int_a^b \mathrm{d}x = (b-a) \times 1 = b - a.$$

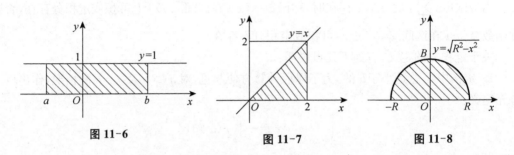

图 11-6　　　　　　　图 11-7　　　　　　　图 11-8

(2) 如图11-7,定积分 $\int_0^2 x\,\mathrm{d}x$ 表示的是由直线 $y=0$、$y=x$ 和 $x=2$ 所围成的三角形面积,即

$$\int_0^2 x\,\mathrm{d}x = \frac{1}{2} \times 2 \times 2 = 2.$$

(3) 如图11-8,定积分 $\int_{-R}^R \sqrt{R^2-x^2}\,\mathrm{d}x$ 表示的是由曲线 $y=\sqrt{R^2-x^2}$ 和 x 轴所围成的二分之一圆的面积,即

$$\int_{-R}^R \sqrt{R^2-x^2}\,\mathrm{d}x = \frac{1}{2}\pi R^2.$$

根据定积分的几何意义及奇、偶函数图像的对称性,容易知道:如果 $f(x)$ 在 $[-a,a]$ 上连续且为奇函数,那么 $\int_{-a}^a f(x)\mathrm{d}x = 0$;如果 $f(x)$ 在 $[-a,a]$ 上连续且为偶函数,那么 $\int_{-a}^a f(x)\mathrm{d}x = 2\int_0^a f(x)\mathrm{d}x$.

课堂练习1

1. 利用定积分的定义表示由曲线 $y=x^2+1$,直线 $x=1$、$x=3$ 及 x 轴所围成的曲边梯形的面积.

2. 已知某物体做变速直线运动,其速度为 $v(t)=3+gt$,其中 g 是重力加速度,试用定积分表示该物体从第2秒开始,经过4秒钟所经过的路径.

3. 利用定积分的几何意义,求下列定积分的值:

(1) $\int_b^a k\,\mathrm{d}x\,(a<b,k$ 为常数$)$;　　(2) $\int_0^1 (x+1)\mathrm{d}x$;　　(3) $\int_{-\frac{\pi}{2}}^{\frac{\pi}{2}} \sin x\,\mathrm{d}x$.

习题 11-2

1. 利用定积分的定义表示由曲线 $y=\ln x$，直线 $x=1$，$x=2$ 及 x 轴所围成的图形的面积.

2. 根据定积分的几何意义，判断下面定积分值的正负号：

   (1) $\displaystyle\int_0^{\frac{\pi}{2}} \sin x\,\mathrm{d}x$；   (2) $\displaystyle\int_{\frac{\pi}{2}}^0 \sin x\,\mathrm{d}x$；   (3) $\displaystyle\int_{-1}^2 x^3\,\mathrm{d}x$.

3. 根据定积分的几何意义计算下列定积分：

   (1) $\displaystyle\int_{-1}^1 x\,\mathrm{d}x$；   (2) $\displaystyle\int_{-1}^1 |x|\,\mathrm{d}x$；   (3) $\displaystyle\int_{-R}^R \sqrt{R^2-x^2}\,\mathrm{d}x$.

第三节 定积分在几何上的应用

平面图形的面积

我们已经知道，由三条直线 $x=a$，$x=b(a<b)$，x 轴及一条曲线 $y=f(x)(f(x)\geqslant 0)$ 所围成的曲边梯形(图 11-9) 的面积

$$A=\int_a^b f(x)\,\mathrm{d}x.$$

如果图形由曲线 $y_1=f_1(x)$，$y_2=f_2(x)(f_1(x)>f_2(x))$ 及直线 $x=a$，$x=b(a<b)$ 所围成(图 11-10)，那么所求图形的面积

$$A=\int_a^b f_1(x)\,\mathrm{d}x - \int_a^b f_2(x)\,\mathrm{d}x.$$

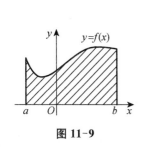

图 11-9

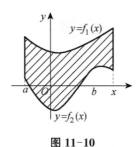

图 11-10

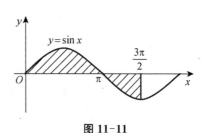

图 11-11

例1 求由正弦曲线 $y=\sin x$，$x\in\left[0,\dfrac{3\pi}{2}\right]$ 及直线 $x=\dfrac{3}{2}\pi$ 与 x 轴所围成的平面图形(图 11-11 所示的阴影部分) 的面积 A.

解 $A=\displaystyle\int_0^{\pi} \sin x\,\mathrm{d}x - \int_{\pi}^{\frac{3}{2}\pi} \sin x\,\mathrm{d}x$

$=[-\cos x]_0^{\pi} - [-\cos x]_{\pi}^{\frac{3}{2}\pi} = 2+1 = 3.$

注意 如果在区间 $[a,b]$ 上 $f(x)\leqslant 0$，那么，这时曲边梯形的面积

$$A = \left| \int_a^b f(x)\,\mathrm{d}x \right| = -\int_a^b f(x)\,\mathrm{d}x.$$

例2 计算由两条抛物线 $y^2 = x$、$y = x^2$ 所围成的图形的面积 A.

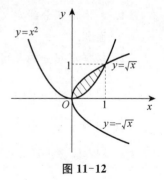

图 11-12

解 如图 11-12,为了确定图形的范围,先求出这两条抛物线的交点.为此,解方程组

$$\begin{cases} y^2 = x, \\ y = x^2, \end{cases}$$

得到两个解 $x = 0, y = 0$ 及 $x = 1, y = 1$.

因此所求图形的面积

$$\begin{aligned} A &= \int_0^1 \sqrt{x}\,\mathrm{d}x - \int_0^1 x^2\,\mathrm{d}x \\ &= \left(\frac{2}{3} x^{\frac{3}{2}} - \frac{1}{3} x^3 \right) \Big|_0^1 \\ &= \frac{2}{3} - \frac{1}{3} = \frac{1}{3}. \end{aligned}$$

课堂练习1

求由下列各组曲线所围成的图形的面积:

(1) $y = \dfrac{1}{x}$ 与直线 $x = 1, x = 2, y = 0$; (2) $y = e^x$ 与直线 $x = 2, x = 4, y = 0$;

(3) $y = \cos x$ 与直线 $x = -\dfrac{\pi}{2}, x = \dfrac{\pi}{2}, y = 0$.

习题 11-3

求由下列各组曲线所围成的图形的面积:

(1) $y = \sin x$ 与直线 $x = 0, x = \pi, y = 0$;

(2) $2y = x^2$ 与直线 $x = y - 4$;

(3) $y = x^2$ 与直线 $x = 2, y = 0$;

(4) $y = x^2$ 与直线 $y = 2x + 3$.

*第四节　定积分在物理上的应用

变力作功

由物理学知道,如果一个物体在常力 F 的作用下,沿力的方向做直线运动,那么,在物体移动了距离 s 时,力 F 对物体所作的功是

$$W = Fs.$$

如果物体在运动过程中所受到的力是变化的,显然上述公式已不适用.

设物体在连续变力 $F(x)$(方向与物体运动方向一致)的作用下沿 x 轴从 $x=a$ 处移动到 $x=b$ 处时,力 $F(x)$ 所作的功

$$W = \int_a^b F(x)\mathrm{d}x.$$

例 设弹簧在 2 N 的力的作用下拉长 1 m,在弹性限度内,要使弹簧拉长 3 m,需要作多少功?

解 因为弹簧的伸长与弹力成正比,即

$$F = Kx.$$

已知 $F=2$,$x=1$,代入上式,得 $K=2$,从而变力为

$$F = 2x.$$

所作的功 $F = \int_0^3 2x\,\mathrm{d}x = 9$ J.

课堂练习 1

如果 1 N 的力能使弹簧伸长 1 cm,那么,在弹性限度内,把弹簧拉长 5 cm 要作多少功?

习题 11-4

1. 一物体在力 $F(x)=3x+4$(单位:N)的作用下,沿与力 F 相同的方向,从 $x=0$ 处(单位:m)运动到 $x=10$ 处(单位:m)处,求力 $F(x)$ 所作的功.

2. 将一弹簧拉长 1 厘米需用 1 N 拉力,在弹性限度内,为了将弹簧拉长 10 cm,拉力所作的功为多少?

*第五节 积分在经济分析学上的应用

已知经济函数 $F(x)$(如需求函数 $Q(p)$、总成本函数 $C(q)$、总收入函数 $R(q)$ 和利润函数 $L(q)$ 等),它的边际函数就是它的导函数 $F'(x)$.作为导数(微分)的逆运算,若已知边际函数 $F'(x)$,求不定积分 $\int F'(x)\mathrm{d}x$,可求得原经济函数 $F(x)=\int F'(x)\mathrm{d}x$,其中,积分常数 C 由 $F(0)=F_0$ 的具体条件所确定.

一、需求函数

由第九章第五节可知,需求量 Q 是价格 p 的函数 $Q=q(p)$.一般地,当价格 $p=0$ 时,需求量最大,设最大需求量为 Q_0,即 $Q_0=Q(p)|_{p=0}$.

若已知边际需求为 $Q'(p)$,则总需求函数 $Q(p)=\int Q'(p)\mathrm{d}p$,其中,积分常数 C 可由条件 $Q(p)|_{p=0}=Q_0$ 所确定.

例1 已知某商品的需求量是价格 p 的函数,且边际需求 $Q'(p)=-4$,该商品的最大需求量为 80(即当 $p=0$ 时,$Q=80$),求需求量与价格的函数关系式.

解 由边际需求的不定积分公式,可得需求量函数

$$Q(p)=\int Q'(p)\mathrm{d}p=\int -4\mathrm{d}p=-4p+C(C\text{ 为积分常数}).$$

将 $Q(p)|_{p=0}=80$ 代入上式,求得 $C=80$,于是需求量与价格的函数关系式是

$$Q(p)=-4p+80.$$

课堂练习1

某商品需求量 Q 是价格 p 的函数,最大需求量为 1 000.已知边际需求为 $q'(p)=\dfrac{10}{p+2}$,试求需求量与价格的函数关系式.

二、总成本函数

设产量为 q 时的边际成本为 $C'(q)$,固定成本为 C_0,则产量为 q 时的总成本函数 $C(q)=\int C'(q)\mathrm{d}q$,其中,积分常数 C 可由初始条件 $C(0)=C_0$ 所确定.

例2 已知某企业生产某产品的边际成本是产量 q 的函数 $C'(q)=2\mathrm{e}^{0.2q}$,固定成本 $C_0=90$,求总成本函数.

解 由边际成本的不定积分公式,可得总成本函数

$$C(q)=\int C'(q)\mathrm{d}q=\int 2\mathrm{e}^{0.2q}\mathrm{d}q=10\mathrm{e}^{0.2q}+C(C\text{ 为积分常数}).$$

将条件 $C_0=90$,即 $q=0$ 时,$C(0)=90$ 代入上式,求得 $C=80$,于是总成本函数为

$$C(q)=10\mathrm{e}^{0.2q}+80.$$

课堂练习2

已知边际成本 $C'(q)=8\mathrm{e}^{0.3q}$,固定成本为 100,求总成本函数.

三、总收入函数

设销售量为 q 时的边际收入为 $R'(q)$,则销售量为 q 时的总收入函数 $R(q)=\int R'(q)\mathrm{d}q$,其中,积分常数 C 由 $R(0)=0$ 所确定(一般假定销售量为 0 时,总收入为 0),即

$$R(q)=\int_0^q R'(q)\mathrm{d}q.$$

例3 已知生产 q 件某产品的边际收入为 $R'(q)=100-2q$(单位:元),求生产 40 件该产品的总收入及平均收入,并求再增加生产 10 件该产品所增加的总收入.

解 由公式 $R(q)=\int_0^q R'(q)\mathrm{d}q$,得生产 40 件该产品的总收入是

$$R(40) = \int_0^{40} (100 - 2q) \mathrm{d}q = (100q - q^2) \Big|_0^{40} = 2\,400(\overline{\text{元}}),$$

平均收入是

$$\frac{R(40)}{40} = \frac{2\,400}{40} = 60(\overline{\text{元}}).$$

再生产 10 件该产品所增加的总收入是

$$\Delta R = R(50) - R(40) = \int_{40}^{50} R'(q) \mathrm{d}q = \int_{40}^{50} (100 - 2q) \mathrm{d}q = (100q - q^2) \Big|_{40}^{50} = 100(\overline{\text{元}}).$$

课堂练习 3

已知生产 q 件某产品的边际收入为 $R'(q) = 20 - q$（单位：元），求生产 20 件该产品的总收入，并求再增加生产 10 件该产品所增加的总收入.

四、利润函数

设某产品的边际收入为 $R'(q)$，边际成本为 $C'(q)$，则边际利润 $L'(q) = R'(q) - C'(q)$，利润函数 $L(q) = R(q) - C(q)$.

例 4 已知某产品的边际收入 $R'(q) = 25 - 2q$，边际成本 $C'(q) = 13 - 4q$，固定成本为 $C_0 = 10$，求当 $q = 5$ 时的毛利和纯利.

解 边际利润为

$$L'(q) = R'(q) - C'(q) = (25 - 2q) - (13 - 4q) = 12 + 2q.$$

因此，当 $q = 5$ 时的毛利为

$$\int_0^q L'(q) \mathrm{d}p = \int_0^5 (12 + 2q) \mathrm{d}p = (12q + q^2) \Big|_0^5 = 85,$$

当 $q = 5$ 时的纯利为

$$L(5) = \int_0^5 L'(q) \mathrm{d}p - C_0 = 85 - 10 = 75.$$

课堂练习 4

某产品的边际成本 $C'(q) = \dfrac{1}{\sqrt{q}} + \dfrac{1}{2\,000}$，边际收入 $R'(q) = 100 - 0.1q$，固定成本 $C_0 = 10$，求当 $q = 4$ 时的毛利和纯利.

习题 11-5

1. 已知某商品的需求量 Q 是价格 p 的函数，且边际需求为 $Q'(p) = -4$，该商品的最大需求量为 50（即当 $p = 0$ 时，$Q = 80$），求需求量与价格的函数关系式.

2. 已知边际成本 $C'(q) = 10 + 20q - 7q^2$，固定成本为 50，试求总成本 $C(q)$.

3. 某产品生产 q 个单位时总收入 R 的变化率为 $R'(q) = 300 - \dfrac{q}{200}(q \geqslant 0)$，求总收入函数.

4. 某产品的总成本（单位：万元）的变化率 $C'(q) = 1$，总收入（单位：万元）的变化率为产量 q（单位：百台）的函数 $R'(q) = 4 - q$，求总利润 $L(q)$.

复习题十一

1. 填空题.

(1) 曲线 $y = \cos x$ 在 $[0, \pi]$ 上和 x 轴所围成的图形的面积用定积分表示为 $A =$ _____；

(2) 若 $\displaystyle\int_a^1 \dfrac{1}{x^2}\mathrm{d}x = -\dfrac{1}{2}$，则 $a =$ _____；

(3) 设函数 $f(x)$ 在 $[a, b]$ 上连续，又 $F(x)$ 是 $f(x)$ 的一个原函数，$F(a) = -1$，$F(b) = -3$，则 $\displaystyle\int_a^b f(x)\mathrm{d}x =$ _____；

(4) $\displaystyle\int_0^1 (4 + 5x)\mathrm{d}x =$ _____.

2. 选择题.

(1) 下列因素中，不影响定积分 $\displaystyle\int_a^b f(x)\mathrm{d}x$ 的值的因素是（　　）.

    A. 被积函数 $f(x)$ B. 积分区间 $[a, b]$

    C. 被积表达式 $f(x)\mathrm{d}x$ D. 积分变量 x

(2) 根据定积分的几何意义，求曲线 $y = f(x)$ 及直线 $x = a$、$x = b$ 与 x 轴所围成的平面图形面积的积分表达式为（　　）.

    A. $\displaystyle\int_a^b f(x)\mathrm{d}x$ B. $\displaystyle\int_a^b \left| f(x) \right|\mathrm{d}x$

    C. $\left| \displaystyle\int_a^b f(x)\mathrm{d}x \right|$ D. $\displaystyle\int_a^b f(x)\mathrm{d}x$ 或 $\left| \displaystyle\int_a^b f(x)\mathrm{d}x \right|$

(3) 已知 $\displaystyle\int_0^1 x(a - x)\mathrm{d}x = 1$，则常数 $a =$（　　）.

    A. $\dfrac{8}{3}$ B. $\dfrac{1}{3}$ C. $\dfrac{3}{4}$ D. $\dfrac{2}{3}$

(4) 设函数 $f(x) = x^3$，则 $\displaystyle\int_{-2}^2 f(x)\mathrm{d}x =$（　　）.

    A. 0   B. 4   C. 8   D. 16

3. 利用牛顿-莱布尼茨公式计算下列定积分：

(1) $\displaystyle\int_a^b x^3\mathrm{d}x$；   (2) $\displaystyle\int_1^2 \dfrac{1}{\sqrt{x}}\mathrm{d}x$；

(3) $\displaystyle\int_4^9 \sqrt{x}(1 + \sqrt{x})\mathrm{d}x$；   (4) $\displaystyle\int_0^\pi \cos x\,\mathrm{d}x$；

(5) $\displaystyle\int_{-\frac{\pi}{2}}^{\frac{\pi}{2}} \sin x \cos x\,\mathrm{d}x$；   (6) $\displaystyle\int_0^4 (4 - 2x)(9 - x^2)\mathrm{d}x$.

4. 求由下列各组曲线所围成的图形的面积:

(1) $y=x^3$ 与直线 $y=x$; (2) $y=\ln x$ 与直线 $y=\ln 2$, $y=\ln 7$, $x=0$.

5. 将一弹簧拉长 x 厘米需用 $4x$ 牛顿力,在弹性限度内,将弹簧拉长 10 cm,拉力所作的功为多少?

6. 半径为 R(m) 的半球形水池注满了水,如要把池内的水全部汲出,需作多少功?

7. 已知边际收入为 $R'(q)=40-0.3q$, q 为销售量,求总收入函数 $R(q)$.

8. 设某产品的边际成本 $C'(q)=4+0.25q$,边际收入 $R'(q)=80-q$,求当固定成本为 10 万元时,总成本函数和总收入函数的表达式.

9. 已知某商品每周生产 q 件时,总成本变化率为 $C'(q)=0.89-129$,固定成本 400 元,求总成本 $C(q)$.如果这种商品的销售单价是 10 元,求总利润 $L(q)$.

10. 设某城市的人口总数为 F,已知 F 关于时间 t(单位:年)的变化率为 $\dfrac{\mathrm{d}F}{\mathrm{d}t}=\dfrac{2}{\sqrt{t}}$.假定在计算的初始时间 $(t=0)$,城市人口总数为 200 万,试求 t 年后该城市人口的总数.

 阅读材料

微积分两位伟大的奠基者

牛顿,1642 年 12 月 25 日生于英格兰林肯郡乡下的一个名叫伍乐索普的小村里.他是一个不足月的遗腹子,出生时十分瘦弱.他的母亲曾说过:一个盛 1 千克水的杯子就可装下他.他生下来就要用药,两个到附近为他去取药的妇女,心想等不到回来这个小孩就会死去的.由于他小时候体质很差,亲戚们都担心他不会长大成人.可是由于他后来注意锻炼身体,体质逐渐强壮起来,一直到晚年仍非常健康,他一生只掉了一颗牙,头发虽然在 30 岁时已开始变白,但到老都没有脱落,他一直活到 85 岁,这是人们所始料不及的.

牛顿 12 岁时由农村小学转到格朗达姆镇学校,由于农村学校教学质量不如城市好,因此牛顿不但成绩较差,而且对学习完全没有兴趣.同学们当然都瞧不起他,还常常欺负他,牛顿由于身体瘦小总是吃亏.有一天一个同学蛮横无理地欺负他,一脚踢在他的肚子上,他疼得直打滚.那个同学身体比他棒,功课比他好,牛顿平时很怕他.但这时他忍无可忍,跳起来反击,最后把对手的鼻子撞在树上,弱者战胜了强者.由此牛顿悟出了学习之道:只要奋力拼搏,同样是可以战胜对手的.于是他发奋图强,很快成绩就超过该生,不久终于名列全班之首.

1661 年牛顿以优异的成绩考入剑桥大学三一学院,1664 年取得了学士学位.1665 年伦敦地区鼠疫流行,大学被迫停办.牛顿回到了自己的家乡,度过了 1665、1666 年.在这两年里他开始了在数学、机械和光学上的伟大工作,他发现了解决微积分问题的一般方法;发现了万有引力;发现了白光由七色混合而成.1669 年牛顿的老师巴罗宣布牛顿的学说已经超过了自己,决定将具有很高荣誉的"路卡斯教授"的职位让给牛顿.

牛顿的"流数术"第一次出现是在 1665 年的一篇文件中.1669 年牛顿在《运用无限多项方程的分析》的论文中第一次提到了微积分.牛顿正式的流数术著作《流数术与无穷级数》写于 1671 年.流数术所提的中心问题是:①已知连续运动的路程,求给定时刻的速度.②已知运动的速度,求给定时间内所经过的路程.

1696 年牛顿放弃了研究,担任了伦敦不列颠造币厂的厂长.在造币厂的 27 年中,除了个

别问题外,他没有继续研究.不过他的数学思想仍与以前一样敏锐.1696年约翰·伯努利拟定了两个"困难得可怕"的问题,向全欧洲数学家挑战,其中有一个是"最速降线"问题.六个月过去了,没有一个人解决.1697年1月29日牛顿在从造币厂回家吃饭的路上得知了这个消息,他一边走一边想、一边吃一边想,等吃完饭,两个问题全解决了.

牛顿的巨著《自然哲学之数学原理》是他一生中主要工作的总结,它不仅包含了丰富的成果,而且提出了许多新的课题和研究方式.在这本书中牛顿证明了地球不是一个圆球,而是一个扁球,扁率是1/230(今天的数值是1/297),他认为了太阳的质量可以从地球的质量计算出来;他计算了地球的平均密度,发现它的密度在水的密度5~6倍之间(今天的数值是5.5倍);他说明了潮汐的主要原因是月球,太阳是第二位的.牛顿临终时谦逊地说:"我不知道世人对我怎样看法,我只觉得自己好像是在海边玩耍的一个孩子,有时为找到一个光滑的石子或比较美丽的贝壳而高兴,而真理的海洋仍然在我的面前而未被发现."他还说:"如果我所见的比笛卡儿远一点的话,那是因为我站在巨人们的肩膀上的缘故."

莱布尼茨,1646年生于德国莱比锡的一个书香门第,其父是莱比锡大学教授,拥有大量藏书,受此熏陶,莱布尼茨幼年即表露出超常的才智.他14岁考上莱比锡大学,20岁即发表《论组合的艺术》的数学论文,此文研究了数理逻辑,后来莱布尼茨成为数理逻辑的奠基人之一,1666年莱布尼茨转入阿尔特多夫大学,1667年获法学博士学位,次年任驻法大使来到巴黎,在巴黎生活了4年.在此他与荷兰著名数学家和物理学家惠更斯的结识、交往,激发了他对数学的兴趣.虽然他是一个外交家,却深入钻研了数学.在惠更斯的指导下,这位法学博士客串了数学,钻研起笛卡儿、费马和帕斯卡等名家的著作,他的许多重大成就包括微积分就是在巴黎完成的.他的兴趣十分广泛,受到帕斯卡1642年发明的加法计算器的启发,莱布尼茨制造出能进行"+""-"运算的计算机,并在英国伦敦皇家学会展出.1675年莱布尼茨在巴黎科学院进行了各种计算机的实算演示,并大获成功.

1673年莱布尼茨当选为皇家学会会员,1700年当选为巴黎科学院院士,同年创办柏林科学院,且致力于维也纳、圣彼得堡、德累斯顿科学院的创办,还曾想建立"世界科学院".更令人意想不到的是他曾写信给康熙皇帝,建议成立"北京科学院".他主持出版了《中国近况》一书,并亲自写了序言,该书指出欧洲要向中国传授科学,可以说,莱布尼茨是最早关心中国科学事业的西方朋友.

莱布尼茨从1672年开始整理他在巴黎4年的微积分研究成果,于1675年给出积分号"$\int$",同年引入微分号"d",1677年莱布尼茨在他的手稿中表述了微积分基本定理:$\int_a^b f(x)\mathrm{d}x = F(b) - F(a)$.

1686年莱布尼茨发表积分学论文《深奥的几何与不可分量和无限的分析》.此文阐明了积分与微分的逆运算关系,而且在此文中首次使用今日我们所使用的那些微积分符号.

莱布尼茨是百科全书式的天才,在分析数学和离散数学的各个领域都有举足轻重的贡献.他不仅是伟大的数学家,还是外交家、哲学家、法学家、历史学家、语言学家和地质学家.他在逻辑学、力学、流体静力学、气体学、航海学和计算机方面做了许多重要的工作.他慷慨从事慈善事业,一生孜孜不倦,勤奋忘我,终生未娶.

答 案

第一章 集 合

第一节 集 合

课堂练习1

1. (1) 不能 (2) 能,0,1,2,3,4,5,6,7 (3) 能,指南针,火药,活字印刷术,造纸术
2. (1) 1 (2) $-2,2$ (3) 5,6,7,8,9,10,11 **3.** (1) 是 (2) 不是 (3) 是 (4) 不是

课堂练习2

1. {铁饼,兵乓球,羽毛球} {跳绳,篮球,杠铃,剑} **2.** (1) {4,6,8,10,12} (2) {$-2,2$} (3) {6}

课堂练习3

(1) {$x \mid x$ 是周长等于 8 cm 的三角形} (2) {$x \mid x < 10$ 且 x 能被 3 整除}

(3) {$x \mid x \leqslant 2$} (4) {$(x,y) \mid x = y$} (5) $\left\{ (x,y) \middle| \begin{cases} x - 2y = 1, \\ 2x - y = 3 \end{cases} \right\}$

课堂练习4

(1) $\in$ (2) $\notin$ (3) $\in$ (4) $\in$ (5) $\in$ (6) $\notin$

习题 1-1

1. (1) 不能 (2) 能 (3) 能 (4) 能
2. (1) 2,3,4,5,6,7,8
   (2) 1月,3月,5月,7月,8月,10月,12月 (3) w o r d (4) 这个班级里的每个学生 (5) $-4,4$
3. (1) $\in$ (2) $\notin$ (3) $\notin$ (4) $\notin$ (5) $\notin$
4. 列举法：

   (1) {0,1,2,3,4,5,6,7} (2) $\left\{ \dfrac{1}{4} \right\}$ (3) {6,7} (4) {-1}

   描述法：

   (1) {$x \mid x < 8$ 且 $x \in \mathbf{N}$} (2) $\left\{ x \middle| \dfrac{1}{x} = 4 \right\}$ (3) {$x \mid 6 \leqslant x < 7, x \in \mathbf{Z}$} (4) {$x \mid x^2 + 2x + 1 = 0$}

5. (1) $A = \{0,1,2,3,4,5\}$ (2) $B = \{x \mid x < 4$ 且 $x \in \mathbf{N}^*\}$ (3) $B = \{2,4,6,8,\cdots\}$
6. (1) {1,2,3,4,5,6,7,8} (2) {$x \mid x < -1$} (3) {4} (4) {$x \mid x = 2n + 1, n \in \mathbf{N}$}

第二节 集合之间的关系

课堂练习1

1. $A \supseteq B$ **2.** $A \supseteq B$

课堂练习2

1. 子集：$\varnothing, \{1\}, \{3\}, \{5\}, \{1,3\}, \{1,5\}, \{3,5\}, \{1,3,5\}$
   真子集：$\varnothing, \{1\}, \{3\}, \{5\}, \{1,3\}, \{1,5\}, \{3,5\}$
2. $D \subsetneqq C \subsetneqq A, D \subsetneqq B \subsetneqq A$

课堂练习3

$A = B$

191

习题 1-2

1. (1) $\in$　(2) $\notin$　(3) $\subsetneqq$　(4) $\supsetneqq$　(5) $\subsetneqq$　(6) $\subsetneqq$　(7) $=$　(8) $=$

2. (1) $\times$　(2) $\times$　(3) $\checkmark$　(4) $\times$　(5) $\checkmark$

3. $x = 5$ 或 $x = 3, y = 2$　**4.** $b = 2$　**5.** $a = 3$

第三节　集合的基本运算

课堂练习 1

1. $\{8, 10\}$　**2.** (1) $\{x \mid -1 \leqslant x \leqslant 4\}$　(2) $\{x \mid x < 4\}$　**3.** $\left\{ (x, y) \middle| \begin{cases} 3x - y = 4, \\ x + y = 8 \end{cases} \right\} = \{(3, 5)\}$

课堂练习 2

1. (1) $\{1, 3, 5, 7, 9, 10\}$　(2) $\{a, c, f, m, n\}$　(3) $\mathbf{R}$　**2.** $\{1, 2, 5, 7, 8, 9\}$　**3.** $\{x \mid x > 3\}$

课堂练习 3

1. $\complement_U^A = \{$本班的男生$\}$　$\complement_U^B \{$本班不是学生干部的学生$\}$　**2.** $\complement_U^A = \{1, 3, 5, 7, 8, 9\}$　$\complement_U^B = \{2, 4, 6, 8\}$

习题 1-3

1. $A \cap B = \{p, q\}$　$A \cup B = \{m, n, p, q, x\}$　**2.** $\{x \mid 1 < x < 5\}$

3. (1) $\{x \mid x \leqslant -6$ 或 $x > 2\}$　(2) $\{-2, 2\}$　**4.** $A \cap B = \{-4\}$　$A \cup B = \{-4, 4\}$

5. $A \cap B = \{$矩形$\}$　$A \cup B = \{$平行四边形$\}$

6. $\complement_U^A = \{2, 5, 6, 7\}$　$\complement_U^B = \{1, 2, 3, 4, 5, 6\}$　$\complement_U^A \cap \complement_U^B = \{2, 5, 6\}$　$\complement_U^A \cup \complement_U^B = \{1, 2, 3, 4, 5, 6, 7\}$

7. $A \cap B = \{4, 6\}$　$A \cup B = \{2, 4, 5, 6\}$

8. $A \cap B = \{x \mid -2 \leqslant x \leqslant 2\}$　$A \cup B = \{x \mid -3 < x \leqslant 4\}$　$B \cup C = \{x \mid -3 \leqslant x < 2\}$

9. $A \cap B = \{x \mid x < 2\}$　$A \cap C = \{x \mid 5 < x \leqslant 7\}$

复习题一

1. (1) $\in$　(2) $\subsetneqq$　(3) $\in$　(4) $\varnothing$　(5) $[-7, 7]$　(6) $A \cap B = \{x \mid -5 < x < 0\}$　$A \cup B = \{x \mid x < 5\}$

2. (1) C　(2) B　(3) D　(4) A　(5) D　**3.** (1) 能　(2) 不能　(3) 能　(4) 能

4. (1) $\times$　(2) $\checkmark$　(3) $\times$　(4) $\checkmark$　(5) $\checkmark$　(6) $\checkmark$

5. (1) $\{(x, y) \mid 2y + x = 1\}$　(2) $\{4, 6, 8, 10, 12\}$　(3) $\{x \mid 2x + 6 > 10\}$　(4) $\{x \mid x^2 = -1\}$

6. $\left\{ (x, y) \middle| \begin{cases} 3x - 7y = -5, \\ 2x + 9y = 40 \end{cases} \right\}$　**7.** $m > 8$　**8.** $a = -1$ 或 $a = 3$

第二章　不等式

第一节　不等式的基本性质

课堂练习 1

1. (1) $<$　(2) $<$　(3) $<$　(4) $<$　**2.** (1) $>$　(2) $>$

课堂练习 2

1. (1) $<$　(2) $>$　(3) $<$　(4) $<$　**2.** (1) $>$　(2) $<$　(3) $>$

习题 2-1

1. (1) $\times$　(2) $\checkmark$　**2.** (1) $>$　(2) $>$　**3.** (1) $<$　(2) $<$　(3) $>$　(4) $>$　(5) $<$　(6) $>$　**4.** 略

第二节　含绝对值的不等式

课堂练习 1

(1) $\left(\dfrac{5}{4}, +\infty \right)$　(2) $(-\infty, 0)$

课堂练习 2

(1) $[-2,2]$　　(2) $(-4,4)$　　(3) $(-6,10)$　　(4) $(-\infty,-4)\bigcup(6,+\infty)$　　(5) $\left[-\dfrac{9}{5},1\right]$

(6) $\left(-\infty,-\dfrac{11}{5}\right)\bigcup(-1,+\infty)$

习题 2-2

1. (1) $\left[-\dfrac{1}{3},1\right]$　　(2) $\left(-\infty,-\dfrac{7}{3}\right)\bigcup(3,+\infty)$　　(3) $(-\infty,-3)\bigcup(7,+\infty)$

　　(4) $(-\infty,-12)]\bigcup[18,+\infty)$

2. $(9.98,10.02)$

第三节　一元二次不等式

课堂练习 1

(1) $\times$　　(2) $\checkmark$　　(3) $\times$　　(4) $\times$　　(5) $\times$

课堂练习 2

1. (1) $\{x\mid x\neq 0\}$　　(2) $\{x\mid x<-1\text{或}x>1\}$　　(3) $\varnothing$　　(4) $\{x\mid x<-2\text{或}x>2\}$

2. (1) $(0,5)$　　(2) $\{x\mid x>0\text{或}x<-3\}$　　(3) $[-2,0]$　　(4) $\{x\mid x\geqslant-1\text{或}x\leqslant-2\}$

习题 2-3

1. (1) $\{x\mid x>2\text{或}x<1\}$　　(2) $\varnothing$　　(3) $(1,4)$　　**2.** (1) $\{x\mid x\neq 1\}$　　(2) **R**　　(3) $\varnothing$

复习题二

1. (1) $>$　　(2) $>$　　(3) $>$　　(4) $<$　　(5) $<$　　(6) $<$

2. (1) $[1,+\infty)$　　(2) $(-\infty,1)$　　(3) $(-\infty,-1)\bigcup(0,+\infty)$　　(4) $(-2,-1)$

3. (1) D　　(2) A　　(3) A　　(4) D　　(5) A　　**4.** (1) $<$　　(2) $>$

5. (1) $\left[-\dfrac{7}{2},-\dfrac{3}{2}\right]$　　(2) $\{x\mid x>1\text{或}x<-\dfrac{3}{5}\}$　　(3) $(2,3)$　　(4) **R**

6. (1) $\{x\mid x>1\text{或}x<-3\}$　　(2) $[1,2]$　　(3) $\left(-\infty,-\dfrac{3}{5}\right)\bigcup(1,+\infty)$　　(4) $(-2,-1]\bigcup[2,3)$

7. 0

第三章　函数

第一节　函数的概念

课堂练习 1

$y=2x,x\in\mathbf{N}\text{且}x\leqslant 100$

课堂练习 2

1. $f(0)=1$　　$f(1)=4$　　**2.** $f(0)=0$　　$f(1)=1$

课堂练习 3

(1) $[1,+\infty)$　　(2) $\{x\mid x\neq 1\}$

习题 3-1

1. (1) $\{-1,-3,-5\}$　　(2) $[-1,+\infty)$

2. (1) $\{x\mid x\neq-2\}$　　(2) $\left[\dfrac{1}{2},+\infty\right)$　　(3) $\{x\mid x\geqslant-2\text{且}x\neq 1\}$　　(4) $\{x\mid x\geqslant 1\text{或}x\leqslant-1\}$

3. 列举法:

x / 罐	1	2	3	4
y / 元	2.5	5	7.5	10

解析法: $y = 2.5x, x \in \{1,2,3,4\}$

图像法: 略

值域: $\{2.5,5,7.5,10\}$

第二节　函数的基本性质

课堂练习 1

1. (1) 单调增函数　(2) 在 $(-\infty,0)$ 上是单调减函数　在 $(0,+\infty)$ 上是单调减函数　(3) 在 $(-\infty,0]$ 上是单调减函数　在 $[0,+\infty)$ 上是单调增函数

2. 单调增函数

课堂练习 2

1. (1) 奇函数　(2) 奇函数　(3) 偶函数　**2.** -2

习题 3-2

1. 略　**2.** 略　**3.** (1) 非奇非偶函数　(2) 奇函数　(3) 偶函数　**4.** -2　**5.** $f(-2) < f(5)$　**6.** 单调减函数

第三节　函数关系的建立

课堂练习 1

1. $y = 60x \,(x \geqslant 0)$　180 km　**2.** $y = -\dfrac{1}{5}x + 38 \,(x \in \mathbf{N}^*)$

习题 3-3

1. $V = 10 + 0.05t \,(0 < t \leqslant 1\,800)$　1 800 min

2. $y = \begin{cases} 0.5, x \in (0,5), \\ 1.5, x \in [5,10), \\ 2, x \in [10,20] \end{cases}$　**3.** $y = x(a-2x)^2 \left(0 < x < \dfrac{a}{2}\right)$

复习题三

1. (1) 5　(2) y　(3) $4 + 2\sqrt{3}$　(4) $(3,2)$　小　2　(5) $-\sqrt{2}$　2　**2.** (1) D　(2) C　(3) D　(4) C

3. (1) $\left\{ x \mid x \neq \dfrac{1}{2} \right\}$　(2) $[-4,4]$　(3) $\left[-1, \dfrac{1}{2} \right)$　(4) $\left\{ x \mid x \geqslant 1 \text{ 或 } x \leqslant -\dfrac{5}{2} \right\}$

4. (1) 奇函数　(2) 非奇非偶函数　(3) 偶函数　**5.** 略　**6.** 略　**7.** 略　**8.** $y = \begin{cases} 2, x \in (0,6], \\ 3, x \in (6,9] \end{cases}$

9. $S = \dfrac{2V}{r} + 2\pi r^2 \,(r > 0)$

10. (1) $y = 300 + 1.2x \,(x \geqslant 0)$　$y = 350 + 0.5x \,(x \geqslant 0)$　(2) 图略　(3) 略

第四章　任意角的三角函数

第一节　任意角的概念　弧度制

课堂练习 1

1. (1) 一　(2) 二　(3) 三　(4) 四　**2.** $\{ \alpha \mid \alpha = k \cdot 360° + 45°, k \in \mathbf{Z} \}$

3. $390°, 750°$

课堂练习题 2

1. 略   **2.** 1.05 cm

习题 4-1

1. (1) $\{\alpha \mid \alpha = 360° \cdot k + 700°, k \in \mathbf{Z}\}$ $340°$ (2) $\{\alpha \mid \alpha = 360° \cdot k - 145°, k \in \mathbf{Z}\}$ $215°$

2. x 轴的正半轴:$\{\alpha \mid \alpha = 2k\pi, k \in \mathbf{Z}\}$ $\{\alpha \mid \alpha = k \cdot 360°, k \in \mathbf{Z}\}$

   x 轴的负半轴:$\{\alpha \mid \alpha = 2k\pi + \pi, k \in \mathbf{Z}\}$ $\{\alpha \mid \alpha = k \cdot 360° + 180°, k \in \mathbf{Z}\}$

3. (1) $\dfrac{\pi}{4}$ (2) $\dfrac{2}{3}\pi$ (3) $-\dfrac{\pi}{6}$ (4) $\dfrac{4}{3}\pi$ (5) $\dfrac{5}{6}\pi$

4. (1) $-60°$ (2) $135°$ (3) $-120°$ (4) $30°$ (5) $210°$

5. 26.2 cm   130.9 cm²   **6.** 38 cm

第二节　任意角的三角函数

课堂练习 1

1. (1) $\sin\alpha = \dfrac{\sqrt{3}}{3}$ $\cos\alpha = \dfrac{\sqrt{6}}{3}$ $\tan\alpha = \dfrac{\sqrt{2}}{2}$ (2) $\sin\alpha = 1$ $\cos\alpha = 0$ $\tan\alpha$ 不存在

2. (1) $\sin\dfrac{\pi}{3} = \dfrac{\sqrt{3}}{2}$ $\cos\dfrac{\pi}{3} = \dfrac{1}{2}$ $\tan\dfrac{\pi}{3} = \sqrt{3}$ (2) $\sin\dfrac{\pi}{6} = \dfrac{1}{2}$ $\cos\dfrac{\pi}{6} = \dfrac{\sqrt{3}}{2}$ $\tan\dfrac{\pi}{6} = \dfrac{\sqrt{3}}{3}$

   (3) $\sin\dfrac{\pi}{4} = \dfrac{\sqrt{2}}{2}$ $\cos\dfrac{\pi}{4} = \dfrac{\sqrt{2}}{2}$ $\tan\dfrac{\pi}{4} = 1$

3. (1) 5   (2) -2

课堂练习 2

1. (1) 二   (2) 三   (3) 三

2. (1) 正弦、余弦、正切全为正号   (2) 正弦正号,余弦负号,正切负号

   (3) 正弦负号,余弦负号,正切正号   (4) 正弦正号,余弦负号,正切负号

习题 4-2

1. (1) $\sin\alpha = -\dfrac{4}{5}$ $\cos\alpha = \dfrac{3}{5}$ $\tan\alpha = -\dfrac{4}{3}$

   (2) $\sin\alpha = \dfrac{\sqrt{3}}{2}$ $\cos\alpha = \dfrac{1}{2}$ $\tan\alpha = \sqrt{3}$

2. $\dfrac{3}{20}$ **3.** (1) 0   (2) $-\dfrac{\sqrt{2}}{2}$ (3) $\dfrac{\sqrt{3}}{3}$ **4.** (1) 2   (2) 3

5. (1) 正号   (2) 负号   (3) 负号   **6.** (1) 第一象限角或第三象限角   (2) 第二象限角

第三节　同角三角函数的基本关系式

课堂练习 1

1. $\cos\alpha = \dfrac{4}{5}$ $\tan\alpha = -\dfrac{4}{3}$ **2.** (1) $\sin\alpha$ (2) $\cos^2 x$ **3.** 略

习题 4-3

1. (1) $\cos\alpha = \dfrac{\sqrt{3}}{2}$ $\tan\alpha = \dfrac{\sqrt{3}}{3}$ (2) $\sin\alpha = -\dfrac{4}{5}$ $\tan\alpha = -\dfrac{4}{3}$ (3) $\sin\alpha = \dfrac{4}{41}\sqrt{41}$

   $\cos\alpha = -\dfrac{5}{41}\sqrt{41}$

2. (1) $\dfrac{4}{5}$ (2) $-\dfrac{6}{5}$ (3) $-\dfrac{3}{5}$ (4) $\dfrac{3}{5}$

3. (1) 1   (2) $\cos\theta$ (3) 0   (4) 1   **4.** 略

第四节　简化公式

课堂练习 1

(1) $-\dfrac{\sqrt{2}}{2}$　(2) $\sqrt{3}$　(3) $\dfrac{\sqrt{2}}{2}$

课堂练习 2

(1) $-\dfrac{1}{2}$　(2) $\dfrac{\sqrt{3}}{2}$　(3) -1

课堂练习 3

1. (1) $\sin\dfrac{2\pi}{3}=\dfrac{\sqrt{3}}{2}$　$\cos\dfrac{2\pi}{3}=-\dfrac{1}{2}$　$\tan\dfrac{2\pi}{3}=-\sqrt{3}$　(2) $\sin\dfrac{5\pi}{4}=-\dfrac{\sqrt{2}}{2}$　$\cos\dfrac{5\pi}{4}=-\dfrac{\sqrt{2}}{2}$　$\tan\dfrac{5\pi}{4}=1$

2. (1) $-\dfrac{1}{2}$　(2) $\dfrac{\sqrt{3}}{3}$　(3) $\dfrac{1}{2}$

习题 4-4

1. (1) 0　(2) $\dfrac{1}{2}$　(3) 不存在　(4) $\dfrac{1}{2}$　**2.** (1) $-\dfrac{\sqrt{3}}{2}$　(2) $\dfrac{\sqrt{2}}{2}$　(3) $-\dfrac{1}{2}$　(4) $-\sqrt{3}$

3. (1) $\dfrac{1}{2}$　(2) $-\dfrac{1}{2}$　(3) $\dfrac{\sqrt{3}}{3}$　(4) $-\dfrac{\sqrt{3}}{2}$　**4.** (1) $\dfrac{1}{2}$　(2) $\dfrac{\sqrt{3}}{2}$　(3) $\dfrac{\sqrt{2}}{2}$　(4) $-\dfrac{1}{2}$

5. (1) $-\dfrac{1}{2}$　(2) $\dfrac{1}{2}$　(3) -1　(4) $\dfrac{\sqrt{2}}{2}$　**6.** $-\cos^2\alpha$

第五节　加法定理及其推论

课堂练习 1

1. (1) $\sin 105°=\dfrac{\sqrt{6}+\sqrt{2}}{4}$　$\sin 15°=\dfrac{\sqrt{6}-\sqrt{2}}{4}$　(2) $\dfrac{\sqrt{3}}{2}$

2. (1) $\sin\left(\dfrac{\pi}{3}+x\right)$　(2) $\sqrt{2}\sin\left(\dfrac{\pi}{4}-x\right)$　**3.** 略

课堂练习 2

1. (1) $\cos 75°=\dfrac{\sqrt{6}-\sqrt{2}}{4}$　$\cos 15°=\dfrac{\sqrt{6}+\sqrt{2}}{4}$　(2) $\dfrac{\sqrt{3}}{2}$

2. (1) $\cos\left(\dfrac{\pi}{4}+x\right)$　(2) $\cos\left(\dfrac{\pi}{4}+x\right)$　(3) $\sqrt{2}\cos\left(\dfrac{\pi}{4}+x\right)$　**3.** 0

课堂练习 3

1. $\tan(\alpha-\beta)=\dfrac{1}{13}$　$\tan(\alpha+\beta)=-\dfrac{7}{11}$　**2.** (1) $2-\sqrt{3}$　(2) $-2-\sqrt{3}$　**3.** (1) 1　(2) $\dfrac{\sqrt{3}}{3}$

课堂练习 4

1. $-\dfrac{24}{25}$　**2.** $\dfrac{1}{2}$　$\dfrac{\sqrt{2}}{4}$　**3.** $1+\sin\alpha$

课堂练习 5

1. $-\dfrac{7}{25}$　**2.** (1) $\dfrac{\sqrt{3}}{2}$　(2) $\dfrac{\sqrt{3}}{2}$　(3) $\dfrac{\sqrt{2}}{2}$　**3.** $\cos 2\alpha$

课堂练习 6

1. $\dfrac{3}{4}$　**2.** $\dfrac{-4-\sqrt{41}}{5}$ 或 $\dfrac{-4+\sqrt{41}}{5}$　**3.** $\dfrac{\sqrt{3}}{6}$

习题 4-5

1. (1) $\cos\alpha$　(2) $\dfrac{\sqrt{3}}{2}$　(3) $\cot\alpha$　**2.** (1) $\dfrac{\sqrt{6}+\sqrt{2}}{4}$　(2) $\dfrac{\sqrt{2}+\sqrt{6}}{4}$　(3) $-2-\sqrt{3}$

3. (1) $\dfrac{3-4\sqrt{3}}{10}$ (2) $\dfrac{12\sqrt{3}-5}{26}$ (3) $\dfrac{1}{2}$ **4.** (1) $\dfrac{1}{2}$ (2) 0 (3) $-\sin 2x$

5. (1) $\sqrt{3}$ (2) 1 **6.** (1) $\dfrac{1}{2}$ (2) $\dfrac{\sqrt{2}}{2}$ (3) $-\dfrac{\sqrt{3}}{2}$ (4) $\dfrac{1}{2}$

7. (1) $1+\sin\alpha$ (2) $1+\sin 2\alpha$ (3) $\cot\theta$ (4) $\cos 4\alpha$

8. $\sin 2\alpha=-\dfrac{24}{25}$ $\cos 2\alpha=\dfrac{7}{25}$

9. $\sin 2\alpha=-\dfrac{24}{25}$ $\cos 2\alpha=-\dfrac{7}{25}$ $\tan 2\alpha=\dfrac{24}{7}$ **10.** $-\dfrac{4}{3}$ **11.** 略

复习题四

1. (1) $\{\alpha\,|\,\alpha=360°\cdot k-122°,k\in\mathbf{Z}\}$ $238°$ (2) 2 (3) $\dfrac{3}{5}$ 或 $-\dfrac{3}{5}$ $\dfrac{4}{5}$ 或 $-\dfrac{4}{5}$ $\dfrac{3}{4}$ (4) $-\dfrac{\sqrt{3}}{2}$ $-\dfrac{\sqrt{3}}{3}$

2. (1) D (2) D (3) C (4) C

3. (1) $\{\alpha\,|\,\alpha=2k\pi+\dfrac{7}{6}\pi,k\in\mathbf{Z}\}$ (2) $\{\alpha\,|\,\alpha=2k\pi-\dfrac{\pi}{4}\pi,k\in\mathbf{Z}\}$ (3) $\{\alpha\,|\,\alpha=2k\pi+\dfrac{7}{5}\pi,k\in\mathbf{Z}\}$

4. $\cos\alpha=-\dfrac{5}{13}$ $\tan\alpha=-\dfrac{12}{5}$

5. $\sin\alpha=\dfrac{\sqrt{10}}{10}$ $\cos\alpha=\dfrac{3\sqrt{10}}{10}$ $\tan\alpha=\dfrac{1}{3}$ 或 $\sin\alpha=-\dfrac{\sqrt{10}}{10}$ $\cos\alpha=-\dfrac{3\sqrt{10}}{10}$ $\tan\alpha=\dfrac{1}{3}$

6. $\dfrac{\sqrt{15}}{15}$ **7.** $-\dfrac{16}{65}$ $-\dfrac{63}{65}$ **8.** $\dfrac{119}{169}$

9. (1) $\cos 2\alpha$ (2) $\tan 2\alpha$ (3) $2\cot\alpha$ (4) $\tan^2\alpha$ (5) $\cos 4\alpha$ (6) $-\tan\alpha$ (7) $-\tan^2\alpha$

10. 略 **11.** 111 km **12.** $\dfrac{\pi}{16}$ $11.25°$ **13.** (1) 10π (2) 6π m

第五章 基本初等函数

第一节 指数与对数

课堂练习 1

1. (1) 0.3 (2) $\dfrac{5}{4}$ (3) 27 (4) $\dfrac{1}{81}$ **2.** (1) $\sqrt[3]{a^2}$ (2) $\sqrt[3]{a^5}$ (3) $\dfrac{1}{\sqrt[4]{a^3}}$ (4) $\sqrt[3]{a}$

课堂练习 2

1. (1) 幂运算 (2) 对数运算 **2.** (1) $\log_2 16=4$ (2) $\log_9 3=\dfrac{1}{2}$ **3.** (1) $\left(\dfrac{1}{2}\right)^{-2}=4$ (2) $4^0=1$

课堂练习 3

1. (1) 0 (2) 3 (3) 1 **2.** (1) 3 (2) 1

课堂练习 4

(1) 12 (2) 6

习题 5-1

1. (1) 1 (2) $\dfrac{3}{5}$ (3) $\dfrac{1}{4}$ (4) $\dfrac{8}{27}$ **2.** (1) $\dfrac{9y}{x}$ (2) a^4b

3. (1) $\ln 18=x$ (2) $\log_2 32=x$ (3) $\log_{1.3} 1.9=x$ (4) $\log_{0.2} 9=x$

4. (1) $8^2=64$ (2) $2^{-3}=\dfrac{1}{8}$ (3) $10^{-2}=\dfrac{1}{100}$ (4) $\left(\dfrac{1}{2}\right)^y=x$

5. (1) 4 (2) -3 (3) 1 (4) -5 **6.** (1) 2 (2) 6 (3) 1

第二节　幂函数

课堂练习 1

1. (1) $\{x \mid x \neq 0\}$　(2) $\{x \mid x > 0\}$　(3) $(-\infty, +\infty)$　(4) $\{x \mid x > \dfrac{3}{2}$ 且 $x \neq 2\}$

2. (1) $y = \dfrac{1}{x^4}$, $y = x^{\sqrt{3}}$

课堂练习 2

图像略　函数 $y = x^{\frac{1}{3}}$ 的定义域为 **R**, 值域为 **R**, y 随 x 增大而增大.

函数 $y = x^{-4}$ 的定义域为 $\{x \mid x \neq 0\}$, 值域为 $\{y \mid y > 0\}$, 在区间 $(-\infty, 0)$ 上, y 随 x 增大而增大, 在区间 $(0, +\infty)$ 上, y 随 x 增大而减小.

习题 5-2

1. 图像略

函数 $y = x^{-3}$ 的定义域为 $\{x \mid x \neq 0\}$, 值域为 $\{y \mid y \neq 0\}$, 在区间 $(-\infty, 0)$ 上, y 随 x 增大而减小, 在区间 $(0, +\infty)$ 上, y 随 x 增大而减小.

2. (1) $3.01^{\frac{1}{2}} > 2.84^{\frac{1}{2}}$　(2) $0.7^3 > 0.4^3$　(3) $0.1^{-2} < 0.02^{-2}$

3. (1) $\{x \mid x \neq 0\}$　(2) $\{x \mid x \geqslant 0\}$　(3) $\{x \mid x \neq \pm 1\}$

　(4) $\left\{x \mid x \geqslant 0$ 且 $x \neq \dfrac{1}{2}\right\}$　(5) $\{x \mid x > \dfrac{5}{2}$ 且 $x \neq 4\}$　(6) $\{x \mid x > 2$ 或 $x < 1\}$

4. (1) 奇函数　(2) 偶函数　(3) 非奇非偶函数　(4) 非奇非偶函数

第三节　指数函数

课堂练习 1

(1) 否　(2) 是　(3) 否　(4) 否

课堂练习 2

1. (1) 单调增函数　(2) 单调减函数　**2.** (1) $5^2 < 5^3$　(2) $0.2^{-1.5} < 0.2^{-2}$

习题 5-3

1. (1) 单调增函数　(2) 单调减函数

2. (1) $\left(\dfrac{1}{\pi}\right)^2 > \left(\dfrac{1}{\pi}\right)^3$　(2) $10^{-2.5} < 10^{-1.5}$　(3) $0.1^{-2} > 1$　(4) $0.3^{-2} > 10^{0.5}$

3. (1) $\{x \mid x \geqslant 2\}$　(2) $\{x \mid x \leqslant 0\}$　(3) **R**　(4) $\{x \mid x \neq 0\}$

4. (1) $\{y \mid y > 0\}$　(2) $\{y \mid y > -1\}$　(3) $\{y \mid y > 0\}$

第四节　对数函数

课堂练习 1

(1) 否　(2) 否　(3) 是　(4) 否

课堂练习 2

2. (1) $\log_3 1.1 < \log_3 1.2$　(2) $\log_{\frac{3}{5}} 1.1 > \log_{\frac{3}{5}} 1.2$　(3) $\log_{\frac{1}{3}} 3 < \lg 3$　(4) $\ln 0.2 < \ln 0.3$

　(5) $\log_5 7 > \log_5 5$　(6) $\log_{\frac{1}{2}} 0.3 < \log_{\frac{1}{2}} 0.1$

习题 5-4

1. 略

2. (1) $\log_3 2 < \log_3 3.5$　(2) $\log_{0.5} 3 > \log_{0.5} 4$　(3) $\log_2 3 > \log_2 0.1$　(4) $\log_4 5 > \log_5 4$

3. (1) $\ln 2 < \log_2 e$　(2) $\ln 0.1 < 0$　(3) $\ln 2.9 > 1$　(4) $\ln 2 < 1$　(5) $\log_{\frac{1}{2}} 0.2 < \log_{\frac{1}{2}} 0.1$　(6) $\log_{\frac{1}{2}} 0.1 > 0$

4. (1) $\left\{x\,\middle|\,x>\dfrac{1}{3}\right\}$　(2) $\{x\,|\,0<x\leqslant 1\}$　(3) $\{x\,|\,x\geqslant 1\}$　(4) $\{x\,|\,x>2\ \text{或}\ x<-1\}$

第五节　正弦函数与余弦函数

课堂练习 1

(1) 2π　(2) 2π　(3) π

课堂练习 2

1. 一个值　无穷多个值　**2.** (1) $\sin\dfrac{3\pi}{5}>\sin\dfrac{4\pi}{5}$　(2) $\sin\left(-\dfrac{4\pi}{7}\right)<\sin\left(-\dfrac{5\pi}{7}\right)$　(3) $\sin\dfrac{4\pi}{9}<\sin\dfrac{\pi}{7}$

3. (1) $\left\{x\,\middle|\,x=2k\pi-\dfrac{\pi}{2},k\in\mathbf{Z}\right\}$　$y_{\min}=-2$　(2) $\left\{x\,\middle|\,x=2k\pi+\dfrac{\pi}{2},k\in\mathbf{Z}\right\}$　$y_{\min}=1$

课堂练习 3

1. 一个值　无穷多个值

2. (1) $\cos\dfrac{\pi}{7}>\cos\dfrac{\pi}{3}$　(2) $\cos\dfrac{5\pi}{8}>\cos\dfrac{7\pi}{8}$　(3) $\cos\left(-\dfrac{4\pi}{7}\right)<\cos\left(-\dfrac{3\pi}{7}\right)$　(4) $\cos\left(-\dfrac{2\pi}{3}\right)<\cos\left(-\dfrac{2\pi}{7}\right)$

3. (1) 最大值 5　最小值 -1　(2) 最大值 2　最小值 -4

习题 5-5

1. (1) $[-2,2]$　(2) $\left[-\dfrac{1}{2},\dfrac{1}{2}\right]$

2. (1) $(0,\pi)$　(2) $(2k\pi,2k\pi+\pi),k\in\mathbf{Z}$　(3) $\left(\dfrac{\pi}{2},\dfrac{3}{2}\pi\right)$　(4) $\left(2k\pi+\dfrac{\pi}{2},2k\pi+\dfrac{3}{2}\pi\right),k\in\mathbf{Z}$

3. (1) $\sin 60°<\sin 100°$　(2) $\cos\dfrac{\pi}{4}<\cos\dfrac{\pi}{5}$　(3) $\sin\dfrac{2\pi}{7}<\sin\dfrac{3\pi}{7}$　(4) $\cos\left(-\dfrac{4\pi}{3}\right)>\cos\left(-\dfrac{8\pi}{7}\right)$

4. (1) 最大值 $\dfrac{4}{3}$　最小值 $\dfrac{2}{3}$　(2) 最大值 1　最小值 -1

　　(3) 最大值 1　最小值 -1　(4) 最大值 4　最小值 2

5. (1) 当 $x=2k\pi+\pi,k\in\mathbf{Z}$ 时取得最大值，当 $x=2k\pi,k\in\mathbf{Z}$ 时取得最小值．

　　(2) 当 $x=2k\pi+\dfrac{\pi}{2},k\in\mathbf{Z}$ 时取得最大值，当 $x=2k\pi-\dfrac{\pi}{2},k\in\mathbf{Z}$ 时取得最小值．

第六节　基本初等函数应用举例

课堂练习 1

13.5 km　139.5 km

课堂练习 2

0.537 g

课堂练习 3

385 年

习题 5-6

1. $y=4.9x^2$　**2.** 102.71 万　**3.** 33 年　**4.** 7 年

复习题五

1. (1) $\sqrt{3}$　(2) $0<a<1$　(3) $a>1$　(4) 1　(5) -12　(6) $\left[\dfrac{3\pi}{2},2\pi\right]$　$\left[\dfrac{\pi}{2},\pi\right]$

2. (1) B　(2) C　(3) D　(4) C　(5) B

3. (1) $0.008^{-\frac{1}{3}}=5$　(2) $(\sqrt{3})^0=1$　(3) $81^{\frac{3}{4}}=27$　(4) $(-8)^{\frac{2}{3}}=4$　(5) $0.000\,1^{-\frac{3}{4}}=1\,000$

4. (1) $2^{0.2}<2^{0.3}$　(2) $3^{-4}>3^{-5}$　(3) $\left(\dfrac{1}{3}\right)^{-5}<\left(\dfrac{1}{3}\right)^{-6}$　(4) $\left(\dfrac{1}{5}\right)^{-2}>1$　(5) $3^{0.01}>1$

(6) $\log_3 0.02 < \log_3 0.2$　(7) $\lg 1.1 > 0$　(8) $\ln 4 < \ln 5$　(9) $\ln 4 > \log_4 e$

5. (1) $\log_3 \dfrac{1}{9} = -2$　(2) $\lg 0.001 = -3$　(3) $\log_2 \sqrt{32} = \dfrac{5}{2}$　(4) $\ln e^{\frac{1}{3}} = \dfrac{1}{3}$

(5) $\log_2 8 \times \log_4 16 = 6$　(6) $\lg 2.5 + \lg 4 = 1$　(7) $\lg 3 - \lg 30 = -1$

6. (1) $3^2 = 9$　(2) $\log_2 8 = 3$　(3) $\log_3 27 = 3$　(4) $8^{\frac{4}{3}} = 16$

7. (1) $\left(\dfrac{3}{4}\right)^{\frac{1}{3}} < \left(\dfrac{3}{4}\right)^{\frac{1}{5}}$　(2) $2^{-2} > 2^{-7}$　(3) $\log_2 0.7 < \log_2 1.2$　(4) $\log_{\frac{1}{3}} \dfrac{1}{2} < \log_{\frac{1}{3}} \dfrac{1}{4}$

(5) $\sin \dfrac{4\pi}{7} > \sin \dfrac{5\pi}{7}$　(6) $\cos \dfrac{4\pi}{7} > \cos \dfrac{5\pi}{7}$

8. (1) $\{x \mid x \geqslant -1\}$　(2) $\{x \mid x \neq 0\}$　(3) $\{x \mid \dfrac{1}{2} < x \leqslant 1\}$　(4) $\{x \mid x > 0 \text{ 且 } x \neq 2\}$

(5) $\{x \mid x \geqslant -1\}$　(6) $\{x \mid x < 1 \text{ 且 } x \neq 0\}$

9. $y = 10 \times 1.1t$　17.71 万元　**10.** 8 年　**11.** 7 年

第六章　数列

第一节　数列的概念

课堂练习 1

1. (1) -5　(2) 5　**2.** (1) $a_5 = 10$　(2) $a_5 = 8$　(3) $a_5 = -12$

习题 6-1

1. (1) $a_1 = -2$　$a_2 = -5$　$a_3 = -8$　(2) $a_1 = -\dfrac{1}{3}$　$a_2 = \dfrac{1}{9}$　$a_1 = -\dfrac{1}{27}$

(3) $a_1 = 1$　$a_2 = 4$　$a_3 = 9$

2. (1) $a_{10} = \dfrac{1}{1\,000}$　(2) $a_{10} = -20$　(3) $a_{10} = -16$

3. (1) $a_1 = 1$　$a_2 = 3$　$a_3 = 9$　$a_4 = 27$　(2) $a_1 = 1$　$a_2 = 3$　$a_3 = 4$　$a_4 = 7$

(3) $a_1 = 2$　$a_2 = 1\dfrac{1}{2}$　$a_3 = 1\dfrac{2}{3}$　$a_4 = 1\dfrac{3}{5}$

第二节　等差数列

课堂练习 1

1. $\{a_n\}$ 是等差数列. 因为从第二项起, 每一项与它前一项的差都是 3.

$$a_1 = \dfrac{1}{2} \quad a_2 = \dfrac{7}{2} \quad a_3 = \dfrac{13}{2} \quad a_4 = \dfrac{19}{2} \quad a_5 = \dfrac{25}{2}$$

2. $a_n = \dfrac{2}{3}n - \dfrac{1}{3}$　$a_9 = \dfrac{17}{3}$　**3.** $d = 2$

课堂练习 2

1. 2 001 000　**2.** (1) 440　(2) 4 695　(3) 12　**3.** n^2

课堂练习 3

1. (1) 62　(2) 18　**2.** 10　**3.** 30°　60°

习题 6-2

1. (1) $a_n = 5\dfrac{1}{2} + \dfrac{n}{2}$　(2) $a_n = 3n - 1$　**2.** 40　**3.** $n = 10$　$d = 4$　**4.** $n = 31$　$S_n = 1\,829$

5. 不是.　**6.** (1) $\dfrac{255}{2}$　(2) $a^2 + b^2$　**7.** 3, 5, 7 或 7, 5, 3　**8.** $-24, -2, -26$

第三节　等比数列

课堂练习1

1. $a_n = 9 \times \left(\dfrac{1}{3}\right)^{n-1}$　$a_7 = \dfrac{1}{81}$　**2.** $a_n = \dfrac{8}{3} \times \left(\dfrac{3}{2}\right)^{n-1}$　$a_8 = \dfrac{729}{16}$　**3.** $a_5 = 33.75$

课堂练习2

1. 510　**2.** 508　**3.** 135　**4.** 255

课堂练习3

1. (1) $\pm 6\sqrt{2}$　(2) $\pm 2\sqrt{10}$　**2.** 3

习题 6-3

1. $\{a_n\}$ 是等比数列. 因为从第二项, 第一项与它前一项的比是 $\dfrac{3}{2}$.

$a_1 = \dfrac{1}{3}$　$a_2 = \dfrac{1}{2}$　$a_3 = \dfrac{3}{4}$　$a_4 = \dfrac{9}{8}$　$a_5 = \dfrac{27}{16}$

2. $\dfrac{1}{4}$　**3.** $\dfrac{5}{4}$　**4.** 9　**5.** $\dfrac{381}{16}$　**6.** $a_1 = \dfrac{81}{26}$　$q = \dfrac{1}{3}$　**7.** (1) ± 20　(2) $\pm\sqrt{a^2 - b^2}$

课堂练习1

1. 138 mm　162 mm　186 mm　**2.** 124.416 公顷　**3.** 570 万元

第四节　数列的实际应用举例

习题 6-4

1. 444 个　**2.** 1.5 ℃　-22.5 ℃　**3.** 121.90 万　**4.** 22.87 万台

复习题六

1. (1) $a_n = 2n - 1$　$a_n = \dfrac{(n+1)^2 - 1}{n+1}$　(2) 10　(3) $\pm\sqrt{5}$　(4) ± 6　11　(5) $60°$

2. (1) B　(2) B　(3) A　(4) B

3. (1) $a_n = 2n$　(2) $a_n = 2$　(3) $a_n = \dfrac{1}{n(n+1)}$　(4) $a_n = \dfrac{1}{n} - \dfrac{1}{n+1}$

4. (1) 21　(2) $\dfrac{5}{4}$　**5.** (1) $S_n = n^2$　(2) 59　**6.** (1) 18　(2) $\dfrac{63}{32}$　(3) 189

7. $n = 900$　$S_n = 494\ 550$　**8.** $\{a_n\}$ 是等差数列.　$d = 5$　$a_1 = 2$　**9.** 略　**10.** 1 024 个

11. 略　**12.** 65.233 亿元　**13.** 333.12 乘柱

第七章　极限

第一节　初等函数

课堂练习1

1. (1) $y = \sqrt{u}$　$u = \cos x$　(2) $y = u^2$　$u = \sin x$　(3) $y = \cos u$　$u = e^x$

2. (1) $y = \sin^2 x$　(2) $y = \sin 2x$　(3) $y = 3^{x^2}$　(4) $y = 5^{-2x}$

课堂练习2

(1) $y = u^2 + v$　其中 $u = \sin x$　$v = \ln x$

(2) $y = \dfrac{uv}{w}$　其中 $u = e^x$　$v = \sin x$　$w = \ln x$

习题 7-1

1. (1) $y = e^u$ $u = \sqrt{x}$ (2) $y = u^5$ $u = 2x + 3$ (3) $y = \sin u$ $u = 2x$ (4) $y = \ln u$ $u = 3 - x$

2. $f[f(x)] = \dfrac{x-1}{x}$ $f\{f[f(x)]\} = x$

第二节 数列的极限

课堂练习 1

(1) 0 (2) 1 (3) 6 (4) 0

习题 7-2

1. (1) 1 (2) $\dfrac{3}{4}$ (3) 不存在 (4) 不存在 (5) $\dfrac{1}{3}$ (6) 0 (7) 3 (8) 不存在

第三节 函数的极限

课堂练习 1
略
课堂练习 2
略

习题 7-3

1. (1) 0 (2) 0 (3) 0
2. (1) 5 (2) 1 (3) 1
3. (1) C (2) 9 (3) 0 (4) 0

第四节 无穷小量与无穷大量

课堂练习 1
0
课堂练习 2
(1) $+\infty$ (2) $+\infty$

习题 7-4

1. (1) 无穷小 (2) 无穷小 (3) 无穷小 (4) 无穷小 (5) 无穷小

第五节 函数极限的四则运算

课堂练习 1

(1) 1 (2) 1 (3) $\dfrac{3}{14}$ (4) -1

课堂练习 2

(1) 4 (2) 3 (3) 1 (4) $-\dfrac{3}{2}$

课堂练习 3

∞

课堂练习 4

(1) $\dfrac{2}{5}$ (2) 0 (3) ∞

习题 7-5

1. (1) 6 (2) $\dfrac{1}{7}$ (3) $-\dfrac{2}{3}$ (4) $-\dfrac{1}{5}$ 2. (1) 2 (2) -3 (3) $\dfrac{1}{4}$ (4) $\dfrac{4}{3}$

3. (1) 0　(2) 0　(3) $\frac{1}{2}$　(4) ∞

第六节　两个重要的极限

课堂练习1

(1) 1　(2) $\frac{1}{2}$　(3) 5　(4) $\frac{5}{2}$　(5) $\frac{5}{3}$

课堂练习2

(1) e　(2) e^3　(3) e^{-1}　(4) $e^{\frac{1}{2}}$

习题 7-6

1. (1) $\frac{1}{5}$　(2) 3　(3) $\frac{3}{2}$　(4) $\frac{2}{3}$　(5) 2

2. (1) e　(2) e^2　(3) e^2　(4) e^2　(5) e^{-1}　(6) e^{-1}　(7) e^{-1}

*第七节　函数的连续性

课堂练习1
(1) 不连续　(2) 连续
课堂练习2

(1) $\frac{e^2}{5}$　(2) $2\sqrt{3}$　(3) 1

习题 7-7

1. 略　**2.** (1) 不连续　(2) 连续　(3) 连续
3. (1) 在 $x=-3$ 处不连续,因为在 $x=-3$ 处没有定义.
　　(2) 在 $x=\pm 2$ 处不连续,因为在 $x=\pm 2$ 处没有定义.
4. (1) $\sin 1$　(2) 0　(3) $(1+\sin 1)^2$　(4) 2　(5) $\frac{\sqrt{3}}{3}$　(6) 0

复习题七

1. (1) $x\to 1$　(2) $y=\sqrt[3]{u}$　$u=\lg\theta$　$\theta=\sin x$　(3) $1+\ln\cos x$　$\cos(1+\ln x)$　$1+\ln(1+\ln x)$
　(4) 1
2. (1) D　(2) D　(3) D　(4) A　(5) C　(6) D
3. (1) $y=u^{50}$　$u=3-x$　(2) $y=\sin u$　$u=3x^2-1$　(3) $y=\log_2 u$　$u=x+1$
　(4) $y=\ln u$　$u=\sin x$　(5) $y=u^2$　$u=\cos v$　$v=3x-1$　(6) $y=\sqrt{u}$　$u=2x+3$
4. $f[g(x)]=\sin^2 x$　$g[f(x)]=\sin x^2$
5. (1) $\frac{11}{6}$　(2) 4　(3) $-\frac{3}{4}$　(4) 0　(5) 1　(6) $\frac{2}{3}$　(7) $\frac{7}{3}$　(8) e^{-3}　(9) e^{-1}
　(10) e^{-6}　(11) e^{-2}
6. $a=0$　$b=2$

第八章　导数与微分

第一节　导数的概念

课堂练习1
1. (1) $y'=5x^4$　(2) $y'=6x^5$　(3) $y'=\cos t$　(4) $y'=e^x$　(5) $y'=1$　(6) $y'=0$
　(7) $y'=-\sin x$　(8) $y'=\frac{1}{x}$

2. (1) $y' = -3x^{-4}$ (2) $y' = \dfrac{1}{3}x^{-\frac{2}{3}}$ (3) $y' = 2^x \ln 2$ (4) $y' = -\dfrac{1}{3}x^{-\frac{4}{3}}$ (5) $y' = 3^x \ln 3$

(6) $y' = \dfrac{1}{x \ln 3}$ (7) $y' = \dfrac{1}{x \ln 10}$

课堂练习 2

$4x - y - 4 = 0$

习题 8-1

1. (1) $y' = 4x^3$ (2) $y' = -\dfrac{1}{2}x^{-\frac{3}{2}}$ (3) $y' = -x^{-2}$ (4) $y' = \dfrac{1}{x \ln 2}$ (5) $y' = 3^x \ln 3$

(6) $y' = \dfrac{1}{2\sqrt{x}}$

2. $x - 2y + 1 = 0$ **3.** $x + y - 2 = 0$

第二节 导数的四则运算

课堂练习 1

(1) $y' = \dfrac{1}{2}x^{-\frac{1}{2}} + \sin x$ (2) $y' = -x^{-2} + \dfrac{1}{x \ln 2}$ (3) $y' = 3x^2 + 3^x \ln 3$

课堂练习 2

(1) $y' = e^x \sin x + \cos x\, e^x$ (2) $y' = 2x 2^x + x^2 2^x \ln 2$ (3) $y' = e^x \ln x + \dfrac{e^x}{x}$

课堂练习 3

1. (1) $\dfrac{(x^2+1) - x(2x)}{(x^2+1)^2}$ (2) $\dfrac{(-2x)\sin x - (1-x^2)(\cos x)}{\sin^2 x}$

2. (1) $y' = \dfrac{e^x \sin x - e^x \cos x}{\sin^2 x}$ (2) $y' = \dfrac{-x-4}{3x^3}$ (3) $y' = \dfrac{-\sin x}{(1-\cos x)^2}$ (4) $y' = \dfrac{-2a}{(a+x)^2}$

习题 8-2

1. (1) $(6x)(4x^2-3) + (3x^2+1)(8x)$ (2) $(3x^2)\sin x + x^3(\cos x)$

2. (1) 不正确 $2x(2-x^3) - 3x^2(3+x^2)$ (2) 不正确 $\dfrac{-\sin x \cdot x^2 - 2x(1+\cos x)}{x^4}$

3. (1) $y' = \cos x + 5x^4$ (2) $y' = -\sin x + \dfrac{1}{x}$ (3) $y = 3^x \ln 3 + \dfrac{1}{x \ln 2}$ (4) $y' = e^x - \dfrac{1}{x \ln 10}$

4. (1) $y' = 12x^3 - 46x + 40$ (2) $y' = -3\sin x - 4\cos x$ (3) $y' = 2^x \ln 2 \cdot \cos x - 2^x \sin x$

(4) $y' = \dfrac{\sin x}{2\sqrt{x}} + \sqrt{x}\cos x + \dfrac{3}{x}$ (5) $y' = -2x^{-2} - 6x^{-3} + 12x^{-4}$ (6) $y' = 8x^3 - 22x$

5. (1) $y' = \dfrac{-4}{(1+2x)^2}$ (2) $y' = \dfrac{2x^3 + 3x^2 + 2}{(2-x^3)^2}$ (3) $y' = \dfrac{-\cos x}{(1+\sin x)^2}$ (4) $y' = \dfrac{-2\sin x}{(1-\cos x)^2}$

(5) $y' = -3 - 3x^{-2} + 15x^{-4}$

第三节 复合函数的导数

课堂练习 1

(1) $y' = 2\sin(1-2x)$ (2) $y' = 60x(3x^2+1)^9$ (3) $y' = 3e^{3x}$ (4) $y' = -3^{-x} \ln 3$

(5) $y' = -2\sin 2x$ (6) $y' = -\dfrac{1}{(2x-1)^{\frac{3}{2}}}$

课堂练习 2

(1) $y' = -12x(2x^2-1)^{-4}$ (2) $y' = 3\cos\left(3x - \dfrac{\pi}{6}\right)$ (3) $y' = -2x\sin(x^2+1)$

(4) $y' = \dfrac{-2x}{1-x^2}$ (5) $y' = \ln 2 \, 2^{\sin x} \cos x$ (6) $y' = \dfrac{1}{2x\sqrt{\lg x}\ln 10}$

课堂练习 3

(1) $y' = \dfrac{1}{2}(x-1)^{-\frac{1}{2}} - 2\cos 2x$ (2) $y' = \dfrac{1}{x\ln 2} + 3\sin 3x$

习题 8-3

1. (1) $y = u^5$ $u = x^2 + 4x - 7$ $y' = 5(x^2 + 4x - 7)^4(2x + 4)$ (2) $y = \cos u$ $u = 2x + 5$

$y' = -2\sin(2x + 5)$ (3) $y = \sqrt{u}$ $u = 1 + x^2$ $y' = \dfrac{x}{\sqrt{1+x^2}}$ (4) $y = u^{-\frac{1}{5}}$ $u = 1 + 3x$

$y' = \dfrac{-3}{5(1+3x)^{\frac{6}{5}}}$ (5) $y = \cos u$ $u = \dfrac{\pi}{4} - x$ $y' = \sin\left(\dfrac{\pi}{4} - x\right)$ (6) $y = \log_2 u$ $u = \sin x$

$y' = \dfrac{\cot x}{\ln 2}$

2. (1) $y' = \dfrac{3}{2}x^2(1+x^3)^{-\frac{1}{2}}$ (2) $y' = -\sin 2x$ (3) $y' = 2x\cos x^2$

(4) $y' = \dfrac{1}{x+1}$ (5) $y' = e^{\sin x}\cos x$ (6) $y' = -2\ln 2 \, 2^{1-2x}$

3. (1) $y' = 2\cos 2x + 2x\cos x^2$ (2) $y' = \dfrac{1}{2x} + \dfrac{1}{2x\sqrt{\ln x}}$

(3) $y' = 3\cos 3x - 3\sin^2 x \cos x$ (4) $y' = 3^{\sin x}\ln 3\cos x - (\sin 5^x)5^x\ln 5$

4. (1) $\dfrac{4}{3}$ (2) 1

5. (1) $x + 4y - 6 = 0$ (2) $2x - y - 2\pi = 0$

第四节　函数的微分

课堂练习 1

(1) $dy = (6x^2 + 3)dx$ (2) $dy = (6x - 10)dx$ (3) $dy = \left[\dfrac{-2}{(1+x)^2}\right]dx$

(4) $dy = [\cos x(6\sin x + 1)]dx$

课堂练习 2

$\dfrac{dy}{dx} = \dfrac{\sin t}{1 - \cos t}$

课堂练习 3

0.628 cm²

习题 8-4

1. (1) $dy = (4x^3 + 5)dx$ (2) $dy = (-x^{-2} + x^{-\frac{1}{2}})dx$ (3) $dy = (\cos x - x\sin x)dx$

(4) $dy = -2\sin 2x \, dx$ (5) $dy = \cos x \, e^{\sin x}dx$ (6) $dy = \dfrac{-3}{1-3x}dx$

2. $\dfrac{dy}{dx} = \dfrac{e^t - \cos t}{e^t - \sin t}$

3. 0.4 cm²

第五节　高阶导数

课堂练习 1

(1) $y'' = 8$ (2) $y'' = -\dfrac{2}{9}x^{-\frac{4}{3}}$ (3) $y'' = 4x^{-3}$ (4) $y'' = -\cos x$

课堂练习 2

(1) $\dfrac{31}{4}$ m/s   (2) $\dfrac{9}{2}$ m/s²

习题 8-5

1. (1) $y'' = 8$ (2) $y'' = 2\cos x - x\sin x$ (3) $y'' = e^x - \cos x$ (4) $y'' = 9e^{3x-1}$

2. (1) 12   (2) -4 **3.** 略

复习题八

1. (1) e^x (2) $-\sin x$ (3) $\dfrac{1}{x\ln 2}dx$ (4) 0   (5) 12

2. (1) C   (2) C   (3) A   (4) B   (5) D

3. (1) $y' = \dfrac{1}{2}x^{-\frac{1}{2}}\sin x + \sqrt{x}\cos x$ (2) $y' = \dfrac{2}{(x+1)^2}$ (3) $y' = 15(3x+1)^4$

    (4) $y' = x(x^2-4)^{-\frac{1}{2}}$ (5) $y' = 5\cos\left(5x + \dfrac{\pi}{4}\right)$ (6) $y' = -\dfrac{1}{2}x^{-\frac{1}{2}}\sin\sqrt{x}$

    (7) $y' = \dfrac{4x}{(3+2x^2)\ln 3}$ (8) $y' = \dfrac{1}{x\ln x}$ (9) $y' = -\dfrac{4}{3}\sin\dfrac{2}{3}x$

    (10) $y' = e^{-x}(-\sin 2x + 2\cos 2x)$ (11) $\sqrt{1-x^3} - \dfrac{3x}{2}(x-1)(1-x^3)^{-\frac{1}{2}}$ (12) $y' = \dfrac{5x^4}{(1+x)^6}$

4. (1) $dy = -3x(2-3x^2)^{-\frac{1}{2}}dx$ (2) $dy = \dfrac{dx}{x-1}$ (3) $dy = \left(2e^{2x} + \dfrac{1}{3}\cos\dfrac{x}{3}\right)dx$

    (4) $dy = -2\sin(2x-5)dx$

5. (1) $y'' = \dfrac{2(1-x^2)}{(1+x^2)^2}dx$ (2) $y^{(4)} = \dfrac{6}{x}$

6. $x - y = 0$ **7.** $\dfrac{27}{2}$ m/s   **8.** 5 m/s   **9.** $-\dfrac{\pi^2}{18}$ m/s²   **10.** (1) 5 m/s   (2) 6 m/s²

第九章 导数的应用

第一节 函数单调性的判定

课堂练习 1

(1) 单减区间：$(-\infty, +\infty)$ (2) 单减区间：$(-\infty, +1]$，单增区间：$[1, +\infty)$.   (3) 单减区间：$(-\infty, -1]$，$[1, +\infty)$，单增区间：$[-1, 1]$.   (4) 单减区间：$\left[-\dfrac{1}{3}, 1\right]$，单增区间：$\left(-\infty, -\dfrac{1}{3}\right]$，$[-1, +\infty)$

习题 9-1

1. (1) 单减区间：$(-\infty, -1]$，$[1, +\infty)$，单增区间：$[-1, 1]$ (2) 单减区间：$[-1, 3]$，单增区间：$(-\infty, -1]$，$[3, +\infty)$ (3) 单减区间：$(-\infty, 1]$，单增区间：$[1, +\infty)$ (4) 单减区间：$[0, 2]$，单增区间：$(-\infty, 0]$，$[2, +\infty)$ **2.** 略

第二节 函数的极值

课堂练习 1

(1) 极小值 $-\dfrac{25}{4}$ (2) 极大值 54，极小值 -54

习题 9-2

(1) 极小值 $-\dfrac{25}{8}$，极小值点 $x = -\dfrac{5}{4}$ (2) 极大值 2，极大值点 $x = 1$，极小值 -2，极小值点 $x = -1$

(3) 极大值 $3\dfrac{3}{4}$，极大值点 $x = -\dfrac{1}{2}$，极小值 -3，极小值点 $x = 1$　(4) 极大值 20，极大值点 $x = 2$，极小值 16，极小值点 $x = 4$

第三节　函数的最大值与最小值

课堂练习题 1

(1) 最大值 0，最小值 -6　(2) 最大值 1，最小值 -2

课堂练习 2

当长 $=$ 宽 $= 15$ cm 时，围成的矩形的面积最大.

习题 9-3

1. (1) 最大值 32，最小值 7　(2) 最大值 11，最小值 -1

2. 当长 $=$ 宽 $= 16$ cm 时，围成的矩形的面积最大，最大是 256 cm².

3. 平均分成 50 cm.

4. 4 分米

第四节　洛必达法则

课堂练习 1

(1) $\dfrac{1}{3}$　(2) -1

课堂练习 2

0

习题 9-4

(1) $-\dfrac{1}{3}$　(2) $\dfrac{2}{3}$　(3) 0　(4) $\cos 1$　(5) -1　(6) 0

第五节　常用经济函数

课堂练习 1

1. $-500p + 18\,000$　**2.** 20

课堂练习 2

$C = 15q + 2\,000$

课堂练习 3

$R = -\dfrac{q^2}{5} + 200q$　$32\,000$

课堂练习 4

(1) $L = -q^2 + 8q - 7$　(2) $L = 9$　$\overline{L} = \dfrac{9}{4}$　(3) 亏损.

习题 9-5

1. $Q = -2p + 5\,000$

2. $p = 1$　$q = 4$

3. $S = p - 190$

4. (1) $C(q) = 2\,000 + 300q$　(2) $\overline{C}(q) = \dfrac{2\,000}{q} + 300$　(3) $R(q) = 500q$　(4) $L(q) = 200p - 2\,000$

5. $L(q) = 35q - \dfrac{q^2}{3} - 300$

第六节　导数在经济分析中的应用

课堂练习 1

1. $C'(q) = 2q - 9$　$C'(10) = 11$

$C'(10) = 11$ 表示生产第 11 个单位产品的成本为 11 个单位.

2. $L'(q) = 2 + 0.04q$　$L'(100) = 6$　$L'(150) = 8$

$L'(100) = 6$ 表示当产量为 100 kg 时,再多生产 1 kg 总利润可增加 6 元.

$L'(150) = 8$ 表示当产量为 150 kg 时,再多生产 1 kg 总利润可增加 8 元.

课堂练习 2

1. $q = 25$　**2.** $q = 5\,000$

习题 9-6

1. (1) $R(q) = 10q - \dfrac{q^2}{5}$　$\bar{R}(q) = 10 - \dfrac{q}{5}$　$R'(q) = 10 - \dfrac{2}{5}q$

(2) $R(20) = 120$　$\bar{R}(20) = 6$　$R'(20) = 2$

2. $L'(20) = 50$ 表示当日产量为 20 吨时,再多生产 1 吨总利润可增加 50 千元.

3. $q = 10$　**4.** 当 $q = 2.5$ 个单位时利润最大,最大利润是 9.25 百元.

5. (1) $C'(q) = 200 + 0.4q$　$R'(q) = 350 - 0.1q$　$L'(q) = -0.5q + 150$　(2) $q = 300$

复习题九

1. (1) $x = 1$　(2) 2　(3) 4　(4) 增加　减少　(5) -3

2. (1) A　(2) A　(3) C　(4) B　(5) D

3. (1) 0　(2) 5　(3) 1　(4) ∞　(5) $\cos a$　(6) $\dfrac{5}{3}$　(7) 2

4. (1) 单减区间:$(-\infty, 1]$,单增区间:$[1, +\infty)$,极小值 2

(2) 单减区间:$[0, 2]$,单增区间:$(-\infty, 0]$,$[2, +\infty)$,极大值 7,极小值 3

(3) 单减区间:$(-\infty, -1]$,$[0, 1]$,单增区间:$[-1, 0]$,$[1, +\infty)$,极大值 1,极小值 1

(4) 单减区间:$(-\infty, -1]$,$[1, +\infty)$ 单增区间:$[-1, 1]$,极大值 1,极小值 -1

5. $a = \dfrac{1}{54}$　$b = 0$　$c = -\dfrac{1}{2}$　$d = 4$　**6.** (1) $Q = -40p + 1\,100$　(2) $-40p^2 + 1\,100p$　(3) $-\dfrac{q^2}{40} + \dfrac{55}{2}q$　**7.** 当长 $= 2$ m,宽 $= \dfrac{4}{3}$ m 时面积最大,最大是 $\dfrac{8}{3}$ m^2.

8. 2 cm　$h = 4$ cm　**9.** $L'(q) = 2 + 0.02q$　$L'(100) = 4$　$L'(150) = 5$　$L'(200) = 6$

10. 当 $p = 100$ 时利润最大,最大利润是 175\,000.

第十章　不定积分

第一节　不定积分

课堂练习 1

(1) x^6　(2) x^5　(3) $-x^{-1}$　(4) $-\dfrac{1}{2}x^{-2}$

课堂练习 2

(1) $\left(\dfrac{1}{5}x^5 + C\right)' = x^4$　(2) $\left(\dfrac{1}{6}x^6 + C\right)' = x^5$　(3) $\left(-\dfrac{1}{3}x^{-3} + C\right)' = \dfrac{1}{x^4}$

(4) $\left(-\dfrac{1}{4}x^{-4} + C\right)' = \dfrac{1}{x^5}$

习题 10-1

1. 略　**2.** (1) x^{-2}　(2) x^{-3}　(3) $2e^x$　(4) $-3\cos x$　**3.** (1) $5x+C$　(2) $\dfrac{7}{2}x^2+C$　(3) x^3+C

4. (1) $\dfrac{x^7}{7}+C$　(2) $\dfrac{x^8}{8}+C$　(3) e^x+C　(4) $\cos x+C$

5. (1) $(x^3+x^2+x+C)'=3x^2+2x+1$　(2) $\left(-\dfrac{1}{x}-\dfrac{1}{2x^2}+C\right)'=\dfrac{1}{x^2}+\dfrac{1}{x^3}$

(3) $\left(\dfrac{1}{2}\sin 2x+C\right)'=\cos 2x$　(4) $\left(-\dfrac{1}{4}\cos 2x+C\right)'=\dfrac{1}{4}\cdot 2\sin 2x=\sin x\cos x$

第二节　不定积分的运算法则

课堂练习 1

(1) $\dfrac{x^5}{5}+C$　(2) $|x|+C$　(3) $\sin x+C$　(4) $mx+C$　(5) $\dfrac{10^x}{\ln 10}+C$　(6) e^x+C

课堂练习 2

(1) $\dfrac{3}{4}x^4-\dfrac{2}{3}x^3+\dfrac{x^2}{2}-x+C$　(2) $\dfrac{2^x}{\ln 2}+\dfrac{x^3}{3}+C$

习题 10-2

1. (1) $\dfrac{3}{4}x^{\frac{4}{3}}+C$　(2) $\dfrac{3}{2}x^{\frac{2}{3}}+C$　(3) $-\dfrac{1}{5}x^{-5}+C$　(4) $\dfrac{3}{5}x^{\frac{5}{3}}+C$

2. (1) $\dfrac{1}{4}x^4-x^2+5x+C$　(2) x^4-x^3+C　(3) x^6+x^3+C　(4) $\dfrac{1}{12}x^4+\dfrac{3}{2}x^{-2}+C$

3. (1) $-\cos x+\sin x+C$　(2) $4\ln|x|+3e^x+C$

第三节　直接积分法

课堂练习 1

(1) $\dfrac{1}{5}x^5-4x+C$　(2) $\dfrac{x^3}{3}-5x^2+25x+C$　(3) $\dfrac{x^3}{3}-\ln|x|+5x^{-1}+C$　(4) $-2x^{-\frac{1}{2}}+C$

(5) $-\dfrac{4}{3}x^{-\frac{3}{4}}+C$　(6) $\dfrac{2}{7}x^{\frac{7}{2}}+\dfrac{4}{3}x^{\frac{3}{2}}+C$　(7) $\dfrac{3}{10}x^{\frac{10}{3}}-\dfrac{6}{7}x^{\frac{7}{3}}-\dfrac{3}{4}x^{\frac{4}{3}}+C$　(8) $-x^{-1}-e^x+C$

课题 10-3

(1) $a^2x+abx^2+\dfrac{1}{3}b^2x^3+C$　(2) $\dfrac{1}{3}x^3-25x+C$　(3) $2x^3-\dfrac{1}{2}x^2-x+C$　(4) $x^4-\dfrac{4}{3}x^3-\dfrac{x^2}{2}+C$

(5) $\dfrac{x^3}{3}+x^2+x+C$　(6) $x+\ln|x|-x^{-1}+C$　(7) $\dfrac{2}{3}x^{\frac{3}{2}}+10x^{\frac{1}{2}}+C$　(8) $\dfrac{4}{5}x^{\frac{5}{4}}+C$

(9) $x-\cos +C$　(10) $\dfrac{\left(\frac{1}{3}\right)^x}{\ln\frac{1}{3}}+C$　(11) $\dfrac{\left(\frac{3}{e}\right)^x}{\ln\frac{3}{e}}+C$　(12) $\dfrac{\left(\frac{5}{e}\right)^t}{\ln\frac{5}{e}}+C$

第四节　换元积分法

课堂练习 1

1. (1) $\dfrac{1}{2}$　(2) 2　(3) $\dfrac{1}{3}$　(4) -1　(6) $-\dfrac{1}{3}$

2. (1) $\dfrac{1}{2}\ln|2x-1|+C$　(2) $\dfrac{1}{3}(2x-1)^{\frac{3}{2}}+C$　(3) $-\dfrac{2}{3}(1-x)^{\frac{3}{2}}+C$　(4) $\dfrac{1}{2}(4x-1)^{\frac{1}{2}}+C$

(5) $-\frac{1}{3}e^{-3x}+C$ (6) $\frac{1}{3}\sin 3x+C$ (7) $-\frac{1}{3}\cos(3x-1)+C$ (8) $-\frac{2^{-2x}}{2\ln 2}+C$

课堂练习 2

1. (1) -1 (2) $-\frac{1}{2}$ (3) 2 (4) -1 (5) $-\frac{1}{5}$ (6) $-\frac{1}{3}$

2. (1) $\frac{1}{4}(1+x^2)^2+C$ (2) $-\frac{1}{4}(1-x^2)+C$ (3) $\frac{1}{3}(1+x^2)^{\frac{3}{2}}+C$ (4) $\ln(1+x^2)+C$

(5) $\frac{1}{2}\sin^2 x+C$

习题 10-4

(1) $\frac{1}{3}\ln|3x+1|+C$ (2) $\frac{1}{6}(1+4x)^{\frac{3}{2}}+C$ (3) $\frac{1}{3}(2x-1)^{\frac{3}{2}}+C$ (4) $(2x-3)^{\frac{1}{2}}+C$

(5) $-\frac{1}{3}e^{-3x}+C$ (6) $-\frac{1}{3}\cos 3x+C$ (7) $\frac{1}{6}(2+x^2)^3+C$ (8) $-\frac{1}{8}(3-x^2)^4+C$

(9) $-\frac{1}{3}(1-x^2)^{\frac{3}{2}}+C$ (10) $\frac{1}{2}\ln(1+x^2)+C$ (11) $-\sin\frac{1}{x}+C$ (12) $\frac{1}{6}\sin^6 x+C$

(13) $-\cos(e^x)+C$ (14) $\ln(1+e^x)+C$

* 第五节   分部积分法

课堂练习题 1

(1) $-x\cos x+\sin x+C$ (2) xe^x-e^x+C

习题 10-5

(1) $\frac{1}{3}x\sin 3x+\frac{1}{9}\cos 3x+C$ (2) $-\frac{1}{2}xe^{-2x}-\frac{1}{4}e^{-2x}+C$ (3) $-\frac{\ln x}{x}-\frac{1}{x}+C$

(4) $-\frac{1}{2}x\cos 2x+\frac{1}{4}\sin 2x+C$

复习题十

1. (1) $F(x)+C$ (2) $x-y+3=0$ (3) $F(x)+Ax+C$ (4) e^{x^2} $e^{x^2}+C$ $e^{x^2}\,dx$ (5) x^2+C
2. (1) C   (2) B   (3) C   (4) C   (5) C

3. (1) $\frac{1}{5}e^{5x}+C$ (2) $-\frac{1}{15}(2-3x)^5$ (3) $\frac{1}{3}\ln(1+3x)+C$ (4) $\frac{1}{2}\ln(1+x^2)+C$

(5) $\frac{1}{3}(x^2-3)^{\frac{3}{2}}+C$ (6) $\frac{1}{2}\ln^2 x+C$ (7) $\frac{1}{2}\sin^2 x+C$ (8) $e^{\sin x}+C$ (9) $-e^{\frac{1}{x}}+C$

(10) $\sin(e^x)+C$ (11) $-2\cos\sqrt{t}+C$ (12) $-\frac{1}{5}xe^{-5x}-\frac{e^{-5x}}{25}+C$ (13) $\frac{1}{3}x^3\ln 3x-\frac{1}{9}x^3+C$

第十一章   定积分

第一节   定积分的概念及其运算

课堂练习 1

(1) 25 (2) $-\frac{4}{3}$ (3) $\frac{2^{\frac{5}{2}}}{3}-\frac{5}{3}$ (4) $\frac{40}{3}$ (5) $\frac{5}{6}$ (6) $\frac{7}{2}-3\ln 2$ (7) 0 (8) 1

习题 11-1

(1) 16 (2) $\frac{1}{2}$ (3) $\frac{9}{2}+\ln\frac{3}{2}$ (4) $\frac{3\pi^2}{8}+1$ (5) 1 (6) $\frac{1}{2}-\frac{\sqrt{3}}{4}$ (7) $\frac{\ln 2}{2}$ (8) 1 (9) $\frac{3}{16}$ (10) $\frac{5}{2}$

第二节　再谈定积分概念

课堂练习 1

1. $\int_1^3 (x^2+1)\mathrm{d}x$　2. $\int_2^6 (3+gt)\mathrm{d}t$　3. (1) $k(b-a)$　(2) $\dfrac{3}{2}$　(3) 0

习题 11-2

1. $\int_1^2 \ln x \, \mathrm{d}x$　2. (1) 正　(2) 负　(3) 正　3. (1) 0　(2) 1　(3) $\dfrac{\pi R^2}{2}$

第三节　定积分在几何学上的应用

课堂练习 1

(1) $\ln 2$　(2) e^4-e^2　(3) 2

习题 11-3

(1) 2　(2) 18　(3) $\dfrac{8}{3}$　(4) $\dfrac{32}{3}$

第四节　定积分在物理学上的应用

课堂练习 1

0.125 J

习题 11-4

1. 190 J　2. 0.5 J

第五节　积分在经济分析学上的应用

课堂练习 1

$Q(p) = 10\ln(p+2) + 1\,000 - 10\ln(p+2)$

课堂练习 2

$C(q) = \dfrac{80}{3}e^{0.3q} + \dfrac{220}{3}$

课堂练习 3

$R(20) = 200$ 元　$\Delta R = 50$ 元

课堂练习 4

毛利 395.198　纯利 385.198

习题 11-5

1. $Q(p) = -4p + 50$　2. $C(q) = 10q + 10q^2 - \dfrac{7}{3}q^3 + 50$　3. $R(q) = 300q - \dfrac{q^2}{400}$　4. $L(q) = 3q - \dfrac{q^2}{2}$

复习题十一

1. (1) $\int_0^\pi \cos x \, \mathrm{d}x$　(2) 2　(3) -2　(4) $\dfrac{13}{2}$　2. (1) D　(2) B　(3) A　(4) A

3. (1) $\dfrac{b^4-a^4}{4}$　(2) $2(\sqrt{2}-1)$　(3) $\dfrac{271}{6}$　(4) 0　(5) 0　(6) $\dfrac{128}{3}$　4. (1) $\dfrac{1}{2}$　(2) e^7-e^2　5. 略

6. 略　7. $R(q) = 4q - \dfrac{0.3}{2}q^2$　8. $C(q) = 4q + 0.125q^2 + 10$　$R(q) = 80q - \dfrac{q^2}{2}$

9. $C(q) = 0.4q^2 - 12q + 400$　$L(q) = 22q - 0.4q^2 - 400$　10. $F = 4\sqrt{t} + 200$

参考文献

［1］张自亮.数学[M].西安:西北大学出版社,2014.

［2］刘德厚.高等数学[M].东营:中国石油大学出版社,2006.

［3］黎诣远.经济数学基础[M].北京:高等教育出版社,1998.

［4］卢强,任树联.数学[M].北京:清华大学出版社,2006.

［5］王化久.高等数学[M].北京:机械工业出版社,2003.

［6］康士凯,丁百平.数学:基础版[M].北京:高等教育出版社,2006.